教师教育类专业"求是"系列

岗课赛证·融合媒体·课程思政·新形态创新教材

学前儿童 发展心理学

Developmental Psychology of Preschool Children

葛静霞　李志华　王玉红 /主　编

张恩凯　郭丽芳　梁　媛 /副主编

宋丽芳　徐园园　王　梦 /参　编

王　惠　杨青雅

ZHEJIANG UNIVERSITY PRESS
浙江大学出版社

·杭州·

"学前儿童发展心理学"是学前教育专业学生的一门专业基础课和必修课，学好学前儿童发展心理学，有助于学前教育工作者强化学前教育理念，培养教学技能，在实践中因材施教、科学施教。

学前儿童发展心理学在幼儿园教师资格考试、幼儿园招教考试中都是必考科目之一。本教材结合时代的发展、学生学习方式的转变、社会对人才的要求，以及学前教育专业教育技能大赛赛况等，做出了以下创新：

1. 岗课赛证融通，助力大赛、考证、入编、就业

针对"幼儿园教师资格考试"制度和"教师入编考试"制度，结合学前教育专业教育技能大赛赛况，本教材在每一项目末都设置了"在线测验题""真题汇集"板块，在附录中详细介绍了幼儿园教师资格证考情、招教考试考情、全国职业院校学前教育专业教育技能大赛，同时在教材最后的"学习资源一体化"板块设置了整本书"综合知识挑战赛"，为学生参赛、考证、入编及尽快适应就业岗位奠定基础。

2. 课程思政贯穿始终，有效实现教书育人

为深入贯彻落实立德树人，全员、全过程、全方位育人的大思政工作精神，本教材深入挖掘、提炼各项目内容所蕴含的思政要素和德育功能，在参阅大量资料的基础上，编写了蕴藉隽永、余味绵长的"浸润国学"栏目和生动有趣、含义深刻的"回溯过往"栏目，将传统文化、家国情怀、国际视野、创新思维、工匠精神等思政元素与项目知识有机融合，将知识传授、能力培养与价值引领有效统一，更好地实现教书育人。

3. "融媒体"教材，扫一扫更便捷

首先，本教材在编写的过程中，将各项目的重点和难点、易混淆的概念、相关知识的拓展等以微课二维码的形式渗透到教材中，使更多的学习资源有效整合，让学生更加直观、生动、形象、细致地掌握学前儿童心理发展的特点和规律。其次，将真题答案及解析呈现在相应的二维码中，以便给学生足够的自主学习与思考的空间，有效实现自我检测、自我修正、自我提升。最后，在每个项目末设置了"在线测验题"二维码，针对本项目的内容，提取重、难点，精选历年真题，题型力求与考试、考证题型匹配，扫一扫即可线上答题、计分，并配有部分答案及解析，让学习更轻松、更便捷。另外，在教材最后设置了"学习资源一体化"二维码，学生扫码即可观看学前教育相关政策文件、幼儿园教师资格考试各板块大纲、每个项目"情景导入"的具体分析，并能参与整本书"综合知识挑战赛"答题。

4.工学结合，能力导向

本教材力求将抽象的理论知识简明化，使其贴近实际、融入生活、适合学生；注重学生实践技能的提升，突出实用性与操作性。在编写体例方面，强调案例的运用，每个项目均以情景导入形式引出本项目的内容，正文设置有"拓展阅读""活学活用"等板块，形式活泼，可读性强。每个项目末都设置有实训实践内容，有助于学生更好地巩固、操作本项目知识，提高从事学前教育职业的工作能力。

5.配套资源，增值服务

结合教材，每个任务点都配套有课件及微课，并根据全国职业院校技能大赛教学能力比赛要求配置了相应的教案和讲义，方便教师教学参考及学生自学。

本教材由许昌职业技术学院葛静霞、许昌市寇家巷幼儿园兴华分园李志华、许昌职业技术学院王玉红担任主编，并负责全书的修改和统稿工作；许昌职业技术学院张恩凯、永城职业学院郭丽芳、永城职业学院梁媛担任副主编，并参与部分书稿的审阅工作。项目一、项目十、附录二、附录三由葛静霞编写，附录一由李志华编写，项目三和项目九由王玉红编写，项目二和附录四由张恩凯编写，项目十一由郭丽芳编写，项目十二由梁媛编写，项目四由宋丽芳编写，项目五由徐园园编写，项目六由王梦编写，项目七由王惠编写，项目八由杨青雅编写。

编者在编写本教材的过程中，参阅了大量的国内外文献资料，在此向所有被参阅文献的作者表示衷心的感谢。尽管编者在编写中做了很大的努力，但由于方方面面的限制，教材中难免存在不妥之处，恳请各位专家、学生和广大读者批评、指正，以便我们进一步修改、完善。

编　者
2022 年 4 月

CONTENTS 目录

CONTENTS

模块三　学前儿童的情绪情感和意志

【浸润国学】

【模块导读】

模块四　学前儿童的个性和社会性

【浸润国学】

【模块导读】

CONTENTS

模块一
学前儿童发展心理学概述

浸润国学

人生小幼，精神专利，长成已后，思虑散逸，固须早教，勿失机也。吾七岁时，诵《灵光殿赋》，至于今日，十年一理，犹不遗忘；二十之外，所诵经书，一月废置，便至荒芜矣。然人有坎壈，失于盛年，犹当晚学，不可自弃。

—— [北朝·北齐] 颜之推《颜氏家训·勉学》

译文： 人在幼小的时候，精神专注敏锐，长大成人以后，思想容易分散，因此，对孩子要及早教育，不可错失良机。我七岁的时候，背诵《灵光殿赋》，直到今天，隔十年温习一次，还没有遗忘。二十岁以后，所背诵的经书，搁置在那里一个月，便到了荒废的地步。当然，人总有困厄的时候，壮年时失去了求学的机会，更应当在晚年时抓紧时间学习，不可自暴自弃。

简析：《颜氏家训》是我国南北朝时北齐文学家颜之推的传世代表作。他结合自己的人生经历、处世哲学，写成《颜氏家训》一书告诫子孙。这是我国历史上第一部内容丰富、体系宏大的家训，也是一部学术著作。《颜氏家训》的内容涉及诸多领域，强调教育体系应以儒学为核心，阐述立身治家的方法，尤其注重对孩子的早期教育，并对儒学、文学、佛学、历史、文字、民俗、社会、伦理等方面提出了自己独到的见解。文章内容平实、语言流畅，具有一种独特的朴实风格，对后世的影响颇为深远。可以这样说，古今家训，以此为祖。

模块导读

本模块内容在解释与学前儿童发展心理学相关概念的基础上，简要介绍了学前儿童发展心理学研究的任务和意义、原则和方法，以及儿童心理研究的理论流派，探讨了影响儿童心理发展的主客观因素，进一步阐述了学前儿童发展的基本规律及学前儿童心理发展的年龄特征，旨在帮助初次接触这门课程的学生获得最基础的知识、最基本的理论，为以后各项目的学习打下坚实的基础。

本模块内容共分两个项目：项目一为学前儿童发展心理学的基础知识，项目二为学前儿童发展心理学的基本理论。

项目一
学前儿童发展心理学的基础知识

▶ 情景导入

故事1：淘淘7个多月了，最近特别"黏人"，只要妈妈一人抱。妈妈一离开，马上就哭闹不停；一看到妈妈，就停止了哭闹。

故事2：花花3岁了，今天第一天去幼儿园，本来不哭的她，看到其他小朋友在哭，也跟着大声哭起来。老师走过来拿出一个芭比娃娃给她，她立马停止了哭泣，开始玩起来。

故事3：老师给小班的小朋友讲完《孔融让梨》的故事后，问孩子们："孔融为什么把大梨让给别人吃？"不少孩子回答："因为他小，大的吃不完的。"

故事4：陈老师带着中班小朋友到园区观察果树，小朋友们瞧瞧这棵，看看那棵。陈老师将小朋友集中在一起，让他们描述一下刚才观察到的果树，他们说不出果树的特征，却说刚才有小鸟在飞，还有蝴蝶在翩翩起舞，还有大班小朋友在玩老鹰抓小鸡……

故事5：大班的小朋友淘气，爱"破坏"，经常把好好的玩具拆得七零八散，甚至一些贵重物品也经常被他们拆开"一探究竟"。他们常常闯祸后还自以为有理。

为什么会有上述这些现象？反映了学前儿童心理的哪些特点？

◎ 学习目标

▶ 知识目标

1. 了解学前儿童发展心理学的概念和研究原则。
2. 掌握学前儿童发展心理学的研究内容和研究方法。
3. 理解学习学前儿童发展心理学的意义。

▶ **能力目标**

1.学会分析日常生活中学前儿童常见的心理现象。

2.初步具备运用心理学研究方法研究学前儿童心理的能力。

3.学会反思教育活动，增强教育活动的科学性与适宜性。

▶ **素质目标**

1.树立正确的儿童观、教育观、教师观。

2.养成实事求是、认真严谨的治学态度，提高职业认知。

3.增强热爱幼儿、热爱幼教事业的专业情感。

4.遵守职业道德，具备良好的职业素养和科学精神。

🟢 **思维导图**

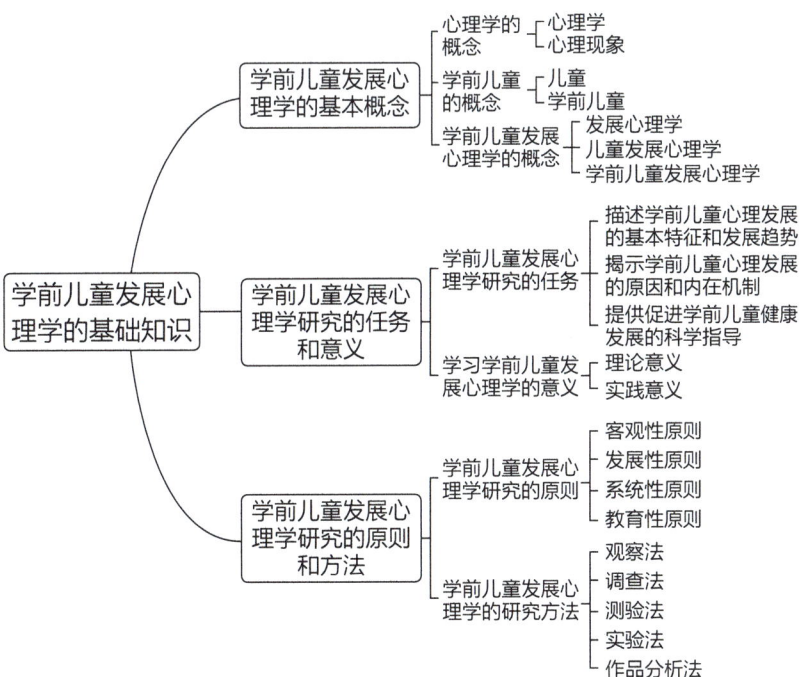

任务一　学前儿童发展心理学的基本概念

一、心理学的概念

（一）心理学

科学心理学的
诞生

心理学是一门研究心理现象及其规律的科学，它既研究人的心理，也研究动物的心理，而以人的心理为主要研究对象。1879 年，德国生理心理学家威廉·冯特（Wilhelm Wundt，1832—1920）在莱比锡大学创立了世界上第一个心理学实验室，标志着科学心理学的诞生。冯特著的《生理心理学原理》一书，被誉为"心理学独立的宣言书"，是心理学史上第一部系统的心理学专著，冯特被称为科学心理学的奠基人。

（二）心理现象

心理学是研究心理现象的科学。心理是心理现象的简称。心理现象的具体形式是多种多样的，心理学通常将心理现象划分为心理过程和个性心理两大类。心理现象结构如图 1-1 所示。

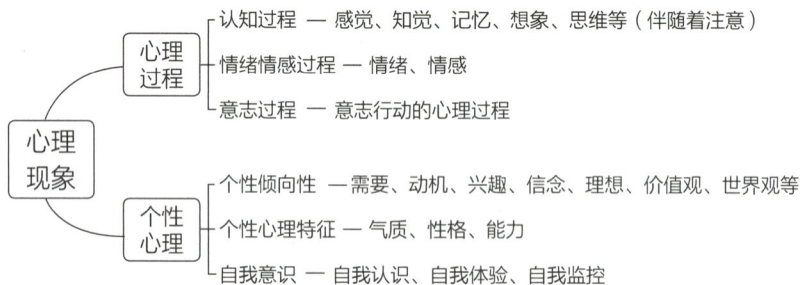

图 1-1　心理现象结构

1. 心理过程

心理过程是指人对现实的反映过程，是个体心理现象的动态过程。它包括认知过程、情绪情感过程、意志过程。

（1）认知过程

认知过程是指人脑对客观事物的现象和本质的反映过程，即人接受、储存、加工和理解信息的过程。认知过程是人最基本的心理过程，包括感觉、知觉、记忆、想象、思维和言语等。如某幼儿看到公园里的迎春花开了，回忆起幼儿园里也有很多花开了，知道是春天来了，想象着自己变成了一只美丽的蝴蝶，边舞边说："飞起来啦！飞起来啦！"这些都是幼儿的认知过程。

（2）情绪情感过程

情绪情感过程是人在认识事物的过程中产生的态度体验。人在认识事物的过程中，不仅认识事物是什么或怎么样，还会产生对事物的态度，引起满意、不满意、喜爱、厌恶、憎恨等主观体验，这就是情绪或情感。当客观事物满足自身需求，则产生肯定、积极的态度体验；反之，则产生否定、消极的态度体验。如考取心仪大学的喜悦、与成功失之交臂的懊恼、对洪涝灾害的恐惧、对道德高尚人士的崇敬等。这些不同的体验构成了人们喜、怒、哀、乐等丰富的情绪情感过程。

（3）意志过程

意志过程是指人们在社会实践中，为达到既定目的而采取的自觉行动，包括自觉地确定行动的目的、有意识地支配和调节其行动以达到预定目的的心理现象。

随着年龄的增长，儿童对周围世界的了解逐渐增多，他们不再只满足于基本的需要，而是产生了许多新的需要，如要家人给他买好玩的玩具和好吃的零食，不满足他就发脾气。这时，教师和家长就需要帮助儿童学会调节和控制自己。当儿童能够逐步控制或延迟满足买玩具、吃零食的需求时，则说明他们已具有一定的意志力。

心理过程是一个统一的过程，认知过程、情绪情感过程和意志过程之间既有区别又有联系。认知过程是最基本的心理过程，它是情绪情感过程和意志过程产生的前提及基础，情绪情感过程是认知过程和意志过程的动力，意志过程对人的认知过程和情绪情感过程具有调控作用。心理过程是人们心理活动的共性过程，并且有注意力始终伴随。

在学前儿童心理发展的过程中，出现得最早、发展得最快、最先达到比较完善水平的是感知觉，其次是情绪情感。思维和想象在 1.5 岁至 2 岁时开始出现。思维和想象的发生不仅意味着学前儿童的认知过程已完全形成，而且体现了学前儿童认知结构的变化，从原有的以感知觉为主的低级认知过程逐渐向较高级的思维、想象等方面发展。

2. 个性心理

人在一定的社会条件和教育影响下，经常表现出来的、比较稳定的心理倾向和个人特征的综合，会整合成一个人整体的心理面貌，称为个性心理，简称个性。个性心理包括个性倾向性、个性心理特征和自我意识。

（1）个性倾向性

个性倾向性是人对社会环境的态度和行为的积极特征。它决定着人行为的方向。起到这种动力作用的心理现象，包括需要、兴趣、动机、理想、信念、世界观、价值观等，它们是个性中最活跃的成分，制约着人所有的心理活动。

（2）个性心理特征

个性心理特征是指个体身上经常表现出来的、稳定的、本质的心理特征，包括气质、性格和能力。有的幼儿活泼好动，有的则安静沉稳，这是气质不同的表现。

有的幼儿合群友善，有的则自私任性，这是性格不同的表现。有的幼儿擅长绘画，有的则擅长舞蹈，这是能力不同的表现。气质、性格和能力等个性心理特征形成了每个人独特的心理表现。

（3）自我意识

自我意识是个体对自己作为客体存在的各方面的意识。它是一个复杂的系统，从形式上可以分为自我认识、自我体验和自我监控。自我意识作为人类特有的意识，不仅是衡量个性成熟水平的标志，也是整合、统一个性各个部分的核心力量，是推动个性发展的内部动因。

个性并不是与生俱来的，它的形成与发展需要一个长期的过程。学前期是个性形成的重要时期，个性中各种心理成分开始发展，特别是性格、能力、自我意识初步发展起来，表现出自身特有的态度与行为方式。学前儿童的个性只是初具雏形，个性的诸要素还没有整合成稳定、完整、成熟的系统，大约要到18岁才基本定型。

活学活用

丰富多彩的心理现象

当人们处于清醒状态时，不仅能认识和辨别许多事物，还能在认识事物的过程中产生一些态度体验：在人际交往中，有的人大方、热情，有的人胆小、拘谨；在工作、学习中，有的人一丝不苟、聚精会神，有的人心神不定、三心二意……

想一想，这些都属于人的什么心理现象？

分析：在心理学研究中，通常把心理现象划分为心理过程和个性心理两大方面。心理过程包括认知过程、情绪情感过程、意志过程。案例中提到的"能认识和辨别许多事物"属于人的认识过程，"能在认识事物的过程中产生一些态度体验"反映的是情绪情感过程。个性心理包括个性倾向性、个性心理特征和自我意识。案例中"在人际交往中，有的人大方、热情，有的人胆小、拘谨；在工作、学习中，有的人一丝不苟、聚精会神，有的人心神不定、三心二意"指的是个性心理特征中的气质与性格的不同表现。

二、学前儿童的概念

（一）儿童

心理学上所说的儿童，跟我们日常生活中提及的"儿童"在年龄范围上有所不同，一般是指从出生到青年前期，即0—18岁。其发展阶段如图1-2所示。

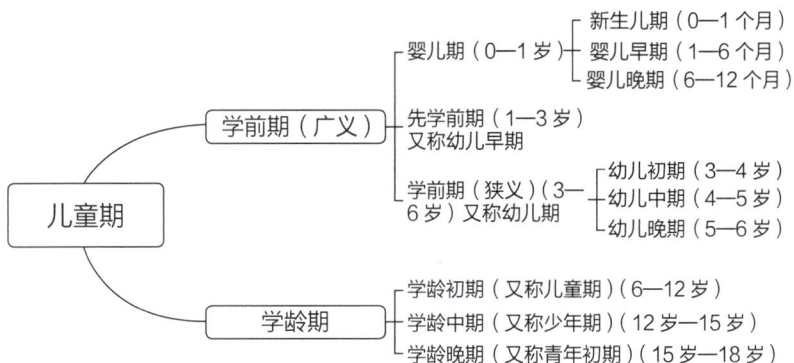

图 1-2　儿童年龄阶段划分

（二）学前儿童

学前儿童有广义和狭义之分，狭义的学前儿童指 3 至 6 岁的儿童，即幼儿园阶段的儿童。广义的学前儿童是指正式入小学学习阶段之前的儿童，即 0 至 6 岁的儿童。本书中的学前儿童主要是指广义的学前儿童。

三、学前儿童发展心理学的概念

（一）发展心理学

发展意味着结构在一段时间内发生系统性的、延续性的变化。发展不是简单的数量上的增加，而是结构上的变化。

发展心理学是心理学的重要分支，是研究种系和个体心理发生与发展的学科。发展心理学主要包括两层含义，一是心理的种系发展，即从动物到人类的演化过程中心理发生发展的历史；二是心理的个体发展，即研究人、动物的生命体从受精卵形成到死亡的整个生命过程中身心状态和机制的成长、变化的规律，具体包括婴幼儿心理学、儿童心理学、少年心理学、青年心理学、中年心理学和老年心理学。

学前儿童发展心理学的概念

（二）儿童发展心理学

儿童发展心理学是发展心理学的一门分支学科，是研究儿童（从出生到 18 岁）心理特点与发展规律的科学。德国生理学家、实验心理学家威廉·普莱尔（Wilhelm Preyer，1842—1897）于 1882 年出版了第一部科学系统的儿童心理学著作《儿童心理》，标志着科学儿童心理学的正式诞生，普莱尔成为科学儿童心理学的奠基人。

（三）学前儿童发展心理学

学前儿童发展心理学是研究儿童从出生到进入小学前心理发生、发展规律的科学，是发展心理学的重要分支领域。

任务二 学前儿童发展心理学研究的任务和意义

一、学前儿童发展心理学研究的任务

（一）描述学前儿童心理发展的基本特征和发展趋势

学前儿童处于人生初始阶段，身心发展迅速，此阶段的心理发展对人的终身发展具有基础性、奠基性作用。学前儿童发展心理学的基础性研究任务，就是要探究不同年龄阶段的学前儿童心理发展的特点、规律，总结其心理发展的趋势。例如，学前儿童的注意力是怎么发展的？思维具有哪些特点？自我评价的发展趋势是什么？……研究这些问题都是为了描述学前儿童心理发展的普遍性模式，为我们了解学前儿童、教导学前儿童提供重要的科学依据。

（二）揭示学前儿童心理发展的原因和内在机制

学前儿童发展心理学的实质性任务是要回答或研究引起学前儿童心理变化发展的原因和内在机制。例如，学前儿童是如何获得语言的？为什么学前儿童在短短三四年内就能掌握本民族的口头语言呢？为什么不同国家或民族的孩子的语言发展都会经历类似的阶段呢？许多心理学家通过观察、实验等科学研究方法对提出的理论假设不断进行验证，以此来揭示学前儿童心理发展的内在机制问题。

（三）提供促进学前儿童健康发展的科学指导

学前儿童发展心理学要用儿童心理发展的科学规律来为儿童的健康发展提供科学指导，帮助他们顺利度过其发展阶段，帮助学前儿童解决在发展中遇到的困难或清除暂时的障碍。例如，在情感培养方面，如何帮助学前儿童学会调节和控制情绪，如何培养积极健康的情绪情感，等等。学前儿童发展心理学可以为父母和教师，以及其他一切儿童教育工作者提供科学的指导。我们不仅要解决发展是什么、为什么的问题，还要解决怎么办、怎么指导的问题。

二、学习学前儿童发展心理学的意义

（一）理论意义

学习学前儿童发展心理学，从理论层面来讲，不仅可以帮助我们更加科学全面地认识儿童，形成科学的儿童观、教育观和教师观，还可以指导教师开展学前儿童的心理研究，通过观察、记录学前儿童的各种心理现象，探索学前儿童心理发生和发展的规律，进一步充实和丰富儿童心理发展的理论体系，促进儿童心理科学的发展。

（二）实践意义

学前儿童发展心理学的研究成果对一切有关儿童的实践工作都具有指导作用。学前儿童发展心理学可以为学前教育提供心理学依据，学前教育的目标、内容和方

法都要依据儿童心理发展的特点和规律来确定。学前儿童发展心理学可以为幼儿教师及家长的保教活动提供科学有效的指导，帮助幼儿教师更好地胜任教育和管理工作，为提高其教育能力、科研能力，实现专业化发展奠定良好的基础。此外，儿童玩具的制作、儿童服装的设计、儿童食品的开发和调配、儿童文学艺术的创作等，一切与儿童有关的领域和项目，都离不开儿童发展心理学的支持和影响。

◆ 笔记栏

拓展阅读

一名实习生的心路历程

实习第一天：我深切地感受到了理想和现实的差距。一直以为幼师是很轻松的职业，整天和孩子一起画画、唱歌、玩耍，踏入这个行业才知道幼儿园的工作十分烦琐。有个孩子莫名其妙地哭了，有个孩子一直抱着自己的熊娃娃不放，有两个孩子因争抢玩具抓伤了手，还有一些孩子吵闹不休根本不听我的指令……我手足无措，不知该怎样应对。我一次次地怀疑自己，否定自己……

实习第一周："书到用时方恨少"。到了幼儿园，才深切地感受到，不懂幼儿的心理，根本无法开展教育教学活动。幼儿的一哭一笑，甚至一个眼神、一个鬼脸，都需要我用心揣摩。如何与幼儿交流？如何与家长沟通？如何能尽快地适应幼儿园的工作？我需要不断地学习……

实习第一个月：这一个月，我已基本适应了幼儿园的工作。实习是将理论知识与实践应用相结合的重要途径，也是对于我们两年多专业学习的系统回顾和升华。要做好幼师这项工作，必须了解幼儿的身心发展特点，懂得教育教学的规律，还要具备五大领域的相关知识和技能……

实习四个多月已接近尾声，通过与幼儿交往，以及向其他老师虚心求教，我学到了许多书本上没有的知识，也进一步提升了自己的专业技能。通过实习，我初尝了身为一名幼儿园教师的辛苦与幸福，每天看到孩子们开心的笑容，更坚定了自己当初的选择……我会不断学习、进步、成长，使自己尽快成为一名合格的甚至是优秀的幼儿教师！

任务三　学前儿童发展心理学研究的原则和方法

一、学前儿童发展心理学研究的原则

（一）客观性原则

客观性原则是指实事求是地根据学前儿童心理发展的本来面貌加以考察，根据

学前儿童的社会生活条件及其身心的发展进行研究。客观性原则又称实事求是原则，是研究学前儿童心理的基本原则。研究学前儿童心理，必须考虑学前儿童生活的客观条件及学前儿童神经系统的发展状况，在学前儿童活动中进行研究。在收集资料时，要客观、如实地记录；在做结论时，要以充分的事实材料为依据，防止主观猜测和臆想。

（二）发展性原则

发展性原则，就是用发展的眼光来指导学前儿童心理研究。任何心理现象都处于不断的发展变化中，即便是较稳定的心理特征，在较长一段时间内，由于各种因素的作用也可能发生变化。因此，在研究学前儿童心理现象时，不仅要研究和阐明已经形成的心理特征，也要阐明那些正在形成和刚刚表现出来的新的特征和品质，并且还要预测可能会发生的心理特征及心理发展的趋势，以便创造有利条件，使其顺利发展和形成。

（三）系统性原则

系统性原则是指以系统论为基础，把学前儿童的心理现象作为一个整体、一个系统，进行全面的分析和研究。心理现象是一个多层次、多因素的复杂系统，在研究中必须考虑各种心理现象之间、各种内外因素之间的相互关系和制约作用，在多层次、多因素和多维度的系统中进行全面的、整体的分析，反对片面、孤立、静止地研究学前儿童的心理现象。

（四）教育性原则

教育性原则是指所采用的研究方法要符合教育要求和道德标准，研究过程和结果应对学前儿童身心发展起正面的促进作用，使研究对象受益。教育性原则又称为伦理性原则。任何研究必须有利于并且能够促进学前儿童的身心健康发展，不能为了研究而研究。因此，凡是不利于学前儿童身心发展的选题、材料内容或不恰当的研究方法，如可能引起学前儿童恐惧的刺激，让学前儿童与世隔绝的封闭实验等，都不能采用。研究者应具备良好的职业素养和科学精神，以幼儿为本，关爱幼儿的健康和生命，这样的研究才具有更高的意义和价值。

拓展阅读

华生的"小艾尔伯特实验"

二、学前儿童发展心理学的研究方法

（一）观察法

观察法是指有目的、有计划地观察学前儿童在一般生活条件下言语和行为的变化，并且根据观察的结果判断学前儿童心理发展的特征和规律的一种方法。

观察法

观察法是研究学前儿童心理活动最基本的方法。学前儿童的心理活动具有突出的外显特征，通过对他们的外部言行进行观察，可以了解其心理活动，如达尔文的《一个婴儿的传略》、普莱尔的《儿童心理》、陈鹤琴的《一个儿童发展的顺序》等，都属于这类观察研究的结果。

运用观察法研究学前儿童的心理时，应注意：观察前要做好准备，确定观察的目的和记录要求；观察过程中尽量使学前儿童保持自然状态；观察记录要详细、准确、客观，不要带任何主观偏见；观察应排除偶然性，观察的次数要多。另外，要考虑到各种误差，如观察者期望效应、观察仪器设备的干扰等。

拓展阅读

客观的观察记录

"客观"要求观察者清楚自己的前见，并能搁置前见，站在中立的立场上，即时、如实、详细、具体地记录客观事实情况，避免先入为主。

观察记录：在集体活动时，我看到小小坐在位置上一动不动，于是问她："你怎么了？"小小害羞地低下了头，脸涨得通红。

你发现上述观察记录带有明显的个人前见了吗？

在上述记录中教师使用了带有个人主观判断色彩的词汇"害羞"来作为小小低头和脸涨得通红的原因，这是把主观判断和客观事实混为一谈的表现，同时也可以看出该教师在平时认为小小胆小、害羞，所以当小小一出现低头和脸涨得通红的表现时，教师就自然而然地认为是她害羞了，这是教师个人前见的体现。

修改后的观察记录：在集体活动时，小小坐在位置上一动不动，于是我问她："你怎么了？"小小没有说话，低下了头，脸涨得通红。

我们可以采用以下观察记录的格式，规范记录的内容。

客观的观察记录	观察者的主观解释和疑问

（二）调查法

调查法是通过间接收集被研究幼儿的各种有关资料，了解和分析幼儿的心理现象与问题的方法。调查法包括问卷法和访谈法两种类型。

问卷法是指根据研究目的，将研究者想要了解的问题以书面问卷的形式表达出来，要求儿童作答的方法。由于学前儿童识字量有限，所以问卷法一般用于对儿童熟悉的家长、教师等人做调查，即通过向熟悉学前儿童的人调查有关儿童心理和行为的一些问题，以分析学前儿童心理发展变化的规律。

访谈法是指根据一定的研究目的和计划，通过与学前儿童的直接交谈了解其心理活动的一种方法。使用访谈法需要研究者采取一定的技巧：首先，谈话的形式可以灵活地选择个别或集体；其次，访谈的内容一定要围绕研究目的展开，研究者可提前制订好访谈计划，列出谈话提纲；再次，研究者应掌握一定的技巧，使学前儿童能够并且愿意将自己的真实想法表达出来，提出的问题要在学前儿童回答的能力范围之内，提问的方式要能引起其兴趣；最后，要及时、准确地记录谈话内容，以便后期整理分析。

（三）测验法

测验法是根据一定的测验项目和量表了解学前儿童心理发展水平的方法。一般采用标准化的项目，按照预定程序，对学前儿童心理发展的某个方面进行测量，并将测量的结果与常模相比，从而确定学前儿童心理发展的水平或特点。测验法主要是用来测查学前儿童心理发展的个别差异，也可用于了解不同年龄阶段儿童心理发展的差异。

在测验过程中应注意，对学前儿童的心理测验一般应采用个别测验，不宜采用团体测验。测验人员必须受过训练，要善于与学前儿童合作。由于学前儿童心理活动的稳定性差，不能单凭一次的测验结果就作为判断其心理发展水平的依据。运用测验法时，采用的量表是非常重要的。国际上已有一些比较好的婴幼儿发展测验量表，如韦克斯勒儿童智力量表、格塞尔婴幼儿发展量表、贝利婴儿发展量表等。

（四）实验法

实验法是指在控制的条件下系统地操纵某些变量，研究这些变量对其他变量所产生的影响，从而探讨儿童心理发展的原因和规律的研究方法。根据实验情境的不同，可将实验法分为自然实验法和实验室实验法。

自然实验法（又称现场实验法）是指在学前儿童日常生活活动的自然情况下，引起或改变影响学前儿童的某些因素，来研究学前儿童心理特征变化的方法。如在正常的游戏活动中，有意识地控制或改变条件，分析各年龄阶段儿童的基本活动特点，从中发现儿童游戏活动的规律。现场实验法兼具观察法和实验法的优点，成为研究儿童心理的主要方法。

实验室实验法是指在特别创设的条件下进行的，有时需要利用专门的仪器和设备的方法。这种方法的优点在于能够严格控制实验条件，有助于发现学前儿童行为和心理活动的因果关系，并可对实验结果进行反复验证，还可以通过特定的仪器探测一些不易观察到的情况，取得有价值的科学资料。但由于处在陌生的实验室中，儿童往往会产生不自然的心理状态，因而实验室实验所得到的结果有时很难推广到现实中。

笔记栏

观察法、自然实验法、实验室实验法三者的比较如表 1–1 所示。

表1–1 观察法、自然实验法、实验室实验法比较

研究方法	被试状况	变量控制
观察法	保持自然、真实	无法控制
自然实验法	保持自然、真实	可以控制，但不如实验室实验控制严格
实验室实验法	易产生不自然心理状态	严格控制

（五）作品分析法

由于学前儿童很难用文字的形式表达自己内心的想法，所以他们常常将自己融入自己的作品（如绘画、手工等）中，研究者可以通过分析儿童的这些作品了解其心理活动，这就是作品分析法。研究者在使用作品分析法时，需要注意不能只单纯地分析学前儿童的作品，还应该关注其创作过程中一些辅助性的语言、动作、表情等。因为学前儿童的很多作品成人是很难理解的，常常需要他们的解释。

值得强调的是，有一些比较成功的儿童作品分析法，如"绘人测验"。它既是测验法又是作品分析法。这种方法要求儿童尽量细致地画出一个正面的人，根据儿童所画的细节，按照已有的标准计分，以得分多少作为儿童智力发展的一个指标。

拓展阅读

绘人测验

绘人测验，又称画人测验，是一种简便易行的智力诊断工具，可以运用于儿童的性格和心理健康状况的诊断。绘人测验只要求儿童画一个人像，简单、易行，能引起儿童的兴趣，且不易产生疲劳，因而能使儿童较好地表现出实际智力水平，有时也应用于人格测验。但这一方法也存在一定的局限性，仅适用于有一定绘画技能的儿童，对不会画画的儿童不宜采用这种方法。绘人测验按人的身体部位将测验项目归为 50 项，根据评分图解对儿童的画逐项评分。50 项满分相加为 50 分，把儿童各项实际得分相加，即得出儿童的实际总分，对照智商表就可以找到相应的智商分数。

总之，研究学前儿童心理的方法多种多样，每种研究方法都各有其优缺点，研究时可以综合运用，一项研究可以采用两种或多种方法，所得结果可以相互补充。但是，无论使用哪种方法，都必须以正确的思想为导向，根据研究目的选取相应的研究方法。

◆ 笔记栏

✿ 实训实践

实训一　学前儿童一日活动观察

1.在实践教学基地选择一名学前儿童作为研究对象，分别采用观察法、调查法等研究方法，对其一日活动进行观察，做好观察记录，并设计一个访谈提纲，对幼儿家长和幼儿所在班级的教师进行调查，调查完成后在班级内完成分享。学前儿童一日生活观察表如表1-2所示。

表1-2　学前儿童一日生活观察记录表

幼儿园：_____　　　观察日期：_____　　　观察人员：_____

活动时间	活动地点	研究方法	活动名称	言语或行为描述	研究分析
访谈提纲：					

2.与某幼儿园的教师交流，了解学前儿童发展心理学的理论知识在幼儿园实践工作中的应用情况，并将了解到的情况记录下来。

实训二　幼儿园教师资格考试（面试）结构化试题模拟训练

1.有人说，幼儿园有好老师是幼儿园的光荣。对此，你怎么看？

2.对于新课改提倡的"以幼儿为中心"，你怎么看？

3.有人说幼儿园工作收入低，很辛苦，除了繁重的教学任务以外，还要顶住巨大的社会压力。请问，你如何看待？

✐ 真题汇集

项目一在线测验题　　　　项目一【真题汇集】
　　　　　　　　　　　　（含参考答案）

学前儿童心理发展的基本理论

不，一百种是在那里

罗杰斯·马拉古兹

孩子，是由一百种组成的。

孩子有一百种语言，一百只手，一百个想法，一百种思考、游戏、说话的方式。

一百种，总是一百种倾听、惊奇和爱的方式，一百种歌唱与了解的喜悦。

一百种世界，等着孩子们去发掘；一百种世界，等着孩子们去创造；一百种世界，等着孩子们去梦想。

孩子们有一百种语言，但是他们偷走了九十九种。

学校和文化，把脑袋与身体分开。

他们告诉孩子：不要用双手去想，不要用脑袋去做，只要倾听不要说话，了解但毫无喜悦。只有在复活节与圣诞节的时候，才去爱和惊喜。

他们告诉孩子：去发现早已存在的世界，而一百种当中他们偷走了九十九种。

他们告诉孩子：工作与游戏，真实与幻想，理想与构想，不是同一国的。

因此他们告诉孩子，一百种并不在那里。

孩子说：不，一百种是在那里。

读了这首诗歌，你有什么感想呢？应该怎样来了解儿童的心理呢？

学习目标

知识目标

1. 了解学前儿童心理发展理论流派的主要观点。

2. 理解影响学前儿童心理发展的因素及其作用。

3. 掌握学前儿童发展的方向、趋势和规律。

4. 初步掌握0—6岁学前儿童心理发展的年龄特征。

1. 能用学前儿童心理发展的相关理论指导教育教学实践。
2. 学会分析主、客观因素在儿童心理发展中的作用。
3. 初步具备指导家长改善和优化家庭教育的能力。

▶ 素质目标

1. 尊重规律，善于发现幼儿的闪光点，具有良好的职业道德。
2. 养成认真细致、合作探究的学习态度。
3. 树崇高理想信念，抱满腔家国情怀，懂得感恩。

思维导图

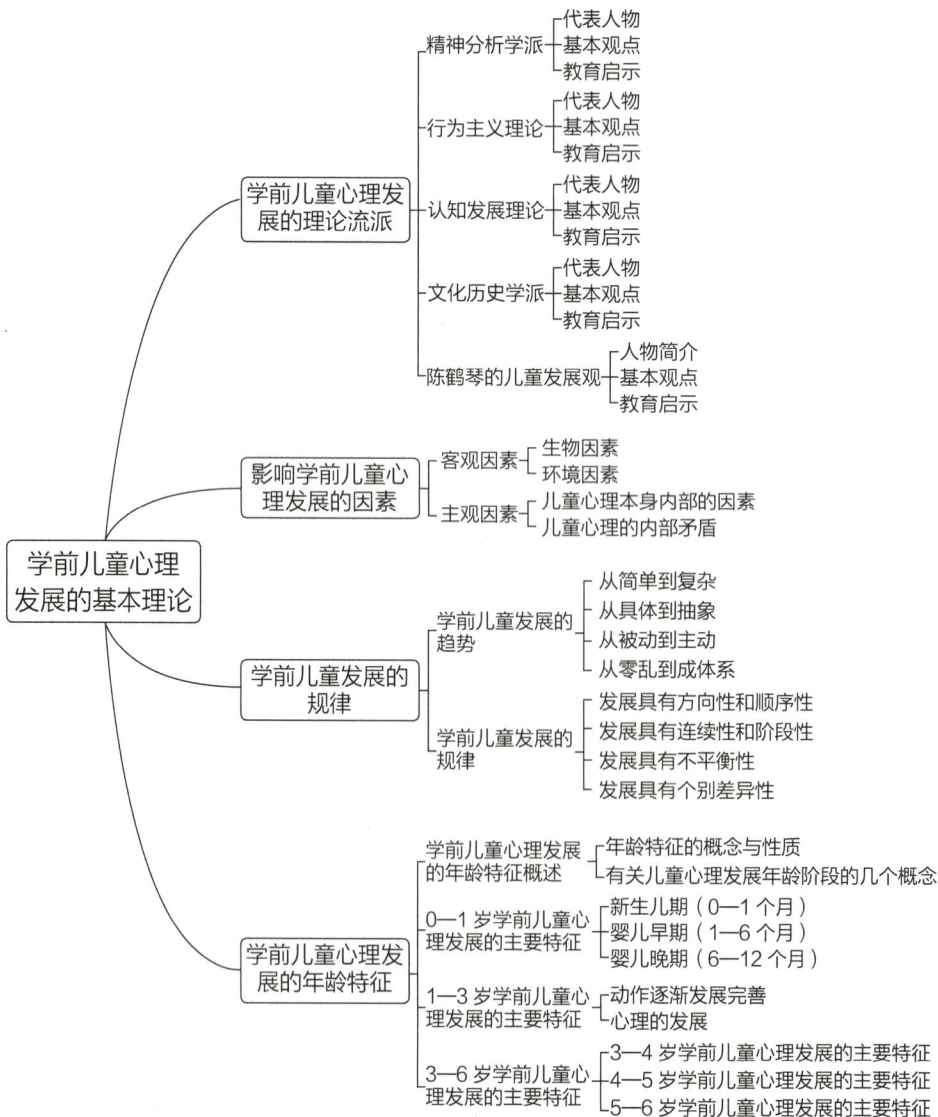

任务一　学前儿童心理发展的理论流派

在对学前儿童发展进行研究的历史进程中，对于发展的本质、影响儿童发展的因素等，不同的研究者持有不同的观点，形成了不同的有关学前儿童发展的理论流派。

一、精神分析学派

（一）代表人物

精神分析学派是现代西方心理学的主要流派之一，代表人物是西格蒙德·弗洛伊德（Sigmund Freud，1856—1939），奥地利著名的精神病学家、精神分析学派的创始人。另一个代表人物是爱利克·霍姆伯格·埃里克森（Erik Homburger Erikson，1902—1994），美国著名的精神分析医生、自我发展理论的典型代表人物。

（二）基本观点

1. 弗洛伊德的精神分析理论

（1）人格结构

弗洛伊德认为人格由本我、自我和超我三部分组成。本我是人格结构中比重最大的一个部分，有很强的生物进化性，是学前儿童基本需要的源泉。本我按快乐原则行事，处在潜意识层面。自我处在意识层面，按现实原则行事。超我则是意识层面中的道德成分，体现在根据情境对自我进行约束和决策选择。

（2）儿童心理发展的阶段

弗洛伊德认为存在于潜意识中的性本能是人心理发展的基本动力，性的能力被弗洛伊德称为"力比多"。弗洛伊德认为个体整个躯体是性快感的源泉，在不同的发展阶段，性快感集中于躯体的不同部位。据此，他将儿童心理发展分为五个阶段。

口腔期（出生—1岁）：引导婴儿吮吸乳房和奶瓶的行为，如果口腔的需要未能得到适当满足，儿童将来可能会形成诸如吮吸手指、咬手指甲、暴食，以及成年以后抽烟和饮酒的习惯。

肛欲期（1—3岁）：学步幼儿和学龄前幼儿从憋住大小便，然后排泄的举动中获得快感，上厕所则成为父母训练幼儿的主要内容之一。在这一时期，弗洛伊德特别要求父母注意对儿童大小便的训练不宜过早、过严，否则，对儿童的人格形成会有不利影响。

性器期（3—6岁）：自我冲突转移至性器官时，幼儿会发现性刺激的快感。这个阶段幼儿依恋异性父母，即男孩产生恋母情结，女孩产生恋父情结，此时幼儿发展的一项重要任务是认同与自己相同性别的父母，否则将影响其成年后与异性的关系。

潜伏期（6—11岁）：性的发展处于停滞或退化的状态，性欲被移置为替代性活动，如有意把精力放在游戏、学习和运动上。儿童逐渐放弃俄狄浦斯情结，开始以同性父母为榜样行事，弗洛伊德把这种现象称为"自居作用"。

生殖期（12岁以后）：潜伏期的性冲动再度出现，注意的焦点集中在同龄异性身上。如果前面各期发展正常，此期最终将以约会和结婚达到高潮。

2. 埃里克森的人格发展阶段论

埃里克森的人格发展学说既考虑到了生物学的影响，又考虑到了文化和社会的因素。他认为在人格发展中逐渐形成的自我，在个人及其周围环境的交互作用中起着主导和整合作用。埃里克森依据个体不同时期所面对的主要发展危机将人的心理发展划分为八个阶段，每个阶段都以这个阶段产生的危机来命名（见表2-1）。

表2-1　埃里克森"人的八个阶段"

阶段	年龄	对立品质	主要特点	发展任务
1	0—1岁	信任感对怀疑感	满足生理需要	获得信任感和克服不信任感，体验着希望的实现
2	1—3岁	自主性对羞怯感或疑虑	开始探索新世界	获得主动感而克服羞涩和疑虑感，体验着意志的实现
3	3—6岁	主动感对内疚感	从语言和行动上探索和扩充他的环境	获得主动感和克服内疚感，体验着目的的实现
4	6—12岁	勤奋感对自卑感	开始意识到社会提出的任务	获得勤奋感而克服自卑感，体验着能力的实现
5	12—18岁	自我同一性对角色混乱	进入青春期	建立同一感，体验着忠诚的实现
6	18—25岁	亲密感对孤独感	注重自己的真实情感	获得成功的情感生活和良好的人际关系，体验着爱情的实现
7	25—65岁	繁殖感对停滞感	进入繁殖期	本人精力充沛和照顾好下一代，体验着事业成功与家庭主角的实现
8	65岁以后	自我整合对绝望	侧重点着眼于保住自己的潜能	进行自我整合，避免失望情绪，体验着角色变化和安享天年的实现

注：自我同一性是一种关于自己是谁、在社会上应占什么样的地位、将来准备成为什么样的人以及怎样努力成为理想中的人等一系列的感觉。

（三）教育启示

首先，弗洛伊德的儿童发展观强调了父母教养方式和早期经验对人一生的重要影响，启示教育者要重视儿童的早期经验，优化人格建构的初始环境，防止儿童获得一些创伤性经历。其次，精神分析学派认为人格教育是教育的重点和最终目的，因此我们要懂得如何培养儿童的健全人格，创设能让儿童体验与感受到尊重、爱、安全的环境，使儿童获得成功、自信的体验，成为积极、主动的学习者，培养儿童"爱人的能力"。最后，埃里克森重视社会环境的作用，也对人的发展持乐观态度。他的理论对每一个人格发展阶段的养育都给出了建议，基本原则是养育者满足儿童需求的方式方法要适宜，对儿童的要求要适中。

二、行为主义理论

（一）代表人物

行为主义学派创始于 20 世纪初期，是西方心理学的主要流派之一。经典行为主义的代表人物是约翰·华生（John Broadus Watson，1878—1958），新行为主义的代表人物是伯尔赫斯·弗雷德里克·斯金纳（Burrhus Frederic Skinner，1904—1990）和阿尔伯特·班杜拉（Albert Bandura，1925—2021）。

（二）基本观点

1. 华生的经典行为主义理论

行为主义创始人华生受生理学家巴甫洛夫关于动物学习研究的影响，认为一切行为都是"刺激—反应"的学习过程。人类的行为都是后天习得的，环境决定了一个人的行为模式，环境是儿童发展过程中影响最大的因素。成人能够通过仔细地控制刺激与反应的联结，塑造儿童的行为；发展是一个连续的过程，随着儿童年龄的增长，刺激与反应的联结力度也在逐渐增强。

2. 斯金纳的操作性行为主义理论

斯金纳的操作性行为主义理论被称为操作性条件反射理论。他认为，人的行为大部分是操作性的，任何习得行为都与及时强化有关。因此，可以通过强化来塑造儿童良好的行为，也可以矫正其已经形成的不良行为。因此斯金纳的强化原理被应用在教育上就产生了行为塑造技术和行为矫正技术。行为塑造的基本原则是小步子前进，即要分段设立目标，而且目标越小越好。在儿童的行为建立初期，成人要及时予以强化，然后逐步灵活应用强化手段。

🟢 拓展阅读

斯金纳操作性条件反射理论的强化、惩罚和消退原理

强化是指利用强化物增加个体行为反应频率的过程。强化物就是指能增加发生概率的刺激和事件。强化的类型：正强化（实施奖励）和负强化（撤销奖励）。正强化是指呈现愉快刺激以提高需要行为出现的频率。负强化是指减少或取消厌恶刺激来增加某行为在以后发生的概率。

惩罚分为正惩罚和负惩罚。正惩罚是指当一个不良行为出现时，给予一个令人厌恶的刺激，以减少类似行为发生。负惩罚是指当一个不良行为出现时，撤销一个令人愉快的刺激（如因为幼儿打架，教师取走他的一个小贴画），以减少类似行为发生。

消退是指有机体做出以前曾被强化过的反应，如果在这一反应之后不再有强化物相伴，那么此类反应发生的概率降低的现象。

强化、惩罚和消退的区别如表 2-2 所示。

表2-2　强化、惩罚和消退的区别

行为反应		条件	行为发生频率	举例
强化	正强化	给予一个愉快刺激	增加	小华帮助妈妈做家务，妈妈奖励他喜欢的玩具
	负强化	撤销一个厌恶刺激		小华帮助妈妈做家务，妈妈取消当天不让他看动画片的规定
惩罚	正惩罚	给予一个厌恶刺激	减少	小华打弟弟，妈妈没收他喜欢的玩具
	负惩罚	撤销一个愉快刺激		小华打弟弟，妈妈取消他当天看动画片的权利
消退		无任何强化物		小华哭闹，妈妈不理睬

3. 班杜拉的社会学习理论

班杜拉认为学习并不只是基于亲身经历的学习，更多还得自于观察模仿的替代性学习。在他看来，儿童总是"张着眼睛和耳朵"观察和模仿周围人们那些有意和无意的反应，其观察、模仿带有选择性。通过对他人行为及其强化行为结果的观察，儿童获得某些新的反应，或改变现有的行为。

班杜拉对强化进行了重新解释，把强化分为三类：直接强化，即通过外界因素对学习者的行为直接进行干预；替代强化，即观察到他人的行为而受到表扬或惩罚而使儿童受到相应的强化；自我强化，即当自身的行为达到自己设定的标准时，儿童就会用自我肯定或自我否定的方法来对自己的行为作出反应。三类强化的比较见表2-3。

表2-3　直接强化、替代强化和自我强化比较

强化类型	谁给的强化	强化谁	举例
直接强化（奖励、惩罚）	他人	自己	小亮在上课时睡觉，被老师罚站
替代强化（观察者）	他人	他人	（1）小亮看到小明在上课时睡觉被老师罚站，于是不敢在上课时睡觉（2）杀一儆百
自我强化	自己	自己	小亮这次考得好，给自己放个假

儿童社会行为（攻击性行为、亲社会行为）的习得，主要是儿童观察学习的结果。儿童的行为辨别能力较差，模仿能力强。因此，幼儿园教师尤其要注意自己的一言一行，为幼儿树立良好的榜样。

（三）教育启示

首先，教师应创设适宜儿童发展的良好心理环境和物质环境，尽可能地避免外界环境中的一切不良刺激，以养育身心健康的儿童。其次，教师在制定教学目标时，应把期望儿童完成的行为或任务，分解成一系列细小的行为步骤，通过提供榜样、教师示范和练习等方式，按照"小步子接近"的循序渐进原则，一个动作一个动作

地帮助儿童逐步掌握动作技能，完成预期教学任务。再次，教师应正确运用强化原理，肯定、鼓励或表扬幼儿具体的积极行为，谨慎地使用批评等手段。最后，要注意榜样对学前儿童学习的影响。

活学活用

榜样的力量

有这样一则公益广告：一位年轻的母亲端来热水，伺候自己的婆婆洗脚。这位忙碌了一天的母亲疲倦地回到房间，她的儿子，一个四五岁的小男孩端来了一盆水，关切地说："妈妈洗脚！"

分析：根据班杜拉的社会学习理论，人类的绝大多数行为是依靠模仿习得的。因此，孝顺的妈妈培养出了孝顺的孩子，榜样的力量是巨大的。

三、认知发展理论

（一）代表人物

瑞士儿童心理学家让·皮亚杰（Jean Piaget，1896—1980）提出了著名的儿童认知发展理论——发生认识论，该理论被认为是 20 世纪发展心理学中最权威的理论。

（二）基本观点

1. 认知发展的本质

认知是人全部认识过程及其品质的总称，它包括感觉、知觉、记忆、思维、想象等方面，在人心理活动中占据十分重要的位置。皮亚杰认为儿童是积极主动的环境探索者，其心理发展是先天遗传和后天环境相互作用的结果。儿童的行为是主体对客体的主动适应，即适应是儿童心理发展的真正原因。他们通过同化、顺应和平衡等历程达到对环境的适应，从而获得经验，不断形成新的认知结构，使智力得到发展。

2. 影响儿童心理发展的因素

皮亚杰认为，影响儿童心理发展的因素有四个：成熟、物理环境、社会环境和平衡。

①成熟是指机体的成长，特别是神经系统和内分泌系统的成长。

②物理环境包括两个方面：一方面是物理经验，即个体作用于物体，认识物体的轻重、大小、凉热、软硬等特征；另一方面是逻辑数理经验，指的是儿童在作用于物体时，从动作产生的经验。

③社会环境是指儿童的教育、学习、训练等社会作用和社会传递。皮亚杰认为社会环境产生的作用，要比物理环境更大，因为社会环境向儿童提供了一个现成的交际工具——语言，语言对儿童心理的发展有重大影响。

④平衡是主体内部存在的机制。皮亚杰认为，如果没有主体内部的同化、顺应、平衡机制，任何外界刺激对儿童本身都不起作用。平衡是认知发展的内在动力，

是影响认知发展的各因素中最重要的决定性因素。思维的本质是适应，儿童心理的发展就是儿童心理或行为图式在环境影响下不断通过同化顺应达到平衡的过程，从而使儿童心理不断由低级向高级发展。

3. 认知发展阶段

（1）感知运动阶段（0—2岁）

在此阶段，儿童主要通过感知运动图式与外界相互作用，获取信息，求取平衡。这一阶段的主要成就是形成客体永久性的概念。

皮亚杰前运算阶段的特点

（2）前运算阶段（2—7岁）

在此阶段，儿童将感知动作内化为表象，建立了符号功能，可凭借心理符号（主要是表象）进行思维活动，从而使思维有了质的飞跃。前运算阶段儿童认知发展的特点如表2-4所示。

表2-4　前运算阶段儿童认知发展的特点

泛灵论	儿童无法区别有生命和无生命的事物，认为世界上一切事物都与人一样，是有生命、有感知、有情感、有人性的
自我中心思维	儿童很难离开自己的主观情感去客观地判断与理解事物、情境等，难以认识他人的观点，只能站在自己的经验中心理解事物、认识事物
不能理顺整体和部分的关系	儿童能把握整体，也能分辨两个不同的类别，但是当要求他们同时考虑整体和整体的两个组成部分时，他们给出的答案多半是错误的。这说明他们的思维受到眼前的显著知觉特征的局限，意识不到整体和部分的关系。皮亚杰称之为缺乏层级类概念
思维的不可逆性	儿童的思维处于不可逆的单向思维阶段，无法改变思维方向，进行反向思考，更无法回到思维原点
缺乏守恒	守恒是个体掌握某一事物的本质特征，明白该事物不会因为某些非本质特征的改变而改变。处于前运算阶段的儿童认识不到在事物的表面特征发生某些改变时，其本质特征并不会发生变化

拓展阅读

三山实验

皮亚杰设计的"三山实验"是自我中心思维的一个最典型的例证。实验材料是一个包括三座高低、大小和颜色不同的假山模型。他首先要求2—7岁的儿童从模型的四个角度观察这三座山；然后要求他们面对模型而坐，并且放一个娃娃在山的另一边；最

图2-1　皮亚杰的三山实验

后要求儿童从图片中指出哪一张是玩具娃娃看到的"山"（见图2-1）。结果发现，处于不守恒阶段的儿童无法完成这个任务，总认为玩具娃娃所看到的山就是自己所看到的那样，他们只能从自己的角度描述"三座山"的形状。皮亚杰以此来证明儿童思维的"自我中心"特点。

（3）具体运算阶段（7—11岁）

儿童开始具有逻辑思维和运算能力，对物体的大小、体积、数量和重量进行推论思考，获得了守恒和可逆的概念；并能够把概念体系运用于具体事物；逐渐去自我中心化，学会了从他人角度看问题。

（4）形式运算阶段（11岁以后）

这一阶段的儿童不再只依靠具体事物运算，能够脱离具体事物进行抽象概括，做出几种假设、推测，并通过象征性的操作解决问题；达到了认知发展的最高阶段；同成年人的思维能力相当。

（三）教育启示

首先，应按照儿童的认知发展顺序编制课程。课程的内容、进度及何时该教什么，应按照儿童认知状态的变化设计。其次，皮亚杰认为，知识的形成主要是活动的内化作用，儿童只有具体地、自发地参与各种活动，才能获得真正的知识。因此，我们应组织幼儿参与多样化的活动，促进幼儿的认知发展。最后，教师应为不同年龄阶段的儿童安排不同的游戏。皮亚杰认为，对儿童来说，无论何时，只要能成功地把初步的阅读、算术或拼读改用游戏的方式进行，儿童就会热情地陶醉于这些游戏中，并获得真正有益的知识。

四、文化历史学派

（一）代表人物

苏联心理学家利维·维果茨基（Lev Vygotsky，1896—1934）创立了文化—历史发展理论，强调社会教育在儿童心理发展中的作用，着重探讨思维与言语、教学与发展的关系问题。

（二）基本观点

1. 心理发展的实质

维果茨基认为，心理的发展是一个人的心理（从出生到成年）在环境与教育的影响下，在低级心理机能的基础上，逐渐向高级心理机能转化的过程。人的心理的发展是受社会的文化历史发展规律所制约的。

2. 教学与发展的关系

在教学与发展的关系上，维果茨基的主要观点有：一是"最近发展区"思想；二是教学应当走在发展的前面。

维果茨基认为，至少要确定儿童的两种发展水平：第一种是现有发展水平，第二种是可能发展的水平。"最近发展区"是指儿童在独立活动中所能达到的解决问题的水平（现有发展水平）与在别人帮助之下所能达到的解决问题的水平（可能发展的水平）之间的差异。"最近发展区"的大小是儿童心理发展潜能的重要标志，也是儿童可接受教育程度的重要标志。

（三）教育启示

教学创造着"最近发展区"，教学应当走在发展的前面。首先，在维果茨基看来，仅仅依据儿童的实际发展水平进行教育是保守、落后的，学习依赖于发展，但是发展并不依赖于学习；有效的教学应该超前于发展并引导发展。因此，学前教育工作者不仅要了解儿童现有的发展水平，而且要了解儿童潜在的发展水平，并根据儿童现有的发展水平与潜在的发展水平，寻找其"最近发展区"，引导儿童向着潜在的、最高的水平发展。其次，成人应鼓励儿童在解决问题中学习、在解决问题中探索，从而成为解决问题的主人。最后，重视交往在教学中的作用。教师应在教学实践中，设计各种各样的教学活动，创设教师与儿童之间、儿童与儿童之间进行学习与交往的情境，从而有效地促进儿童的学习。

五、陈鹤琴的儿童发展观

（一）人物简介

陈鹤琴（1892—1982），浙江上虞人，中国著名儿童教育家、儿童心理学家、教授，中国现代幼儿教育的奠基人，被誉为中国的"幼教之父"及中国的福禄贝尔。

（二）基本观点

1. 儿童不同于成人

陈鹤琴认为，儿童不是"小人"，有着与成人不同的心理，他们作为一个独立的个体，有其独特的身心特点，有自己的需要、兴趣、情感和性格。

2. 儿童的心理特点

（1）好动心

儿童生来好动，没有一刻能像成人坐而默思。因为幼儿的感觉与动作是连通的，尚未养成自制力，行动完全为冲动与感觉所支配，在教育上应当给他充分的机会和适当的刺激，让其在摆弄物体的过程中，从无知无能发展到有知有能。

（2）好模仿

儿童学习言语、风俗、技能等，主要依赖于模仿。在教育上应充分利用其模仿性，让他们模仿周围成人（教师、家长等）的言行来培养好的品行。为此，教师的以身作则和纯美的校风至关重要。

（3）好奇心

儿童对新异的东西会产生好奇心，儿童与新境地接触愈多则知识愈广。教育者应利用儿童的好奇心，引导他们勤学好问，不断获得新知识。

（4）游戏心

儿童以游戏为生命，我们应创造适当的环境，使其天真烂漫、活泼好动的特点得到充分发展，应多采用游戏式的教学法，以提高教育效果。

（5）喜欢成功

儿童不仅喜欢动作，更喜欢动作有成就。一旦有成就，就有自信力；成就愈多，自信心愈强；自信心愈强，愈易成功。两者互相为用。为此，给儿童做的事情不能太难，以免让他们失去成就感。

（6）喜欢野外生活

郊游对儿童的身体、知识、行为都有很好的影响，大自然、大社会将为儿童提供丰富的活课堂，我们应不怕麻烦，多创造外出游玩的良好机会。

（7）喜欢合群

凡人都喜欢群居，2岁儿童就愿与同伴游玩，6岁儿童的乐群心更强。应使儿童常与小朋友交往，培养其友爱互助、热爱集体的品质，发展其社会性。

（8）喜欢称赞

儿童喜欢"听好话"，表扬、鼓励能增加儿童的兴趣和勇气，所以应多采用积极的鼓励措施。

陈鹤琴认为只有依据儿童的这些特点施行教育，才能取得良好的教育效果。他所揭示的儿童心理特点，为幼儿园教育和家庭教育提供了科学的依据。

（三）教育启示

儿童从一生下来就是一个有生命力、生长力，能够分辨与取舍外界刺激，主动探索周围环境，具有学习能力的个体。由此，陈鹤琴主张把"从小教起"改为"从出生教起"。

陈鹤琴认为，"活教育"的课程应该是"把大自然、大社会作为出发点，让学生直接向大自然、大社会学习"。他批判传统教育过分注重书本知识的教学方式。他认为，书本上的知识是死的、是间接的，书本只可以适当用作参考。具体到课程编制上，他提出了"五指活动"的新课程方案，即课程内容应包含健康活动、社会活动、科学活动、艺术活动和文学活动五个方面，这与《幼儿园教育指导纲要（试行）》提出的课程内容的五大领域基本一致。此外，他还强调了儿童的各类生活活动都要在户外，包括游戏、劳作、与大自然接触、自我表达、使用工具锻炼等，而不像过去那样所有活动都在室内进行。

🐦 回溯过往

中国现代儿童教育之父——陈鹤琴的故事

任务二　影响学前儿童心理发展的因素

影响学前儿童心理发展的因素多种多样，归纳起来主要有客观因素（生物因素、环境因素）和主观因素两大方面。客观因素主要指幼儿发展必不可少的外在条件，主观因素指幼儿本身已经具备的特点。主客观因素相互作用，共同促进幼儿的发展。

一、客观因素

（一）生物因素

1. 遗传素质

遗传素质是指有机体通过遗传获得的生理构造、形态、感官和神经系统方面的解剖生理特征。遗传对儿童发展的作用主要表现在以下两个方面。

（1）为儿童心理发展提供最基本的自然物质前提。人类在进化的过程中，形成了高度发达的大脑和神经系统，这是人的心理活动最基本的物质前提。心理活动是大脑的机能，有了大脑，人的心理活动才能产生。正常的大脑和神经系统是儿童心理发展的基础。先天的盲人不可能成长为画家，先天的聋哑儿也不可能成长为音乐家，原因即在于此。

（2）奠定了儿童心理发展个体差异的基础。有关双生子研究和收养研究表明，同卵双生子有着近乎相同的智力；而在一起长大、没有血缘关系的儿童，其智力的相关性很小；有血缘关系的儿童，其智力的相关性则依其家族谱系的亲近和生活方式的接近而增高。心理学研究表明，遗传素质的不同是造成个体差异的重要基础，它规定了每个儿童心理发展不同的可能性。具有不同遗传素质的儿童，其最优发展方向也是不同的。每个儿童都有着自己的遗传特性，这种不同的遗传特性是儿童心理发展与活动个别差异的基础，同时也是因材施教的依据。

2. 生理成熟

生理成熟也称生理发展，是指儿童身体生长发育的程度或水平。生理成熟主要依赖于机体族类的成长程序，有一定的规律性。生理成熟在一定程度上对儿童的心理发展起着制约作用。美国心理学家阿诺德·格塞尔（Arnold Gesell，1880—1961）著名的双生子爬楼梯实验证明，生理成熟对儿童学习技能有着明显的制约作用。

拓展阅读

双生子爬楼梯实验

同卵双生子T和C在不同的年龄开始学习爬楼梯。先让T在出生的第48周起开始接受爬楼梯训练，每日练习10分钟，连续6周；而C则在出生后的第53周开始学习，比T晚了6周，结果C仅训练了2周就赶上了T的熟练水平，即在第55周时，T和C的能力没有差别（见图2-2）。

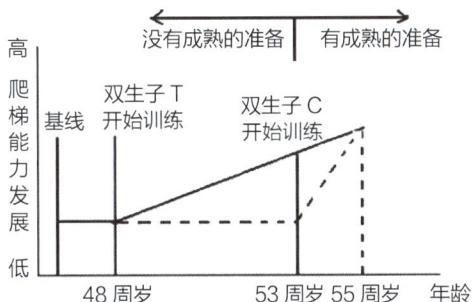

图2-2　双胞胎训练爬梯实验的结果

实验表明，两个同卵双胞胎在不同时间开始训练爬楼梯，最后达到的成绩是一样的，说明在没有达到生理成熟水平之前，训练儿童去学习和掌握某种技能，效果是欠佳的，学习依赖于生理成熟所提供的准备状态。所谓准备，是指由不成熟到成熟的生理机制变化过程。只要准备好了，学习就会发生。所以，我们要等待儿童身心达到相应的发展水平时再让他们学习。

生理成熟为儿童的心理发展提供了自然物质前提，使心理活动的出现或发展处于准备状态。若某种生理结构或机能达到一定成熟时，给予适当的刺激，就会使相应的心理活动有效地出现或发展。如果机体尚未成熟，即使给予某种刺激，也难以取得预期的效果。

（二）环境因素

儿童周围的客观世界即儿童所处的环境。自然环境为儿童提供了生存所需的物质条件，如阳光、空气、水。社会环境指儿童的社会生活条件，包括社会生产力发展水平、社会制度、儿童所处的社会经济地位、家庭状况、周围的社会气氛等。教育作为社会环境中最重要的因素，在一定程度上对儿童的心理发展水平起着主导作用。

1. 社会环境使遗传素质和生理成熟所提供的心理发展的可能性转化为现实性

遗传和生理成熟为儿童的心理发展提供了可能性，而要把这种可能性变为现实，使儿童的心理切实得以产生、发展，还必须有环境与教育的影响和作用。由各种动物抚养长大的人类婴儿，如狼孩、熊孩、豹孩、猪孩等都说明只具有人类共同

笔记栏

的遗传素质是不能产生正常的人的心理的。

2. 社会生活条件和教育是制约学前儿童心理发展水平与方向的重要因素

人与人之间的差异是普遍存在的，这种差异主要是由社会生活条件和教育所造成的。家庭生活条件、文化氛围和教育条件不同，儿童的个性就有很大差异；不同时代、不同国家、不同地区的相同年龄的儿童，其智力水平、个性特点也都存在一定的差异。

💬 **拓展阅读**

印度狼孩

1920 年，在印度加尔各答东北的山地，辛格等人在狼窝里发现了两个孩子，随后就把她们送到附近的孤儿院。大的取名为卡玛拉，约 8 岁；小的取名为阿玛拉，约 2 岁。第二年，阿玛拉死了，而卡玛拉一直活到 1929 年。这就是曾经轰动一时的"印度狼孩"。狼孩的生理结构和身体生长发育同一般儿童没有多大差别，心理与行为却相差甚远。卡玛拉和阿玛拉刚从狼窝返回人类社会时完全是"狼性"的表现：四肢行走，昼伏夜行，用双手和膝盖着地歇息，吃食和饮水总是像狗那样趴在地上舔，害怕强光，夜间视觉敏锐，每到深夜就号叫，怕火、怕水，喜好蜷伏在墙角，即使天气寒冷，也撕掉衣服，摆脱毯子。后来，经过辛格等人的悉心照料与教育，卡玛拉 2 年学会了站立，4 年学会了 6 个单词，6 年学会了直立行走，7 年学会了 45 个单词，同时还学会了用手吃饭，用杯子喝水，并逐渐适应人类的社会生活。但到 17 岁死时，卡玛拉仍只有相当于 4 岁儿童的心智发展水平。

"印度狼孩"的例子充分说明，一个身体健全的人类儿童，虽然有心理发展的可能性，但是，如果出生后出于某种原因不与人类文化环境接触，不参加人类的社会实践活动，就不可能产生正常的人的心理与行为。

二、主观因素

（一）儿童心理本身内部的因素

儿童心理本身内部的因素是儿童心理发展的内部原因。儿童心理发展的过程，不是被动地接受客观因素影响的过程，儿童心理本身也会积极地参与并影响这个发展过程。随着年龄的增长，儿童的主观因素对其心理发展的作用越发明显。环境和教育是影响儿童心理发展的外部因素，不能直接决定儿童心理的发展，他们的影响作用只能通过儿童心理发展本身的内部因素来实现。

影响儿童心理发展的主观因素，笼统地说，包含儿童的全部心理活动；具体地说，包括儿童的需要、兴趣、爱好、性格、能力、自我意识、心理状态等。其中，最活跃的因素是儿童的需要。

（二）儿童心理的内部矛盾

笔记栏

儿童心理的内部矛盾是推动儿童心理发展的根本原因和动力。儿童心理的内部矛盾可以概括为新的需要和旧的心理水平或状态之间的矛盾。新的需要通常表现为对某种事物的追求和倾向，是矛盾中比较积极活跃的一面。新的需要总是否定着已有的心理发展水平或状态，即已有的心理发展水平或状态无法满足日益增长的需要，因此个体必须提高现有的心理水平去满足新的需要，以适应环境。教育的根本任务是根据儿童已有的心理水平或状态，提出恰当的要求，以激发儿童新的需要，帮助儿童产生新的矛盾运动，促进其心理发展。

总之，影响儿童心理发展的客观因素和主观因素是相互联系、相互影响的，客观因素是儿童发展的外部条件，主观因素才是儿童发展的根本动力。主客观因素只有通过实践活动才能相互作用，共同促进儿童的发展。

活学活用

说脏话的李硕

材料：小朋友入园不久，小班王老师发现李硕小朋友经常说脏话。虽然老师多次批评，但他还是经常说，甚至影响到其他幼儿，也开始说脏话。

问题：请分析李硕及其他幼儿说脏话的可能原因。（2017年11月《保教知识与能力》真题）

分析：李硕及其他幼儿说脏话的原因可能是：（1）家庭的影响。李硕经常说脏话可能是因为家庭教养方式不当和家人不良的榜样作用。（2）社会媒体的影响。李硕可能是因为通过电视、手机、电脑等媒体的影响，学习媒体中某些人物说脏话。（3）幼儿爱模仿的特点。小班幼儿独立性较差，爱模仿别人。他们听见别人说脏话，就开始进行模仿。班级里一开始是李硕说，之后被其他幼儿听到，就开始模仿李硕，也说起了脏话。

回溯过往

冠军之路：从海滨小城走出的天才少女

任务三　学前儿童发展的基本规律

一、学前儿童发展的趋势

学前儿童心理
发展的趋势

学前儿童身心发展变化的过程，总体方向是进步的，是不断提高的，向着更高级方向不断前进的，在这个前进的过程中表现出几个必然的趋势。

（一）从简单到复杂

儿童最初的心理活动，只是非常简单的反射活动，之后越来越复杂。这种发展趋势又表现在两个方面。

1. 从不齐全到齐全

儿童的各种心理过程在出生的时候并非已经齐全，而是在发展过程中先后形成的。例如，出生后几天的孩子，不能集中注意力；前几个月的孩子虽然能看能听，但不会认人，4个月起，认识母亲；6个月开始，会对不熟悉的人产生惊慌不安的情绪；1岁半以前没有想象活动，也谈不上人类特有的思维；2岁左右开始真正掌握语言，与此同时，想象和思维的发展开始萌芽。

2. 从笼统到分化

儿童最初的心理活动是笼统、弥漫而不分化的。无论是认识活动还是情绪，发展趋势都是从混沌或暧昧到分化和明确。例如，最初孩子的情绪只有愉快和不愉快之分，后来，逐渐出现喜爱、高兴、快乐、痛苦、嫉妒、畏惧等复杂而多样的情绪情感。

（二）从具体到抽象

儿童的心理活动最初是非常具体的，之后越来越抽象和概括。例如，儿童思维的发展过程就典型地反映了这一趋势。幼小儿童对事物的理解是非常具体形象的，抽象逻辑思维在学前末期（5岁以后）才开始萌芽发展。

（三）从被动到主动

儿童心理活动最初是被动的，心理活动的主动性后来才发展起来，并逐渐提高，直到成人所具有的极大的主观能动性。儿童心理发展的这种趋势主要表现在两个方面。

1. 从无意向有意发展

新生儿的原始反射是本能活动，是对外界刺激的直接反应，完全是无意识的。随着年龄的增长，儿童逐渐开始出现了自己能意识到的、有明确目的的心理活动，然后发展到不仅能够意识到活动目的，还能够意识到自己的心理活动进行的情况和过程。大班幼儿不仅能知道自己要记住什么，而且知道自己是用什么方法记住的，这就是有意记忆。

2. 从主要受生理制约发展到自己主动调节

幼小儿童的心理活动，很大程度上受生理局限，随着生理的成熟，心理活动的主动性也逐渐增长。例如，两三岁的孩子注意力不集中，主要是由于生理上不成熟所致。四五岁的孩子在有的活动中注意力集中，而在有的活动中注意力却很容易分散，表现出个体主动的选择与调节。

（四）从零乱到成体系

儿童的心理活动最初是零散杂乱的，心理活动之间缺乏有机的联系。例如，幼小儿童一会儿哭，一会儿笑，一会儿说东，一会儿说西，这些都是心理活动没有形成体系的表现。正因为不成体系，心理活动非常容易变化。随着年龄的增长，心理活动逐渐组织起来，有了系统性，形成了整体，有了稳定的倾向，出现每个人特有的个性。

二、学前儿童发展的规律

（一）发展具有方向性和顺序性

一般而言，学前儿童心理的发展具有一定的方向性和顺序性，既不会逾越，也不会逆向发展，按从低级到高级、由简单到复杂的固定顺序进行。例如，幼儿身体发育遵循着自上而下的顺序，动作发展的头尾律、近远律和大小律也显示了顺序性特征。在正常情况下，心理现象的发生按顺序出现，心理发展的阶段也按顺序出现。

（二）发展具有连续性和阶段性

连续性是指学前儿童心理发展是一个连续的过程。这种连续性主要表现在两个方面：一是指心理的前后发展有着内在的必然联系，先前的发展是后天发展的基础，而后天的发展是先天发展的延续；二是指心理的发展进入高一级水平后，原先的发展水平并不是简单地消亡，而是被高一级的水平所整合和包容。

阶段性是指在学前儿童发展的各个不同年龄阶段中所形成的一般的、典型的、本质的心理特征。

儿童心理发展的连续性和阶段性不是绝对对立的，而是辩证统一的。例如，学前儿童思维发展的主要特征是具体形象性，但幼儿初期仍保留直观行动思维的特征，幼儿晚期抽象逻辑思维开始萌芽。

（三）发展具有不平衡性

个体从出生到成熟并不总是按照相同的速度直线发展，而是体现出多元化的发展模式，主要表现为：第一，不同的心理过程具有不同的发展速度。感知觉能力在出生后迅速发展，且很快达到比较发达的水平。而思维的发展则需要经过较长时间的孕育过程，两岁左右才能真正发展起来，直到学前期末，仍处于比较低级的发展阶段，只有抽象逻辑思维的萌芽。第二，不同年龄阶段的心理发展具有不同的速度。

例如，就人的生长发育来说，从总体发展来看，幼儿期出现第一个加速发展期，然后是儿童期的平稳发展，到了青春期出现第二个加速发展期，然后是平稳地发展，到了老年期开始下降。

（四）发展具有个别差异性

虽然同一年龄阶段的儿童无论在身体还是心理方面都存在着发展的共同趋势和规律，但对于每一个儿童而言，其发展的速度、发展的优势领域、最终达到的发展水平等都可能是不同的。例如，有的儿童与人交往能力强，有的儿童口头语言表达能力好；有的儿童活泼好动，有的沉稳喜静；有的儿童善于概括总结，有的长于实际操作；有的儿童发育早，心理成熟早，有的成熟晚；在个性方面也存在很大差异，在兴趣、性格及能力等方面也都有不同。这就需要教师在教育过程中求同存异、因材施教。

拓展阅读

瓦拉赫效应

奥托·瓦拉赫（Otto Wallach）是诺贝尔化学奖获得者，他的成才过程极富传奇色彩。瓦拉赫在开始读中学时，父母为他选择的是一条文学之路，不料一个学期下来，教师为他写下了这样的评语："瓦拉赫很用功，但过分拘泥。这样的人即使有着完美的品德，也绝不可能在文字上发挥出来。"此后，他改学油画。可瓦拉赫既不善于构图，又不会调色，对艺术的理解力也不强，成绩在班上是倒数第一，学校的评语更是难以令人接受："你是绘画艺术方面的不可造就之才。"面对如此"笨拙"的学生，绝大多数老师认为他已成才无望，只有化学老师认为他做事一丝不苟，具备做好化学实验应有的品格，建议他试学化学，父母接受了化学老师的建议。这下，瓦拉赫智慧的火花一下被点着了，文学艺术的"不可造之才"一下子变成公认的化学方面的"前程远大的高才生"。

瓦拉赫的成功，说明这样一个道理：学生的智能发展都是不均衡的，都有智能的强点和弱点，他们一旦找到自己的最佳点，使潜力得到充分发挥，便可取得惊人的成绩。这一现象人们称之为"瓦拉赫效应"。

任务四　学前儿童心理发展的年龄特征

一、学前儿童心理发展的年龄特征概述

（一）年龄特征的概念与性质

心理年龄特征是指在儿童心理发展的各个不同年龄阶段形成和表现出来的一般

的、典型的心理特征。儿童年龄特征包括儿童生理的年龄特征和儿童心理的年龄特征。所谓儿童心理发展的年龄特征，是指儿童在每个年龄阶段中形成并表现出来的一般的、典型的、本质的心理特征，是从许多个别儿童的心理特征中概括出来的。它只能代表这一年龄阶段儿童心理发展的一般趋势和典型的特点，而不能代表这一年龄阶段中每一个儿童所有的心理特点。正如前面所说的，儿童心理发展具有不均衡性，每个儿童心理发展的特征有个别差异。但是，从总的方面说，心理年龄特征代表该年龄阶段一般儿童的本质的心理特征，而同龄儿童之间的个别差异，往往在于非本质的特征。

儿童心理年龄特征具有稳定性与可变性。通常，儿童发展的年龄特征具有一定的稳定性，即每个阶段发展的过程和速度大体都是稳定的、共同的。由于社会和教育条件不同，儿童发展的情况有各种差别，这些构成了年龄特征的可变性。具体而言，在不同时期、不同文化背景下，不同儿童发展的内容、过程和速度乃至达到的水平在一定范围内会有所不同。

（二）有关儿童心理发展年龄阶段的几个概念

1. 儿童心理发展的转折期与危机期

通常，儿童的发展是渐进的，但在某些时期，儿童的发展会出现飞跃式的变化，即在儿童心理发展的两阶段之间，有时会出现心理发展在短期内突然急剧变化的情况，称为儿童心理发展的转折期。在这个时期内，儿童容易产生强烈的情绪表现，也可能表现出与成人关系的突然恶化。例如，3 岁左右的幼儿常常表现出反抗行为或执拗情绪，常说"我不""我偏不"等以示反抗。有个孩子听到妈妈说："你是好孩子。"他说："不，我不是好孩子。"7 岁左右的儿童也常常出现心理平衡失调现象，情绪不稳定。

转折期与
危机期

由于儿童心理发展的转折期常常出现对成人的反抗行为，或各种不符合社会行为准则的表现，因此有人把转折期也称为危机期。但需注意这两个概念并不重合，转折是必然，危机不绝对。危机往往是由于儿童心理发展迅速，进而导致其心理发展上的不适应。成人如果掌握了儿童心理发展的规律，正确引导儿童心理的发展，能化解一时产生的尖锐矛盾，危机就会在不知不觉中度过而不出现。

2. 儿童心理发展的关键期

关键期是指儿童在某个时期最容易学习某种能力或形成某种心理特征，错过了这个时期，相关发展的障碍就难以逾越。儿童心理发展的关键期主要表现在言语和感知方面。例如，0—2 岁是亲子依恋关键期，1—3 岁是口语学习关键期，4—5 岁是儿童坚持性发展最迅速的时期。

关键期的概念

拓展阅读

印刻效应

奥地利动物心理学家康拉德·劳伦兹（Konrad Lorenz）在对雁鸭科动物，特别是对小鸭的研究中，综合前人的研究成果，提出了印刻效应的概念。劳伦兹发现鹅、鸭、雁之类的动物在刚刚孵化出来时，让其接触其他种类的鸟或会活动的东西（如人、马、足球），它们会把这些东西当成自己的母亲紧紧追随，却对自己真正的"母亲"无任何依恋。这种现象好像在凝固的蜡上刻上标记一样，故称"印刻"。劳伦兹还认为这种现象只发生在极短暂的特定时刻，一旦错过了这个时机就无法再学习，因此又称关键期为"最佳学习期"。

二、0—1岁学前儿童心理发展的主要特征

（一）新生儿期（0—1个月）

1. 心理发生的基础——本能动作

研究发现，新生儿先天就有许多应对外界刺激的本能——无条件反射。无条件反射是指天生的本能表现。例如，吸吮反射、眨眼反射、怀抱反射（惊跳反射）、抓握反射、巴宾斯基反射、击剑反射（强直性颈反射）、迈步反射、游泳反射、巴布金反射、蜷缩反射等。

无条件反射

2. 心理的发生——条件反射的出现

儿童出生后不久，就能够建立条件反射。由于婴儿的大脑皮质和分析器有一定的成熟度，因而开始在外界刺激的影响下，在无条件反射的基础上形成条件反射。条件反射的出现使得儿童获得了维持生命、适应新生活需要的新机制。条件反射既是生理活动，又是心理活动，是心理发生的标志。例如，大多数新生儿在出生后9天左右就能对喂奶姿势产生条件反射，即每当养育者以喂奶姿势抱起新生儿，新生儿就会立即将头转向养育者的怀抱寻找奶源。

拓展阅读

巴甫洛夫的经典条件反射学说

经典条件反射是20世纪初俄国生理学家伊万·彼德罗维奇·巴甫洛夫（Ivan Petrovic Pavlov）在经典的狗分泌唾液实验中发现的。

1.当一盘肉放在狗面前时，狗会流口水，狗流口水的行为叫无条件反射，是狗的本能反应。

2.当只给狗响起铃声，狗不会出现分泌唾液的情况。这时，铃声对狗而言属于中性刺激。

3.当这盘肉出现在狗面前，并同时响起铃声，这样肉和铃声多次反复一起出现后，只要铃响，即使不出现肉，狗就会流口水。这时的铃声就变成了条件

刺激，狗流口水就是条件反射。

　　巴甫洛夫认为条件反射是指一个原是中性的刺激与一个原来就能引起某种反应的刺激相结合，而使机体学会对那个中性刺激做出反应。

3.认识世界的开始——感知觉

　　儿童出生后就有感觉。例如，东西碰到嘴唇会引起触觉，洗澡时过热或过冷的水会引起明显的温觉反应，等等。出生2—3天的孩子，会对某些声音做出把头转向声源的动作。明显的视觉集中和听觉集中出现在出生后的2—3周，这时如果人脸或手出现在孩子面前，孩子会注视片刻。再大一点的孩子，会用双眼跟随着慢慢移动的物体，但如果物体移出他的视野，就不再追踪。同样，新生儿在2—3周时，听到拖长的声响时，会停止一切运动，安静下来，直至声音响完为止。到第4周，成人对孩子说话，也会引起同样反应。

4.人际交往的开端——情绪、情感

　　儿童作为人的后代，生活在人类社会，从一开始就表现出和别人交往的需要。出生后第一个月内，孩子逐渐出现和母亲的"眼睛对话"，在吃奶时，眼睛不时地看着母亲。快满月的孩子，把视线集中对着人脸时，甚至会手舞足蹈起来。这时，孩子不但在吃饱睡足时看见人脸会发出积极的情绪反应，就是在困倦或饥饿而情绪不安时，看见人脸也会暂时地发生愉快的情绪反应。这种现象说明，出生第一个月，儿童已经出现了人类特有的需要，即人际交往需要。

> **活学活用**
>
> #### 幼儿教育应从何时开始？
>
> 　　有人认为对幼儿的教育应从入园之日起；有人认为"树大自直"，不需教育；有人认为从出生第二天起便晚了一天。
>
> 　　请结合所学的心理学理论，就"幼儿教育应从何时开始"进行评述。
>
> 　　分析：幼儿教育应从0岁开始。新生儿已经具有不可低估的心理能力：他们不仅能看、能听、能记忆，还能区别不同的感觉信息。他们不仅能够接受许多信息，还能主动发出信息，用不同的行为方式来反映周围事物，表达自己的状态。基于对新生儿能力的这种认识，就应该思考新生儿的教育问题。首先是保证他有一个安全、舒适的环境，使他生理上得到健康发展。同时，应为他创设一个心理发展的好环境，给予适量和适宜的教育训练。总之，新生儿具有很大的潜力，通过适当的教育训练，这些潜力可以提早发觉。

（二）婴儿早期（1—6个月）

1.视觉和听觉迅速发展

　　满月以后，婴儿的眼睛更加灵活。例如，婴儿的视线可以追随着物体移动，而

且会主动寻找视听目标，会主动寻找视听对象，如成人或玩具。2—3个月后，婴儿对声音反应更积极，当听见说话声时，会把身体和头转过去，用眼睛寻找声源。半岁内的婴儿因其动作刚刚发展，能直接用手和身体接触到的事物很有限，所以他们认识世界主要靠视觉和听觉。

2. 手眼协调动作开始发生

手眼协调动作是指眼睛的视线和手的动作能配合，手的运动和眼球运动（视线）相一致，能按照视线去抓住所看见的东西。能抓到看到的东西是手眼协调的主要标志。手眼协调动作发生于婴儿早期，2—3个月的婴儿，手在偶然碰物体时会抚摸或拍打；3—4个月的婴儿手会无意识地抓东西；婴儿4个月时喜欢抓，但不能准确达到目标，手眼不协调；4—5个月的婴儿开始出现手眼协调动作。

3. 主动招人

处于婴儿早期的孩子，往往会主动和别人交往。哭常常是婴儿最初社会性交往需要的表现。从3个月开始，婴儿不但会用哭来引起成人的注意，也会用笑来吸引人，喜欢别人和他玩。这时出现了最初的亲子游戏，亲子游戏可以满足婴儿的社会性交往需要。

4. 开始认生

开始认生是婴儿认知发展和社会性发展过程中的重要变化，明显表现出了感知辨别能力和记忆能力的发展。例如，能区分熟悉的人与陌生人，开始有了记忆。也表现出了婴儿情绪和人际关系发展上的重大变化，出现了对亲人的依恋和对熟悉程度不同的人的不同态度的表现。

（三）婴儿晚期（6—12个月）

1. 身体动作迅速发展

出生后一年里，要经历抬头、翻身、坐、爬、站、走等动作，而坐、爬、站、走都是在此期间习得的。6—7个月坐稳，爬和坐是交叉进行，爬行有许多好处，10个月左右开始学站、站稳、走。会坐、爬、站、走扩大了婴儿的活动范围，父母要为婴儿准备一些玩具，这不仅可以促进他们身体动作的发展，还可以在感知觉上对婴儿视、触觉都有所促进。

2. 手的动作开始形成

从6个月到1岁，婴儿手的动作日益灵活，其中最重要的是五指分工动作发展起来了。所谓五指分工，是指大拇指和其他四指的动作逐渐分开，而且活动时采取对立的方向，而不是五指一把抓。五指分工动作和手眼协调动作是同时发展的，这是人类拿东西的典型动作。除了五指分工，6个月以后，婴儿还喜欢做重复连锁动作，即如果让婴儿在床上玩，他会把小玩具扔到地上，然后要成人来捡，成人捡来，交给他，他又扔下，如此重复，乐此不疲。

3. 言语开始萌芽

这一阶段婴儿开始发出各种声音，7个月会用不同声音招呼人；9—10个月时，能听懂一些词并做动作；近1岁时喜欢咿呀不停，会说极少的词，此时可教孩子有意发声。

4. 依恋关系发展

随着婴儿与抚养者相处时间的增加，亲子之间的感情日益加深，依恋关系日益发展。婴儿6个月之前与抚养者分离较易，近1岁时分离会困难，出现分离焦虑，会长时间哭闹，情绪不安。

三、1—3岁学前儿童心理发展的主要特征

（一）动作逐渐发展完善

1. 学会自由行走

1岁左右的儿童刚开始学步，走路还很不稳。2岁以后的儿童能够行走自如，并开始学习跑、跳和攀登等动作，虽然动作仍然不灵活，比较缓慢、笨拙，摔跤也是常有的事。但这时的儿童非常喜欢走路，通过锻炼，他们的行走动作很快就熟练起来。

2. 开始使用工具

1岁以后，儿童手的动作进一步灵活起来。他们能够比较准确地拿住各种东西表演各种"舞蹈"动作；开始学习使用工具，如用勺子、端碗、拼插小玩具、使用手绢等。1—3岁儿童手部动作发展的顺序如表2-5所示。

表2-5　1—3岁儿童手的动作发展顺序

顺序	动作名称	年龄（月）	顺序	动作名称	年龄（月）
1	堆积木2—5块	15.4	8	折长方形近似	29.2
2	用勺外溢	18.6	9	独自用勺子	29.3
3	用双手端碗	21.6	10	画横线近似	29.5
4	堆积木10块	23.0	11	一手端碗	30.1
5	用勺稍外溢	24.1	12	折正方形近似	31.5
6	脱鞋袜	26.2	13	画圆形近似	32.5
7	串珠	27.8			

（二）心理的发展

1. 语言和表象思维的发展

1—3岁儿童的语言能力有了突破性发展。这时，儿童能够说出一些简单的词语和句子，对语言的理解水平也有了较大提高。1.5岁以前，儿童的发音还很不准确，喜欢用叠音，如"帽帽""车车""手手"等。他们说的句子也很不完整，常常以词

代句或句子非常简单。1.5 岁以后，儿童的词汇量快速增加，到 3 岁时，儿童能够初步用语言表达自己的意愿。

与此同时，儿童的表象也发展起来。特别是 1.5—2 岁，当事物不在眼前时，儿童能够在大脑中出现该事物的表象。表象的发生使儿童的认识活动出现了重大变化，使想象和思维的出现成为可能。由于表象的出现，这一阶段的儿童能够根据已有的记忆表象对事物进行最初的概括和推理。

2. 自我意识的萌芽

自我意识是个体对自己作为客体存在的各方面的意识，具体包括认识自己的生理状况、心理特征，以及自己与他人的关系。2 岁左右，儿童出现自我意识的萌芽，其突出的表现在于独立行动的愿望很强烈。儿童知道"我"和他人的区别，在语言上逐渐分清"你""我"，在行动上要"自己来"。掌握代名词"我"是自我意识萌芽的最重要的标志。例如，2 岁左右的儿童，由于能够开始独立行走，变得不那么顺从了。吃饭时虽然弄得满脸满身，也不让成人帮一下；成人不管他时，他高高兴兴地自己吃起来。走路虽然还不稳，可成人拉他一下，他是不愿意的，嘴里说着："我自己，我自己。"这些都说明儿童的独立性已经开始出现。独立性的出现是儿童心理发展上非常重要的一步，也是人生头两三年心理发展成就的集中体现。

活学活用

"不听话"的小明

最近，2 岁的小明不管大人忙闲与否，一定坚持自己吃饭，自己系鞋带。可是，孩子动作很慢，一次次总做不好，妈妈有时着急就强行打断他，还说"孩子越大越不听话"，结果总是惹得小明大哭一场，妈妈心情也很烦躁。请你帮助小明妈妈解除烦恼。

分析：2 岁左右的孩子，不像以前那么顺从了，已经有了自己的主意，和家长意旨不一致，这是孩子出现独立性的表现。独立性的出现是儿童心理发展上非常重要的一步，也是人生前两三年心理发展成就的集中表现。作为家长，应该理解并尊重儿童身心发展的特点和规律，热爱和尊重幼儿，耐心地教育幼儿，如果实在解决不了问题，可暂时缓一缓，帮助幼儿顺利度过这一特殊阶段，慢慢地这一现象就会减弱甚至消失。

四、3—6 岁学前儿童心理发展的主要特征

（一）3—4 岁学前儿童心理发展的主要特征

1. 生活范围扩大

随着各种粗大动作（如走、跑、跳等）的发展和基本精细动作的自如使用，以及随着言语的形成和发展，幼儿能够向他人表达自己的想法和要求，能够与他人交

往，过集体生活。这些更有利于3—4岁的幼儿从适应家庭环境扩展到适应幼儿园环境，方便幼儿生活范围的逐渐扩大。生活范围的扩大，引起了这一阶段儿童心理上的许多变化，使他们的认识能力、生活能力及人际交往能力都得到了迅速发展。

2. 认识依靠行动

这一阶段幼儿的认识活动往往依靠动作和行动进行。他们的认识特点是先做再想，无论是游戏还是画画，都还不会想好了再做，而是无意中拼搭出某种形状或画出某种形状后，再根据形状命名。听故事也必须要有成人形象的动作表演作支持才能理解。

3. 情绪影响大

3—4岁幼儿的情绪很不稳定，容易受外界环境的影响。例如，小班幼儿刚到幼儿园时总会哭个不停，妈妈不离开，越是哄，幼儿越是哭。妈妈一走，老师带着小朋友们玩游戏，他也就随着小朋友们高兴地玩起来。可是不放心的妈妈如果再露面，幼儿又会马上哭起来，不让妈妈走。而且这一年龄阶段幼儿的情绪容易受周围人的感染。如果有一个小朋友哭起来，其他的小朋友也会跟着哭起来；有时看见别人笑，他们也会莫名其妙地跟着笑起来。总之，这个年龄阶段的儿童，行为往往受情绪的影响，易冲动，教师要善于理解、引导幼儿的这一心理特点。

4. 爱模仿

3—4岁幼儿的模仿性很强，对成人的依赖性也很大。例如，在小班的"娃娃家"里，有些幼儿看见别人当爸爸，他也要当爸爸，他才不管家里有几个爸爸呢！他们还常常模仿老师的声调、坐姿等，所以老师的言传身教非常重要。教育中应注意利用幼儿的这一特点培养良好的行为习惯，也要谨防不良行为习惯对幼儿的影响。

幼儿的模仿现象

🐤 活学活用

爱模仿的小班幼儿

小班的课堂上，老师发现一个小朋友在玩手绢，老师说："某某，把你的手绢收起来。"结果原先不玩手绢的小孩也玩起了手绢。一会儿，一个孩子要上厕所，其他几个孩子也马上提出要上厕所。老师不高兴了，说："都去都去。"结果孩子一下全跑光了。老师就纳闷：为什么会这样？我该怎么办呢？

分析：小班幼儿在这一时期主要通过观察模仿的方式学习，且模仿能力强。材料中本来不玩手绢的小朋友听见老师说某小朋友玩手绢，便模仿玩手绢的行为，听见某小朋友要上厕所便也要如厕，这些都是幼儿通过观察模仿进行学习的表现。

建议小班教师在组织幼儿进行活动时要注意以下几点：（1）不要为幼儿提供反面典型，要多树立好榜样，表扬积极的行为，引发幼儿积极模仿正向行为。

（2）在组织集体活动时，注意不当众批评幼儿的某种行为，以免引发其他幼儿的模仿。（3）在为幼儿提供玩具时要注意玩具种类不必很多，但同一种要多准备几套。

（二）4—5岁学前儿童心理发展的主要特征

1. 活泼好动

4—5岁学前儿童心理发展的主要特征

活泼好动是幼儿的天性，这一特点在4—5岁的幼儿身上表现得尤为突出。他们明显比3—4岁的幼儿能动、能说、能跑，对什么都感到好奇，总是摸摸这儿、看看那儿，动作灵活、思维活跃。他们的自我控制能力还不强，所以，这个时期的幼儿表现为活动的积极性高，时刻处于活跃状态，不知疲倦，让老师觉得"不好带"，但他们更能表现出童趣。

2. 思维具体形象

具体形象是学前儿童思维的主要特点，幼儿在4—5岁时表现得最为典型，他们主要依靠头脑中的表象进行思维。例如，中班幼儿在数数时，虽然可以不用手指点数，但在头脑中必须要有物体的形象做支撑。

活学活用

幼儿学数学

一个幼儿能够正确回答"这里有6个糖果，弟弟你们两个人分，要分得一样多，那么每个人应该得几个糖果？"这个问题，但是不会回答"3+2等于几？"这个问题。家长感到奇怪，前者属于除法题，后者是加法。为什么幼儿能回答前者而不会回答后者呢？

分析：其实，上述情况是学前儿童在该年龄阶段具体形象思维的正常表现。具体形象性是学前儿童思维的主要特点，即他们主要依靠头脑中的表象进行思维，容易掌握那些代表实际物体的概念，不容易掌握比较抽象的概念。在上述案例中，对幼儿来说要解决"把6个糖果平分给2个人吃"这一问题，是可以借助于糖果或糖果的表象来思考问题的，而要回答"3+2等于几"这种抽象概念之间数量关系的问题，则比较困难。

3. 开始能够遵守规则

4—5岁的幼儿已经能够在日常生活中遵守一定的行为规范和生活规则，如不在室内大喊大叫、追跑，遇到人多时学会排队，不乱扔东西等，还有进餐、盥洗和午睡等生活常规。在进行集体活动时，他们也能初步遵守集体活动规则，如认真听别人讲话、不随便插嘴、发言举手等。5岁的幼儿在与他人进行合作游戏时，也能初步遵守游戏规则，在一定的要求下做到不破坏游戏规则。幼儿规则意识的建立，不仅有助于幼儿合作游戏的开展和游戏水平的提高，还有助于他们社会性的发展。

4. 开始自己组织游戏

游戏是幼儿主要的活动形式，4岁左右是幼儿游戏兴趣蓬勃发展的时期，这个时期的他们不但爱玩而且会玩。他们已经能够理解和遵守游戏规则，能够自己组织游戏、自己确定游戏主题。因此，活动内容和活动目标都可以在儿童的参与下共同制定。一旦定下来，他们就能够自己分工并安排角色。这个时期幼儿的合作水平也开始提高，他们在共同游戏中逐渐结成一定的同伴关系，初步学习与他人相处，其社会性也得到了进一步发展。

（三）5—6岁学前儿童心理发展的主要特征

1. 好学、好问

5岁以后幼儿的好奇心不再只满足于了解事物的表面现象，而是想要知道事物的深层原因，知道为什么。他们有着强烈的求知欲和认识事物的兴趣，这一特点的突出表现为他们非常爱问各种各样的问题，而且一定要问个水落石出。5—6岁的幼儿不仅喜欢问"为什么"，还喜欢动手寻找结果，因此，他们很喜欢"搞破坏"，对于各种物品或玩具都想拆开来研究一番，这是幼儿求知欲的表现，对此成人不应阻止，而是应该引导其合理探究。

2. 抽象逻辑思维开始萌芽

5—6岁幼儿的思维仍然是具体的，但是初步的抽象逻辑思维开始萌芽。这一时期的幼儿不仅能对事物进行分类，还能对事物的关系做出判断并正确排出顺序，有了初步的顺序概念。例如，给他们看几幅有情节的故事图，图的顺序被打乱，5—6岁的幼儿能够对顺序做出判断，而3—4岁的幼儿则不能。又如5岁以后，幼儿能够按照高一级的概念进行分类，如交通工具、水果等，而4岁的幼儿还弄不清"车子"和"卡车"这两个概念的区别与联系。

3. 开始掌握认知方法

5—6岁的幼儿已经出现了有意地自觉控制和调节心理活动的方法。在认知活动方面，无论是观察、注意、记忆还是思维、想象等，他们都有了一定的方法。例如，观察图片时，他们不再是偶然看到哪就看哪，而是按照一定的顺序看。由于有意性的增强，5—6岁的幼儿已经能够有意地自觉控制和调节自己的心理活动，因此能够开始掌握认知方法。例如，在"跟读数字"测验中，幼儿一边听任务，一边默默地跟着念，有意地努力记住这些数字。在绘画活动中，他们既能够事先思考，想一想再画，又能够有意地想象画面，进行构思。

4. 个性初具雏形

5—6岁的幼儿对事物有了比较稳定的态度，例如爱憎的态度比较明确，看问题开始有自己的见解，有了一定的独立性，等等。这一时期的幼儿已经表现出相对稳定的兴趣，情绪也不再那么容易变化，心理活动已经开始形成体系，个性初具雏形。

但这一年龄阶段幼儿的个性仍处于初步形成时期，稳定性弱，可塑性还相当大，环境与教育都对其个性的发展产生重要作用。

实训实践

实训一　学前儿童家长会策划

　　幼儿园准备召开一次科学育儿的家长会，如果你是幼儿班主任，请你运用学前儿童心理发展的基本理论相关知识，开展一次教育指导家长会，请策划一份家长会方案。

家长会策划方案

实训二　幼儿园教师资格考试（面试）结构化试题模拟训练

　　1.在幼儿时期，很多家长为了不让孩子输在起跑线上，给孩子报了大量的兴趣班。对此，请谈谈你的看法。

　　2.有家长说教育孩子都是幼儿教师的责任。对此，你怎么看？

　　3.小班娃娃家游戏中，两名幼儿都想玩烧菜游戏，因争抢玩具打了起来，你怎么办？

真题汇集

项目二在线测验题

项目二【真题汇集】
（含参考答案）

模块二
学前儿童的认知

两小儿辩日
先秦·列御寇《列子》

孔子东游，见两小儿辩斗，问其故。一儿曰："我以日始出时去人近，而日中时远也。"一儿以日初出远，而日中时近也。一儿曰："日初出大如车盖，及日中则如盘盂，此不为远者小而近者大乎？"一儿曰："日初出沧沧凉凉，及其日中如探汤，此不为近者热而远者凉乎？"孔子不能决也。两小儿笑曰："孰为汝多知乎？"

译文：孔子到东方游历，见到两个小孩在争辩，便问是什么原因。一个小孩说："我认为太阳刚出来的时候离人近一些，而到中午的时候距离人远。"另一个小孩却认为太阳刚出来的时候离人远些，而到中午的时候距离人近。一个小孩说："太阳刚出来的时候像车盖一样大，等到正午就小得像一个盘子，这不是远处的看着小而近处的看着大吗？"另一个小孩说："太阳刚出来的时候有清凉的感觉，等到中午的时候像手伸进热水里一样热，这不是近的时候感觉热而远的时候感觉凉吗？"孔子不能判决（谁对谁错）。两个小孩笑着说："谁说您的知识渊博呢？"

简析：《列子》又名《冲虚真经》，相传为战国列御寇所著。《列子》是中国古代先秦思想文化史上著名的典籍，属于诸子学派著作，是一部智慧之书，它能开启人们的心智，给人以启示，给人以智慧。此文通过描写两个小孩争辩太阳在早晨和中午距离人们远近的问题，反映出中国古代的人们对自然现象的探求和独立思考、大胆质疑、追求真理的可贵精神。同时，我们也可以看到儿童对于事物有不同的认知，并且具有敢于表达、勇于表达自己观点的特点，这也提示我们要重视儿童认知的发展。

模块导读

学前儿童认知的发展包括注意、感知觉、记忆、想象、思维和言语等方面的发展，和学前儿童的知识积累、智力提升密切相关。本模块将重点探讨学前儿童在认知方面的发展特点和规律，以及如何在实践中促进学前儿童认知能力的发展。

本模块共分为六个项目：项目三为学前儿童的注意；项目四为学前儿童的感知觉；项目五为学前儿童的记忆；项目六为学前儿童的想象；项目七为学前儿童的思维；项目八为学前儿童的言语。

项目三
学前儿童的注意

情景导入

　　幼儿园中班的张老师在组织开展"生活中的花"的活动时，为了能够激发幼儿的学习兴趣，丰富幼儿的直观经验，就提前准备了各种盆栽花卉，并放到幼儿园的活动室里。在组织活动的时候，张老师发现幼儿根本无心听她讲解有关花卉的知识，都在东张西望地看花儿，口头制止也没有用。而当张老师拿出一盆花进行介绍的时候，小朋友却又不能集中注意观察。

　　为什么会出现这种情况呢？张老师怎么做才合适呢？

学习目标

▶ **知识目标**

1. 了解注意的概念、分类。
2. 理解学前儿童注意发展的特征与注意品质发展的特点。
3. 掌握学前儿童注意分散的原因及防止注意分散的方法，理解幼儿的多动现象。

▶ **能力目标**

1. 学会分析学前儿童注意发展的特点。
2. 学会测评学前儿童注意发展的状况。
3. 能初步设计促进学前儿童注意发展的活动方案。
4. 能运用有效策略促进学前儿童注意的发展。

▶ **素质目标**

1. 树立以人为本的职业理念，关爱婴幼儿，尊重个体差异。
2. 形成认真负责、专心致志等良好的心理品质。

学前儿童的注意
- 注意概述
  - 什么是注意
  - 注意的分类
    - 无意注意
    - 有意注意
- 学前儿童注意的发生与发展
  - 各年龄阶段学前儿童注意发展的特征
    - 0—1岁学前儿童注意发展的特征
    - 1—3岁学前儿童注意发展的特征
    - 3—6岁学前儿童注意发展的特征
  - 学前儿童注意品质的发展
    - 注意的广度
    - 注意的稳定性
    - 注意的转移
    - 注意的分配
- 学前儿童注意分散的原因和防止
  - 学前儿童注意分散的原因
    - 过多的无关刺激
    - 疲劳
    - 缺乏兴趣
    - 教育活动组织不合理
  - 学前儿童注意分散的防止
    - 避免无关刺激干扰
    - 灵活运用无意注意和有意注意
    - 根据学前儿童的兴趣和需要组织活动
    - 合理组织教育活动
  - 审慎处理学前儿童的多动现象

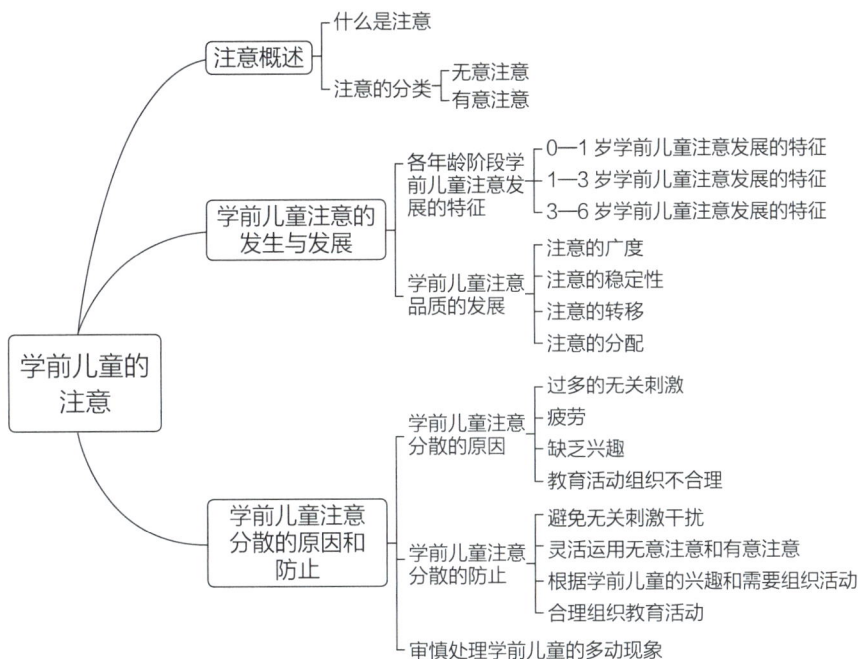

任务一　注意概述

一、什么是注意

注意是一种心理状态，是心理活动对一定对象的指向和集中。注意本身并不能反映事物的属性和特征，所以它不是一种独立的心理活动过程，只是伴随着各种心理过程而存在的一种心理特性，与人的其他心理活动相伴进行。指向性和集中性是注意的两个基本特点。

注意的指向性是指在某一时刻人的心理活动选择了某个对象而忽略了其他对象，人有选择地反映事物，从而获得清晰的印象。例如，幼儿在集中注意力看动画片的时候，把父母说的话当成"耳边风"；幼儿认真听课时，对老师讲授的内容能够清晰感知，而其他事物则成为背景，变得模糊不清。

注意的集中性是指同一时间内各种有关的心理活动聚集在选择的对象上，或这些心理活动深入该对象的程度，即心理活动在一定方向上的强度和紧张度。人们平时所说的"凝神思考"就是思维活动深入集中于某个事物的体现。注意的集中性可以使心理活动离开一切与此无关的事物，并抑制多余的活动。

二、注意的分类

（一）无意注意

无意注意也叫不随意注意。它是一种没有预定目的，也不需要意志努力，自然而然发生的注意。无意注意是被动的注意，是对环境变化的应答性反应。在这种注意活动中，人的积极性较低。引起无意注意的因素有以下两类。

1. 客观因素

（1）刺激物的强度

刺激物的强度大，容易引起无意注意。例如，强烈的闪光、巨大的声响、浓烈的气味及猛烈的撞击，都会不由自主地引起人们的注意。在寂静、漆黑的房间内，微弱的烛光、时钟的滴答声，也能引起人们的无意注意。

（2）刺激物间的对比关系

刺激物间的对比关系显著，如大的对小的、明的对暗的，都容易引起无意注意。"万花丛中一点绿""鹤立鸡群"突出了物，与周围环境差异显著，容易引起人们的无意注意。

（3）刺激物的运动变化

运动变化着的刺激物较无运动变化的刺激物更容易引起人们的无意注意，如夜晚中闪烁的霓虹灯、田野上奔跑的兔子等，都容易引起人们的无意注意。

（4）刺激物的新异性

出乎人们意料或从未见过的新异刺激，如大街上打扮新潮的人、动画片中造型奇特的人物，都容易引起人们的无意注意。

2. 主观因素

无意注意不仅由外界刺激物被动地引起，而且和人的需要、兴趣、知识经验、情绪和精神状态等主观条件都有着密切关系。

（1）需要和兴趣

需要和兴趣不仅是人们主动探索环境的内部原因，还是引起人们无意注意的重要条件。凡是能满足个体需要和兴趣的事物，必然会成为注意的对象。同样看一部影片，影片中的配乐与舞蹈会引起学跳舞的幼儿的注意，而认识汽车型号的幼儿则会长时间地注意影片中汽车的品牌。

（2）知识经验

知识经验对注意有着重要影响。不识字的儿童，会对有图片的故事书长时间翻看，而全部是文字的故事书则难以引起他的注意。

（3）情绪和精神状态

人的情绪和精神状态直接影响其对事物的注意。良好的情绪和精神状态，可以促进人们对更多的事物产生无意注意，闷闷不乐或者精神疲惫的人，周围的事物则难以引起他的注意。

无意注意既可以帮助人们对新异事物进行定向，使他们获得对事物的清晰认识，又能使人们从当前进行的活动中被动地离开，干扰他们正在进行的活动，因而无意注意具有积极和消极两方面的作用。对教师来说，掌握无意注意的规律对于提升教育教学工作是很有帮助的。

（二）有意注意

有意注意也叫随意注意。它是一种有预定目的，必要时需要付出意志努力的注意。有意注意是人类特有的注意形式，和无意注意有着本质的不同。引起和保持有意注意有以下四个主要因素。

1. 明确活动的目的和任务

明确活动的目的和任务，易于引起和维持有意注意。对活动的目的和任务理解得越清楚、越深刻，完成任务的愿望就越强烈，与完成任务有关的一切事物就越容易引起人的有意注意。

2. 间接兴趣的培养

兴趣是引起和维持注意的强大动力，可分为直接兴趣和间接兴趣。直接兴趣是对事物本身和活动过程的兴趣；间接兴趣是对活动目的和结果的兴趣。直接兴趣在无意注意的产生中具有重要作用，而间接兴趣则与有意注意有关。这种对活动结果的兴趣（间接兴趣），能够维持人们稳定而集中的注意。在有意注意的维持中，间接兴趣发挥着重要作用。

3. 用坚强的意志与干扰作斗争

干扰是影响注意的一个重要因素，可能是外界的客观刺激，如剧烈的声音、强光、突如其来的事件等；也可能是机体的某些状态，如疾病、疲劳、药物作用等；还可能是一些无关的思想和情绪等。因此，在保持有意注意时，除了采取一定的措施排除一些干扰外，还要用坚强的意志与一切干扰作斗争。锻炼坚强的意志对培养有意注意起着积极作用。

4. 合理地组织活动

单调、重复的刺激会严重影响有意注意的持久性，单一活动容易使个体感到身心疲惫，从而降低注意的强度。因此，把智力活动和实际操作结合起来，有助于引起和保持有意注意。例如，在幼儿园开展数学活动时，可以点数雪花片、摆积木、认读数字卡片、聆听铃铛响了几声等；开始观察活动时，可以观看图片、模型、实物等，多种方式的搭配使用对儿童有意注意的维持很有作用。

任务二　学前儿童注意的发生与发展

一、各年龄阶段学前儿童注意发展的特征

（一）0—1岁学前儿童注意发展的特征

研究表明，新生儿对外界事物已有选择性注意，且其选择性带有规律性倾向，这些倾向主要表现在视觉方面，也称为视觉偏好。新生儿对不同的对象有不同的偏好，既有对简单、鲜明图案的偏好，又有对人脸的偏好。

6个月以前，婴儿的注意更多表现在注视方面。6个月以后，随着动作的发展，婴儿注意的事物增加了，选择的范围也扩展了，婴儿的注意以指向某个东西或爬向某个目标为主要表现形态。6个月以后，婴儿的知识逐渐增加，他们对熟悉的事物更加注意。这在社会性方面表现得更加突出，如婴儿对母亲特别注意。

（二）1—3岁学前儿童注意发展的特征

1. 注意的发展和皮亚杰提出的"客体永久性"的认识分不开

客体永久性是指能够找到不在眼前的物体，确信在眼前消失了的东西仍然存在。在这之前，物体在婴儿眼前消失，他就不再寻找，似乎物体已经不存在。这是婴儿处于智慧萌芽阶段的标志。

> **拓展阅读**
>
> **客体永久性**
>
> 客体永久性也称"客体永恒性""永久性客体"，是瑞士儿童心理学家皮亚杰在其研究中使用的一个概念。当客体从视野中消失了时，儿童知道客体依然存在，会寻找并试图重现该客体，这时儿童产生了客体永久性。3个月时，婴儿手中的玩具掉在地上后，他们就不再寻找；4个月后追视掉在地上的玩具；8个月后会与成人做"藏猫儿"的游戏。可见在婴儿时期，客体永久性逐渐产生并不断发展。

2. 注意的发展开始受表象的影响

1.5—2岁儿童的表象开始发生。从此，儿童的注意和表象密切联系起来。当眼前的事物和已有的表象差异太大，或者事实与期待之间出现矛盾时，会产生最大的注意。例如，儿童的母亲原本是长发而且没有戴眼镜，但有一天她去把头发剪短，还带上了眼镜，此时儿童母亲的形象与儿童大脑中已有的母亲的表象产生了较大的差距，引起儿童的注意。

3. 注意的发展开始受言语的支配

言语的发生、发展使儿童注意的事物增加了一个重要而广阔的领域。1岁半以后的儿童，开始能够把注意集中在玩玩具、看图片、念儿歌、听故事、看电视、看电影等活动上。这些注意活动和表象与言语都是分不开的。

4. 注意的时间延长，注意的事物增加

2岁以后的儿童在活动中注意的时间比2岁前延长，适合其年龄的动画片、电视、电影基本上都能坚持看完。他们能够注意到的周围人们的活动逐渐增多，如父母在家做家务和日常生活的活动等。

（三）3—6岁学前儿童注意发展的特征

1. 无意注意的发展

3—6岁幼儿的注意仍然是以无意注意为主，但是和3岁前相比，幼儿的无意注意有了较大发展，表现为以下两个方面。

（1）刺激物的各种物理特性仍然是引起幼儿无意注意的主要因素

巨大的声响、鲜艳的颜色、生动的形象、突然出现的刺激物或事物发生了显著变化，都容易引起幼儿的无意注意。例如，电视、电影和各种活动教具较容易吸引幼儿的注意；如果教室里一片喧哗声，教师用提高声音的方法，往往并不能吸引幼儿的注意，突然放低声音或停止说话，反而会引起幼儿的注意。

（2）与幼儿的兴趣和需要关系密切的刺激物，逐渐成为引起无意注意的原因

凡是符合幼儿兴趣的事物，很容易引起无意注意。例如，有的幼儿对汽车特别感兴趣，无论在何种场合，他都会注意汽车及与汽车有关的事情。幼儿期出现了渴望参加成人各种社会活动的新需要，成人开车、医生看病、护士打针、小贩叫卖、警察维持秩序等活动，都会成为幼儿无意注意的对象。符合幼儿经验水平的教学内容，以游戏形式出现的教学方式，也容易吸引幼儿的注意。

2. 有意注意的发展

3—6岁幼儿的有意注意逐渐形成和发展起来，表现为以下特点。

（1）有意注意的发展受大脑发育水平的局限

有意注意是由大脑的高级部位控制的，大脑皮质的额叶部分是控制中枢所在。额叶的成熟使幼儿能够把注意指向必要的刺激物和有关动作，主动寻找所需要的信息，同时抑制对不必要刺激的反应。额叶大约在儿童7岁时才能达到成熟水平，因此，这一时期幼儿的有意注意尚处于初步形成时期。

（2）有意注意是在外界环境，特别是成人的要求下发展的

幼儿的有意注意需要成人的引导。成人的作用在于两个方面。一是帮助幼儿明确注意的目的、任务，产生有意注意的动机。二是用语言组织幼儿的有意注意。例如，成人提出"小朋友注意看，什么东西不一样了？"，引导幼儿注意的方向等。

（3）幼儿逐渐学习了一些注意的方法

由于有意注意是自觉地进行的，保持有意注意需要克服一定的困难，因此有意注意需要一定的方法。幼儿在成人的教育和培养下，逐渐学会了一些组织有意注意的方法。例如，为了注意看书，用手指指着念。

（4）有意注意的发展是在一定活动中实现的

这一阶段幼儿有意注意的发展水平是比较低级的，同时受其整个心理水平发展的制约，需要依靠活动和操作来维持。把智力活动与实际操作结合起来，让注意对象成为幼儿的直接行动对象，使儿童处于积极的活动状态，有利于幼儿有意注意的形成和发展。此外，将一些具体、明确的实际活动任务融入游戏当中，可以让幼儿对这些任务更好地维持有意注意。

> **拓展阅读**
>
> **注意力训练方法——舒尔特方格训练法**
>
> 注意力是智力的五大基本构成要素之一，正常的生活、学习和人际交往都离不开注意力。一般来说，幼儿的注意集中时长会随着年龄的增长而提高，但根据一些研究显示，注意力的缺失正在成为我国学龄前幼儿越来越普遍的问题。怎样提高幼儿的注意力已经变成教师和家长的当务之急。
>
> 舒尔特方格训练法是在一个5×5的方格内任意填上数字1—25，被训练者用手指在表格中按顺序指出数字1—25，数完25个数字所用的时间越短，被训练者的注意力集中度就越高。这是一种既专业又简便的注意力训练方法，不仅能培养注意力的集中和分配能力，还有助于提高视觉的辨别力、稳定性和定向搜索能力。在对幼儿进行训练时，可以依次进行3×3、4×4的舒尔特方格训练，然后进行5×5的舒尔特方格训练。
>
> 幼儿的天性是游戏，舒尔特方格不仅在游戏中促进了幼儿数学思维能力的发展，还在轻松愉悦的氛围中培养了幼儿的注意力，这种特殊方格已经渗透在班级一日生活中，也延伸到家庭生活中。

二、学前儿童注意品质的发展

（一）注意的广度

注意的广度是指在同一时间内能清楚地把握对象数量的多少。把握的注意对象数量越多，注意的范围越大，注意的广度就越大，如一目十行、眼观六路、耳听八方。

幼儿的注意范围较小，这主要与他们的年龄特征有关。教师在组织活动时应注意：第一，提出具体而明确的任务要求。同一时间内不能要求幼儿注意太多方面。如出示一幅故事图画，教师可根据故事的内容有顺序地提出问题，可以先问图上有谁，当幼儿完成了这一任务后，再提出他们在干什么的问题等。第二，呈现挂图或直观教具时，数目不能太多，排列应当有序，不可杂乱无章。第三，采用幼儿感兴趣的方式、方法教学，帮助他们获得知识经验，扩大注意范围。

（二）注意的稳定性

注意的稳定性是指注意保持在某种事物或某种活动上时间的长短。时间越长，注意越稳定。如上课时，学生若能长时间地集中注意听、看或记等，说明他的注意是稳定的。注意的稳定性并不意味着注意始终指向同一个对象，而是指注意的对象可以变换，但活动的总方向要始终保持不变。

笔记栏

注意的起伏与
分散现象

拓展阅读

幼儿注意的保持时长

良好的环境和条件及适宜的刺激能让幼儿注意稳定性有所提高。实验证明，在良好的教育条件下，3 岁幼儿的注意可以保持 3—5 分钟，4 岁幼儿的注意能够保持 10 分钟左右，5—6 岁幼儿的注意时间则长达 15 分钟。幼儿的注意发展迅速，每一年都有新的变化。总体来说，幼儿注意的稳定性还是比较差，难以持久、稳定地进行有意注意。因此，幼儿园的教育活动应当考虑幼儿注意的特点，通过生动有趣的活动形式和道具来组织教育活动，尽量减少外界无关因素的干扰。

影响幼儿注意稳定性的因素有：活动的内容（注意的对象）是否新颖、生动、形象；活动的方式是否适宜且有趣（是不是多样化、游戏化，能不能动手操作）；教师的语言是否生动具有吸引力；儿童的身体状况是否良好等。

幼儿的注意稳定性较差，教师在组织活动时应注意：第一，活动内容的难易适当，要符合幼儿的心理水平；第二，活动的方式、方法要灵活多变，即要多样化、游戏化且具有可操作性；第三，教师的语言要生动形象、抑扬顿挫、具有吸引力，不能平铺直叙，过于单调；第四，不同年龄班活动时间应当长短有别；第五，集中活动的时间不宜过长，期间教师还要注意幼儿的身体状况等。

（三）注意的转移

注意的转移是指根据新的任务，主动、及时地把注意从一个对象转移到另一个对象上。幼儿的注意转移速度较慢，不够灵活。例如，刚刚听完小白兔和大灰狼的故事，老师带领小朋友一起堆积木。但是小虎在玩积木的时候总是发愣，老师问他怎么了，小虎问老师："刚才小白兔到底有没有被大灰狼吃掉呀？"

幼儿的注意转移能力较差，教师在组织活动时应注意：第一，合理安排教学活动。前后进行的两种活动之间最好有一定的时间间隔，给幼儿一点注意转移的准备时间。把幼儿更感兴趣、强度较大的活动安排在后面，用生动、有趣的方法组织后一种活动，使幼儿的注意力尽快集中到新的活动中。第二，引导幼儿从小养成良好的生活和学习习惯，帮助其发展注意转移的能力。

（四）注意的分配

注意的分配是指在同一时间内，把注意指向两种或两种以上的活动或对象，如边听边记、边弹边唱等。注意的分配是有条件的。它要求同时进行的几种活动之间有着密切联系，或者这些活动中某些活动已经非常熟练甚至达到了自动化的程度，否则注意的分配就会出现困难。

由于幼儿掌握的熟练技巧较少，注意的分配比较困难，常常顾此失彼。例如，学习儿歌表演时，顾了动作忘了歌词，反之亦然。注意分配的能力随着年龄的增长而逐渐提高。教师在组织活动时应注意：第一，培养幼儿的有意注意与自我控制能力；第二，加强动作或活动的练习，使幼儿对所进行的活动比较熟练，做起来不必花费太多的注意力和精力；第三，丰富幼儿的知识经验，使同时进行的活动在幼儿的头脑中形成密切联系。

🐦 活学活用

难以协调的手和脚

刚入职的李老师教小班的幼儿学跳舞，发现大多数幼儿注意了脚的动作，手就一动不动；注意了手的动作，脚步又乱了。忙了一节课还没有将幼儿教会，幼儿还感觉到学得很累，兴趣不高。

遇到这种情况，教师应当怎么解决呢？

分析： 小班幼儿之所以产生这种情况，是因为注意的分配能力较差，往往会顾此失彼。建议在教授幼儿舞蹈的时候，应当用游戏的方式提高幼儿的兴趣，将一个动作练习熟练之后，才能教下一个动作，逐步提高舞蹈动作的协调性。

任务三　学前儿童注意分散的原因和防止

注意的分散（俗语叫作分心）是与注意的稳定相反的一种状态，是指幼儿的注意离开了当前应该指向的对象，而被一些与活动无关的刺激物所吸引的现象。例如，幼儿在听故事时，被小鸟的叫声吸引，不能专心地听成人讲故事。一般来说，幼儿还不善于控制和调节自己的注意，很容易出现注意分散。

一、学前儿童注意分散的原因

（一）过多的无关刺激

尽管学前儿童的有意注意已经开始萌芽，但仍然以无意注意为主。他们很容易被新奇的、多变的或强烈的刺激物所吸引，从而干扰他们正在进行的活动。如活动室的布置过于烦琐、杂乱，装饰物更换的次数过于频繁，甚至教师打扮得过于新潮，这些过多的无关刺激都可能会分散学前儿童的注意。

（二）疲劳

学前儿童的神经系统尚处于生长发育中，某些机能还未充分发展。如果长时间处于紧张状态或从事单调、枯燥的活动，大脑就会出现一种"保护性抑制"：刚开始学前儿童会表现出精神状态差、打哈欠，继而就会出现注意力不集中。

（三）缺乏兴趣

俗话说"兴趣是最好的老师"。兴趣、成就感及他人的关注等是构成学前儿童参与活动的重要因素。对自我意识仍然处于发展状态中的学前儿童来说，这些因素将会直接影响其活动时的注意状况。

（四）教育活动组织不合理

教育活动组织呆板、缺少变化，学前儿童缺少实际操作的机会，教师对活动任务的要求不明确，活动内容的选择过难或过易等都是活动组织不合理的表现。这些不合理因素都会导致学前儿童出现注意的分散现象。

> **活学活用**
>
> **运用注意规律，合理组织活动**
>
> 某幼儿园来了一位实习老师，她的任务是教小班的音乐课和中班的绘画课。她初步计划第一堂音乐课以自己的示范表演为主，每隔15分钟休息一次；绘画课主要让孩子们画太阳，每隔20分钟休息一次。虽然她做了精心准备，但效果不理想。孩子们有的讲话，有的跑出去，不理会她的要求，这位实习教师非常沮丧。
>
> 试分析出现这种状况的原因。
>
> 分析：在幼儿园的教学中，只有了解孩子的兴趣，才能吸引孩子的注意力。因此在内容上要贴近孩子的生活，适合孩子的能力。如果能让孩子有自我展示的机会，效果会更好。另外，在时间的控制上也要注意，课程的每个部分持续时间不宜过长，每个环节的设计上要有起伏。

二、学前儿童注意分散的防止

（一）避免无关刺激干扰

对托幼机构来说，避免环境中无关刺激对学前儿童的干扰可以从以下几个方面进行：教具的选择和使用过程应密切配合教学；规范教师的仪表、行为；在教学过程中避免当众批评个别注意力不集中的幼儿，以免干扰全班幼儿的注意。

（二）灵活运用无意注意和有意注意

注意的发展，尤其是有意注意的发展对学前儿童的记忆、想象、思维的发展具有重要意义，同时也是个体完成任何有目的的活动的重要前提。但有意注意需要一定的意志努力，很容易引起疲劳，无意注意容易引发但不持久。所以，教师在组织教育活动时，要根据教学内容和学前儿童的注意发展水平，灵活地运用两种注意方式。

（三）根据学前儿童的兴趣和需要组织活动

教育活动应符合学前儿童的兴趣和发展需要。活动内容应尽可能地贴近幼儿的生活，选择他们关注和感兴趣的事物；尽量以游戏化的方式组织各种教育活动，使幼儿积极、主动地参与活动。这样的活动过程不仅可以使幼儿获得愉快、自信的情感体验，还有利于师生之间、同伴之间的交往。

（四）合理组织教育活动

教师作为教育活动的组织者和引导者，对防止幼儿注意分散具有重要影响。教师要认真学习专业知识，不断总结自己的教学实践，科学、合理地组织每一次教育活动。轻松、愉快、有效的教育活动，不仅可以有效避免儿童注意分散，还可以促进他们各种心理机能尤其是注意力的发展。

三、审慎处理学前儿童的多动现象

正确区分幼儿的"多动"与"好动"

学前儿童注意的稳定性较差，主要特征之一就是"多动"，注意力不集中。如果采用恰当的活动方式，学前儿童是能够做到注意力集中地进行活动的，并且也相对稳定。

"多动"与"多动症"是两个不同的概念。多动，即爱动，是学前儿童的一个典型特点，与学前儿童的自制力差等有关。多动症，又称轻微脑功能失调，是儿童的一种行为问题。多动症儿童跟同龄的儿童相比，注意力更不稳定、动作更多，严重的还会出现过失行为。他们对很有趣的故事、游戏、玩具也不能保持较长时间的注意，只能维持片刻。

在不同的年龄阶段，多动症具有不同的表现。例如，新生儿期表现为易兴奋、惊醒、惊跳、夜哭、要成人抱着睡或嗜睡；婴儿期表现为不安宁、好哭、容易激怒、好发脾气，母亲常常抱怨孩子难带；幼儿期则表现为乱奔乱跑、易摔跤，注意障碍开始变得明显，注意力难以集中，睡眠不安，喂食困难，在幼儿园不遵守规则，不能静坐等。

近几年的研究表明，多动症既有病理上的原因，又有心理上的原因，病因的确定需要医疗机构的综合诊断。因此，教师要审慎地对待幼儿的多动现象，既不能轻率地把幼儿的爱动、多动现象归为多动症，又不能忽视幼儿注意不稳定的现象。教师要善于分析他们注意不稳定的原因，注重良好习惯的养成，在活动中逐渐提高他们的注意水平。

笔记栏

活学活用

三心二意的苗苗

苗苗今年刚刚3岁。妈妈每晚都要给苗苗讲故事，但无论妈妈怎样努力，苗苗听故事总是三心二意；画画时也是一样，一样还没有画好就去画另一样了。她的作品总是只完成了一半；有时画画或听故事还没有结束，她就已经拿起身边的布娃娃玩起来了。苗苗的妈妈有些担忧，这孩子是否得了多动症？

请你从幼儿注意的特点出发，给苗苗的妈妈一些解释和建议。

分析：苗苗刚满3岁，注意以无意注意为主，吸引幼儿注意的外部事物要有足够的强度、色彩鲜艳、生动形象、富于变化和动态、具有新颖性的事物才能引起幼儿的无意注意。建议：苗苗妈妈讲故事的声音不能太小，讲述故事的语调要抑扬顿挫、富于轻重缓急的变化，必要时还要使用拟声词；可以配合图画阅读及讲述故事。画画时可以拿走孩子身边的玩具以减少干扰。如果有条件，妈妈可以陪在孩子身边，一边观察孩子的绘画，一边用语言引导孩子的绘画，使之能够保持注意力以坚持完成一幅作品，培养孩子的有意注意。

回溯过往

真理的味道如此甘甜

实训实践

实训一　学前儿童注意力

一、学前儿童注意力的测量与评估

1.观察目的：运用观察法对幼儿在活动中的注意特点进行观察，了解幼儿注意维持的时间、引发幼儿注意分散的原因，发现幼儿的兴趣点，为合理设计和组织幼儿活动提供支持。

2.观察内容：幼儿注意维持的时间、幼儿的兴趣点、引发幼儿注意分散的原因。

3.观察准备：幼儿注意力观察记录表（见表3-1）、照相机。

4.观察记录：

表 3-1 幼儿注意力观察记录表

幼儿注意力观察记录表					
姓名		性别		班级	
观察地点		观察时间		主班教师	
事件描述 1 （包括事件内容、维持时间、注意分散的诱因、教师的行为及幼儿的反应）					
事件描述 2					
事件描述 3					
……					

5.观察结果分析：

　　根据观察结果对幼儿的注意维持时间、注意分散的诱因、教师的行为对幼儿的影响、幼儿的兴趣点等进行总结，并对设计和组织幼儿活动时的注意事项提出自己的观点。

小班游戏活动教案
《好玩的毛毛虫》

二、见习实训

　　请你观摩一节幼儿园的教学或游戏活动，也可观看一篇幼儿园注意力游戏活动教案，评析教师是如何根据学前儿童的注意特点来组织活动的。

我的评析：

实训二　幼儿园教师资格考试（面试）结构化试题模拟训练

1.班上有个孩子经常在课堂上走神，很难集中注意力听讲。对此，你怎么办？

2.集体教学活动中，乐乐一会儿摸摸晓晓的脸，一会儿拍拍她的肩，你怎么办？

真题汇集

项目三在线测验题

项目三【真题汇集】
（含参考答案）

项目四
学前儿童的感知觉

情景导入

　　佳佳小宝宝刚出生不久，爸爸妈妈便为她精心布置了房间。每天让她躺在有花纹的床单上，小床上方挂着音乐响铃，还有各种彩色的气球及颜色鲜艳的小玩具。爸爸妈妈会经常调换一下音乐响铃的位置或更新一些新的玩具，并用温和的方式指给她看，讲给她听。奶奶看了不以为然，认为刚出生的宝宝什么都不懂，没必要在她床上挂那么多小玩具，也没有必要跟她又说又唱的，真是白费功夫，有时间还不如让宝宝多休息一会儿。爸爸妈妈则坚信这样做对佳佳的成长是非常有益的。

　　新生儿能否感知这个世界呢？在他们眼里，世界究竟是什么样子的呢？这些刺激对他们的成长有什么帮助呢？

学习目标

▶ 知识目标

1. 了解感知觉的概念、分类。
2. 理解学前儿童感知觉发展的特点和规律。
3. 掌握学前儿童观察力的培养策略。

▶ 能力目标

1. 学会分析学前儿童感知觉发展的特点。
2. 学会测评学前儿童观察力的发展状况。
3. 能初步设计促进学前儿童感知觉发展的活动方案。
4. 能运用有效策略促进学前儿童感知觉的发展。

▶ **素质目标**

1. 树立以人为本的职业理念，关爱婴幼儿，因材施教。

2. 养成实事求是、认真严谨的治学态度，提高职业认知。

3. 善于积累直观经验，积极创新，勇于实践。

思维导图

学前儿童的感知觉
- 感知觉概述
  - 什么是感觉和知觉
  - 感觉和知觉的分类
    - 感觉的分类
    - 知觉的分类
- 学前儿童感知觉的发展
  - 学前儿童感觉的发展
    - 视觉的发展
    - 听觉的发展
    - 触觉的发展
  - 学前儿童知觉的发展
    - 空间知觉的发展
    - 时间知觉的发展
- 学前儿童观察力的培养
  - 学前儿童观察力的发展
    - 观察的目的性
    - 观察的持续性
    - 观察的精确性
    - 观察的概括性
  - 学前儿童观察力的培养
    - 重视对学前儿童进行感官训练
    - 帮助学前儿童明确观察目的和任务
    - 激发学前儿童观察的兴趣
    - 做好观察前必要的经验准备
    - 教给学前儿童正确的观察方法
    - 帮助学前儿童做好观察总结

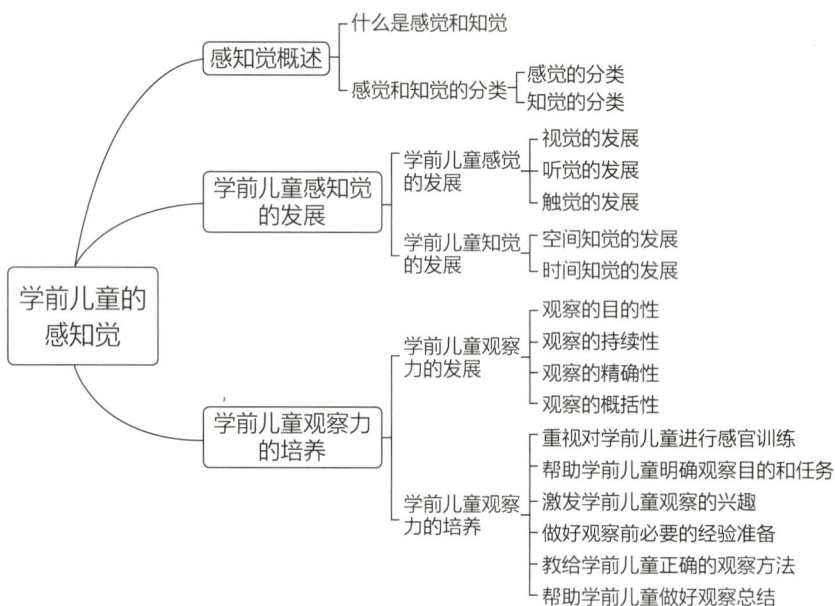

任务一 感知觉概述

一、什么是感觉和知觉

感觉是指人脑对直接作用于感觉器官的客观事物的个别属性的反映。客观事物都有许多不同的个别属性，如形状、颜色、声音、味道、温度、软硬等。例如，当我们面前有一个苹果的时候，苹果的各种特征就会通过人体的感觉器官反映到人的大脑当中。通过眼睛产生视觉，感觉到苹果是红色的；通过鼻子产生嗅觉，感觉到苹果是清香的；通过舌头产生味觉，感觉到苹果是甜的；通过手产生触觉，感觉到苹果表面是光滑的。

知觉是指人脑对直接作用于感觉器官的客观事物的整体的反映。其实质是回答作用于感觉器官的事物"是什么"的问题。例如，我们在公园里散步，看到玫瑰花，就会感受到它的形状、颜色、气味等外部特征，通过这些外部特征的综合，能够判断出这是一株玫瑰花，这就是知觉。

正确区分感觉与知觉

个体对客观世界的认识是从对世界的感知觉开始的，儿童最初发生的认知过程也是感知觉。许多研究表明，儿童出生后即有感知觉，那是身体内部或外部刺激的物理特点引起的感觉器官的反应。人生最初的两年，即言语形成之前，儿童主要依靠感知觉认识世界。2岁以后，儿童的认知结构成分发生了很大变化，语言、思维、想象等各种心理过程陆续出现，由于这些心理过程出现得相对较晚，其发展的速度也相对较慢，在整个学前期，感知觉在儿童的认知活动中始终占据着主导地位。

二、感觉和知觉的分类

（一）感觉的分类

根据刺激的来源不同，可以把感觉分为外部感觉和内部感觉（见表4-1）。

外部感觉是指接受外部刺激，反映外界事物个别属性的感觉，包括视觉、听觉、嗅觉、味觉和肤觉。内部感觉是指接受内部刺激，反映机体内部变化的感觉，包括运动觉、平衡觉和机体觉。

表 4-1 人的八种基本感觉

感觉种类		适宜刺激	感受器	反映事物属性
外部感觉	视觉	390—780 纳米的可见光波	视网膜上的视锥细胞和视杆细胞	黑、白、灰、彩色
	听觉	16—20000 赫兹的可听声波	耳蜗管内的毛细胞	声音
外部感觉	味觉	溶解于水或唾液中的化学物质	舌面、咽后部、腭及会厌上的味蕾	酸、甜、苦、咸等味道
	嗅觉	有气味的挥发性物质	鼻腔黏膜的嗅细胞	气味
	肤觉	物体机械的、温度的作用或伤害性刺激	皮肤和黏膜上的冷点、温点、痛点、触点	冷、温、痛、压、触
内部感觉	运动觉	肌肉收缩、身体各部分位置的变化	肌肉、肌腱、韧带、关节中的神经末梢	身体运动状态、位置变化
	平衡觉	身体位置、方向的变化	内耳、前庭和半规管的毛细胞	身体位置、方向的变化
	机体觉	内脏器官活动变化时的物理、化学刺激	内脏器官壁上的神经末梢	身体疲劳、饥渴和内脏器官活动异常

笔记栏

（二）知觉的分类

根据知觉过程中起主导作用的分析器的不同，可以把知觉分为视知觉、听知觉、嗅知觉、味知觉和触知觉。

根据知觉对象性质的不同，可以把知觉分为物体知觉和社会知觉。物体知觉是指对事物的知觉，主要包括空间知觉、时间知觉和运动知觉。而社会知觉则是指对人的知觉，主要包括对他人的知觉、自我知觉和人际关系知觉。

回溯过往

神农尝百草

任务二　学前儿童感知觉的发展

一、学前儿童感觉的发展

（一）视觉的发展

视觉是指个体辨别物体的明暗、颜色、形状、大小等特性的感觉。学前儿童视觉的发展主要表现为视敏度和颜色视觉两个方面的发展。

1. 视敏度的发展

视敏度，俗称视力，是指个体分辨细小物体或远距离物体细微部分的能力。视力主要靠晶状体的变化来调节，幼小儿童的晶状体不能变形，因而投射到婴儿视网膜上的形象比成人模糊。视敏度研究表明，新生儿的距离视觉只有 20/600，即成人相隔 600 英尺（1 英尺 = 0.3048 米）远能看清的物品，新生儿需在 20 英尺处才能看清。6 个月大的婴儿视敏度达到成人的 1/5，而 12 个月时，他们的视力就已经和成人一样了。我国有的研究指出，1—2 岁儿童视力为 0.5—0.6，3 岁时视力可达 1.0，4—5 岁后视力趋于稳定。

拓展阅读

弱视和斜视

弱视是视觉发育期内由于异常视觉经验（单眼斜视、屈光参差、高度屈光不正及形觉剥夺）引起的单眼或双眼最佳矫正视力下降，眼部检查无器质性病变。研究结果表明弱视是双眼异常相互作用或形觉剥夺引起的，儿童早期筛查可以预防弱视，对已经产生弱视者可以早期发现、早期干预、早期恢复。幼儿园的幼儿进行视力筛查时，若发现异常，应立即去医院进行散瞳检查。3岁左右治疗弱视的成功率非常高，多数能治愈。弱视的治疗越早越好。

斜视是指两眼不能同时注视目标，属眼外肌疾病，可分为共同性斜视和麻痹性斜视两大类。引起斜视的原因有很多，常见屈光不正、遗传因素等。幼儿期的斜视大多没有明显症状，少数幼儿会有视疲劳的表现。大部分斜视是间歇性的，有些幼儿经常歪头视物，或在活动时闭上一只眼睛，细心的老师应该能及时发现。出现斜视现象，要及时去医院检查。要注意用眼卫生，不要用手揉眼睛，保证充足的睡眠，不要过度用眼。斜视最好在3岁前进行矫正，否则会引起其他眼部疾病。

2. 颜色视觉的发展

颜色视觉，俗称辨色力，是指区别颜色细致差别的能力。这种能力并非天生就有，而是随着年龄的增长逐渐发展的。对新生儿来说，他们的世界只有黑、白、灰三色，还不能感知其他色彩。

研究发现，儿童出生后的头几个月便出现了颜色视觉。一般认为，3—4个月大的婴儿已经能够分辨彩色和非彩色。4—8个月大的婴儿则出现了明显的颜色偏好，表现出喜欢亮度大的颜色，而不喜欢暗色；喜欢光波较长的暖色（红、橙、黄），而不喜欢光波较短的冷色（蓝、紫）。随着年龄的增大，儿童的颜色视觉进一步发展。研究表明，2—3岁的幼儿最容易掌握红、黄两种颜色，其次才是绿色和蓝色；3—4岁的幼儿已能初步辨认红、橙、黄、蓝、绿等基本色，但在辨认紫色等混合色和蓝与天蓝等近似色时有困难且难以说出颜色的名称；4—5岁的幼儿已能区分基本色与近似色，如红与粉红，并能说出基本色的名称；5—6岁的幼儿不仅能认识颜色、运用颜色，而且能正确地说出常用颜色的名称，如黑、白、红、蓝、绿、黄、棕、灰、粉红、紫等，并且开始注意颜色的搭配和协调。

拓展阅读

色觉缺陷

色觉缺陷包括色弱和色盲。色觉正常的人可以用三种波长的光来匹配光谱上任何其他波长的光，因而称三色觉者。色弱患者虽然也能用三种波长来匹配光谱上的任一波长，但他们对三种波长的感受性均低于正常人。在刺激光较弱时，这些人几乎分辨不出任何颜色。在混合三种波长时，他们所用的比例也与正常人不同。

色盲分全色盲和局部色盲两类。患全色盲的人只能看到灰色或白色，而丧失对颜色的感受性。患局部色盲的人还有某些颜色经验，但他们经验到的颜色范围比正常人要小得多。例如，甲型红绿色盲患者把短波长都看成蓝色，随着波长增加，蓝色饱和度逐渐下降，在长波部分患者只看到黄色。

色觉异常者一般不影响人的正常生活，但是在择业方面会受到一定限制，不适宜从事美术、纺织、印染、化工等需色觉敏感的工作，因此色觉检查已作为体格检查的常规项目。

（二）听觉的发展

听觉是指个体辨别声音的强弱、高低、大小的感觉。学前儿童听觉的发展主要表现为听觉感受性和语音听觉两个方面的发展。

1. 听觉感受性的发展

听觉感受性是指听觉感受器官对声音的感觉能力。研究表明，6个月大的胎儿就能对声音做出反应，新生儿的听觉已经产生。出生后半个月左右的婴儿已经能把头转向声源，表现出最初的视听协调。3—6个月时，婴儿的视听协调能力已经发展到能辨别视听信息是否一致的水平。整个学前期，儿童的听觉感受性随着年龄的增长而提高，但存在着明显的个体差异。有的儿童感受性高些，有的儿童感受性则低些。这种个体差异并非天生不变。实际上，儿童的听觉是在生活条件和教育影响下不断发展的。有研究表明，5—6岁的幼儿能在55—65厘米以外听到钟表的走动声；6—8岁的儿童则在100—110厘米以外就能听到。这说明在6—8岁两年间，儿童的听觉感受性提高了一倍。

2. 语音听觉的发展

语音听觉是指对说话声的感知能力。学前儿童的语音听觉是在言语交际中发展和完善的。小班幼儿还不能辨别语音的微小差别，如分不清"s"和"sh"、"k"和"h"等；中班幼儿可以辨别语音的微小差别；大班幼儿几乎可以毫无困难地辨别本民族的所有语音。

拓展阅读

"重听"现象

"重听"现象是幼儿期儿童听力的一种特殊现象，即有些幼儿对别人的话听得不清楚、不完全，但他们常常能根据说话者的面部表情、嘴唇动作，以及当时说话的情境，猜到说话的内容。这种现象是幼儿听力缺陷的表现，对幼儿言语听觉、言语及智力的发展都会带来消极影响。

造成"重听"现象的原因主要有两个：一是幼儿的听觉器官（主要是耳）出现问题，导致幼儿听力上的缺陷；二是幼儿注意力不集中。成人对这两种情况应及时发现并加以解决：一是经常对幼儿进行听力检查，及时发现幼儿的听力缺陷，做到早检查、早发现、早治疗；二是培养幼儿良好的注意力。有了良好的注意作基础，对幼儿的听力进行认真训练，如采取老师讲、幼儿复述故事等方法，就可逐步恢复幼儿的听力，"重听"现象也就可以纠正了。

（三）触觉的发展

触觉是肤觉和运动觉的联合。触觉是儿童认识世界的重要手段。对0—1岁的婴儿来说，口腔是其主要的触觉器官，之后则变成手。两岁前的儿童往往是依靠触觉认识世界和了解事物的性质，也依靠触觉实现与母亲身体的接触，建立良好的依恋关系。

1. 口腔的触觉

儿童的触觉产生得较早，刚出生时便有了触觉反应。许多天生的无条件反射，如吮吸反射、防御反射、抓握反射等都是新生儿触觉的表现。新生儿的尿布湿了以后会哭闹，这其实是新生儿皮肤感到不适后的触觉反应。

婴儿对物体的触觉探索最早是通过口腔的活动进行的，口腔作为触觉的探索手段早于手的触觉探索。3个月大的婴儿在吸吮时，对熟悉的物体，吸吮的速度逐渐降低，出现了习惯化现象；可是换了新的物体后，他又用力吸吮，即出现去习惯化。在相当长的时间内，婴儿仍然以口腔的触觉探索作为手的触觉探索的补充。例如，6个月以后的婴儿，看见了东西，往往抓住放进嘴里；1—2岁的儿童，在地上捡起一些物体，也要往嘴里送。

2. 手的触觉

随着年龄的增长，婴儿的口腔触觉逐渐退居到次要地位，取而代之的是手的触觉。婴儿早期手的触觉是一种本能性触觉反应，当手无意碰到某物，如被子的边缘时，他会沿着边缘抚摸被子。5个月左右，伴随着手眼协调动作的出现，婴儿手的触觉探索活动才真正开始，他们会把物体握在手里，不停地摆弄它。到了幼儿期，手的动作越来越准确，其触觉反应也越来越灵敏，幼儿通过手的触觉探索认识的物体越来越多、越来越复杂。

拓展阅读

感觉剥夺与感觉轰炸

如果婴幼儿生活在一个缺乏刺激的环境中，如长期营养不良、生活条件简陋、家庭气氛冷漠、人际关系疏远、缺乏玩具和游戏、活动受到严重限制甚至剥夺导致运动发展滞后等，就属于感觉剥夺之列。感觉剥夺会严重妨碍儿童的正常发展。在通常情况下，极端的感觉剥夺并不多见，但许多不良教养方式也会起到某种程度的剥夺作用，如家长出于溺爱，过多限制儿童的活动，过多地包办代替，或忙于生计，缺乏与儿童足够的交往或虽有交往但交往质量极低（如很少抱孩子，缺乏应有的身体接触，很少对孩子说话，很少与孩子有目光对视等）都会在一定程度上导致婴幼儿感觉刺激减少，造成不良影响。

与感觉剥夺相反的情况是感觉轰炸。感觉轰炸指的是向儿童提供过多、过强、过杂、过长时间的感觉刺激，造成儿童感觉疲劳和抑制的不良情形。当前，很多人受到错误教育理论的误导和大量商业炒作的诱惑，形成了违背儿童身心发展规律的教育观和人才观，出于急功近利的目的，盲目"开发"儿童智力，开展形形色色的早教训练，让婴幼儿在成人的安排下接受大量的有用和无用的训练，甚至大搞学前教育小学化，并美其名曰"别让孩子输在起跑线上"。这样做是没有心理学科学依据的。至今，心理学并没有提供证据证明所谓早期开发能造就超级婴儿或天才儿童。相反，倒有大量证据证明过早开发儿童智力，造成儿童对学习的退缩，失去学习兴趣，造成家长失望，儿童心理健康受到威胁和伤害。

人生发展是一个漫长的、连续的过程。把人生成功的关键押在儿童早期是不理智的。早期教育也必须尊重儿童发展的规律，不能采用不科学的态度和方法，使儿童伤在起跑线上。

二、学前儿童知觉的发展

（一）空间知觉的发展

空间知觉是指人们对物体空间特性的反映。学前儿童空间知觉的发展主要表现在方位知觉、距离知觉、形状知觉和大小知觉等方面。

1. 方位知觉

方位知觉是指对自身或物体所处空间方向的知觉，如对上下、前后、左右等的辨别。婴儿出生后，已经能够对来自左边的声音向左侧看或转头，对来自右边的声音则向右侧看或转头，这说明婴儿已经具备了听觉定位能力。

研究表明，幼儿3岁时已能辨别上下方位，4岁时能辨别前后方位，5岁开始能以自身为中心辨别左右方位，6岁时能完全正确地辨别上下、前后四个方位，但是对左右方位的辨别能力仍未发展完善，要到小学以后才能逐渐掌握。

学前儿童方位知觉的发展早于方位词的掌握。当儿童还不能很好地掌握左右方位的相对性和方位词的时候，教师往往会把左右方位词与实物结合起来。如教师说："举起右手"，小班幼儿不知所措。教师说："举起拿勺子的手"，小班幼儿就都能完成任务。由于幼儿辨别方位是从以自身为中心辨别过渡到以其他客体为中心辨别，如幼儿首先能辨别的是自己的前后、左右，然后才是物体的前后、左右。因此，教师在面向幼儿做示范动作时，其动作要以幼儿的左右为基准，即"镜面示范"。

活学活用

笑"口"常开

小班幼儿在午睡起床后，经常将鞋子左右穿反，这样不仅穿着不舒服，而且会影响幼儿脚的发育。老师给幼儿纠正好多次，但是效果仍然不理想。于是老师根据幼儿形象思维的特点，拿出一双鞋子，把两只鞋子按照正确的方式并到一起，中间的凹陷处就像人的一张"微笑的嘴"。如果鞋子反着放，就不能产生这样的效果。老师引导幼儿认真观察，并动手操作，看看哪位小朋友能够用自己的鞋子变出一张"微笑的嘴"。经过训练，幼儿不仅不会将鞋子穿反，反而更加喜欢自己穿鞋子了。

分析：小班幼儿方位知觉的发展还不完善，尤其是左右方位，所以经常会将鞋子穿反。案例中的老师采用形象生动的方式，巧妙地将两只鞋子正确摆放的形状和"微笑的嘴"相结合，这样幼儿就很容易接受并能够记住了。

2. 距离知觉

距离知觉是个体辨别物体远近的知觉。

学前儿童对于他们熟悉的物体或场地可以区分出远近，对于比较广阔的空间距离则不能正确认识。学前儿童不懂得近物大、远物小，近物清楚、远物模糊等感知距离的视觉信号。所以，他们画出的物体也是远近、大小不分。他们还不善于把现实物体的距离、位置、大小等空间特性在图画中正确表现出来，往往也不能正确判断图画中人物的远近位置，如把图画中在远处的树看成小树、在近处的树看成大树。

为了促进学前儿童距离知觉的发展，教师应教他们一些判断距离远近的线索。如画图时，同样大小的两个物体，在近处的要画得大些、清楚些，在远处的要画得小些、模糊些。教师还可以引导学前儿童在现实生活中分析、比较或用实际动作配合判断，如用手比一比，走步量一量，结合动作练习目测等。

拓展阅读

深度知觉

深度知觉又称距离知觉或立体知觉。这是指个体对同一物体的凹凸或对不同物体的远近的反映。

为了了解婴儿深度知觉发展的状况，美国心理学家吉布森（Gibson）和沃克（Walk）于20世纪60年代设计了"视崖"实验。"视觉悬崖"是一种测查婴儿深度知觉的有效装置。这个装置的中央有一个能容纳会爬的婴儿的平台，平台的两边覆盖着厚玻璃。平台与两边的厚玻璃上铺着同样黑白相间的格子布料。一边的布料与玻璃紧贴，不造成深度，形成"浅滩"；另一边的布料与玻璃相隔数尺距离，造成深度，形成"悬崖"，如图4-1所示。

吉布森和沃克选取了 36 名 6—14 个月大的孩子放在平台上，让孩子的母亲先后站在装置的"深""浅"两侧召唤孩子。结果发现大多数孩子只爬到"浅滩"，只有 3 个孩子爬到"悬崖"，即使母亲在"悬崖"一侧呼喊，孩子也不过去，或因为想过去又不能过去而哭喊。该实验结果表明，婴儿能够感觉到视觉悬崖的存在，6—14 个月大就具有深度知觉的能力。

图 4-1　视觉悬崖

3. 形状知觉

形状知觉是对物体及形状的知觉。它依据运动觉和视觉的协调活动判断。形状恒常性是形状知觉的基本表现形式。

婴儿在 3 个月时具备了区别简单形状的能力，8—9 个月时具备知觉恒常性。3 岁时幼儿已能找出相同形状的几何图形。幼儿辨别不同的几何图形，其难易程度也不同。最容易辨别的是圆形，其次是正方形、三角形、长方形、半圆形、五边形、梯形、菱形。幼儿和低年级小学生对知觉不熟悉的几何图形，往往会把几何图形与具体事物相联系，这是这个时期的知觉特点。例如，把圆形称为太阳形或皮球形，把三角形说成是红领巾。5 岁半是幼儿认识几何图形能力的迅速发展期，到幼儿晚期，幼儿只对个别陌生的图形才会用相似的事物名称进行表示。

4. 大小知觉

大小知觉是对物体长度、面积、体积的辨别。

3 个月左右的婴儿已经产生了大小恒常性知觉。研究表明，6 个月时，婴儿已经能够辨别大小。2.5—3 岁的幼儿已经能够按语言指示拿出大皮球或小皮球，3 岁以后判断大小的精确度有所提高。4—5 岁幼儿在判别积木大小时，要用手逐块地摸积木的边缘，或把积木叠在一起去比较，还能用语言说出图形的大小，如说"这个第一大，这个第二大……"或"这个和这个一样大"等。而 6—7 岁的幼儿，由于经验的作用，已经可以单凭视觉指出一堆积木中大小相同的两块。

总的来说，学前儿童的空间知觉有了一定的发展，但还不精确。他们只能区分比较明显的客体空间特性，还不能分清一些细微的差异。学前儿童空间知觉的发展是在实践活动和教育的影响下实现的。教师可以通过计算、绘画、泥工等教学活动，以及拼板、积木等玩具，并利用散步等方式为儿童提供认识空间特性的机会，教给其有关空间特性的词语，使儿童的空间知觉不断发展。

（二）时间知觉的发展

时间知觉是指人们对客观事物运动的连续性和顺序性的反映。它是一种感知时间的长短、快慢、节奏及先后的知觉。婴儿最早的时间知觉主要是依靠生理上的变化产生对时间的条件反射，也就是人们常说的"生物钟"所提供的时间信息而出现时间知觉。例如，婴儿到了平常吃奶的时间，会自己醒来或哭喊，这就是婴儿对吃奶时间的条件反射。

幼儿时间知觉的发展趋势，主要表现在以下几个方面。

1. 时间知觉的精确性与年龄呈正相关

幼儿的年龄越大，精确性越高。7—8岁是儿童时间知觉迅速发展的时期。让幼儿对5分钟的时间进行估计，幼儿所认为的5分钟时间通常比实际时间更短。同样的时间内，幼儿比成人觉得过得更慢，因此成人不要让幼儿等待太久的时间。

2. 幼儿的生活经验直接影响其时间知觉的发展水平

有规律的生活制度和作息制度在幼儿的时间知觉中发挥着极其重要的作用。幼儿常以作息制度作为时间定向的依据，如"早上就是上幼儿园的时候""下午就是午睡起来以后""晚上就是爸爸妈妈来接我回家的时候"等。

3. 幼儿对时间单元的知觉和理解呈现"由中间向两端""由近及远"的发展趋势

大量研究表明，幼儿首先理解的是"天"和"小时"，然后是"周""月"或"分钟""秒"等更大或更小的时间单元。在"天"中，首先理解的是"今天"，其次是"昨天""明天"，然后是"前天""后天"，最后是"上周""下周"。对于"正在""已经""就要"三个与时间有关的常用副词的理解，同样也是以现在为起点，逐步向过去和未来延伸。

4. 不能理解时间标尺的意义，往往直观形象地理解计时工具

幼儿常常不能理解计时工具的意义。例如，妈妈告诉幼儿时钟走到六点半就可以打开电视看"小猪佩奇"，幼儿等得不耐烦了，就要求妈妈把时钟拨到六点半。又如有个幼儿听见妈妈说："日历都快撕完了，还有几天就要过新年了。"他跑去把日历统统撕掉，回来告诉妈妈："快过新年吧，日历已经撕完了！"在这种情况下，自然谈不上有效地利用时间标尺。有研究表明，大约到7岁，儿童才开始利用时间标尺估计时间。

5. 幼儿往往不能正确区别时间关系和空间关系，经常用事物的空间关系代替时间关系

有一项实验，研究者让两只蜗牛同时从一条起跑线上开始爬行，让幼儿注意观看。A蜗牛爬得快，B蜗牛爬得慢。A蜗牛停止爬行时，B蜗牛并未追上A蜗牛，即B蜗牛爬的路程比A蜗牛爬的路程短。然后问幼儿"哪只蜗牛爬得时间长？"不少4—5岁的幼儿都认为A蜗牛爬的时间长，因为"它走得远"。6—7岁时，儿童才能分清时间关系和空间关系。

鉴于上述特点，教师在给幼儿讲时间问题时，应该结合具体的事情。比如，明天要参加文艺表演，就向幼儿解释："明天就是你回家之后，睡一个晚上，再来幼儿园的时候。"教师也可以通过反映正确时间的标志性事物来帮助幼儿识别时间，如太

阳升起的时候就是早上，太阳落山、星星出来的时候就是晚上。有规律的幼儿园生活，可以帮助幼儿更好地理解时间概念。在音乐和体育活动中，有节奏的活动可以帮助幼儿更好地理解较短时间的时距，对学前儿童时间知觉的发展都很有帮助。

活学活用

涛涛的"中午饭"时间

涛涛刚刚3岁，有较强的分离焦虑。在妈妈准备上班走的时候，就问："妈妈，你什么时候来接我？"妈妈就安慰他说："到吃中午饭的时候，我就回来了。"妈妈刚刚走不久，涛涛就嚷嚷着饿了，要奶奶给他做饭吃。奶奶拗不过他，就给他做了一碗鸡蛋脑。当他吃完的时候，就开始给妈妈打电话："妈妈，我已经吃完中午饭了，为什么你还没有回来呀？"

从上述案例来看，涛涛在时间知觉发展方面有什么特点？

分析：涛涛对时间知觉方面是以具体事件为标志的，他所理解的中午饭仅仅是一顿饭，而不考虑"中午"这一时间概念，认为只要吃过早饭，再吃一顿饭就是"中午饭"，吃过"中午饭"妈妈就会来接自己了。对幼儿进行时间知觉的教育时，可以选择能够正确反映时间的标志性事物。比如，中午就是太阳在头顶上，钟表的时针自己走到12点的地方，帮助幼儿更好地理解时间概念。

任务三　学前儿童观察力的培养

观察是有目的、有计划且比较持久的知觉过程。观察是知觉的高级形式。观察的全过程与注意、思维等密切联系。观察力就是分辨事物细节的能力。观察力是智力结构的组成部分，它是视觉、听觉、触觉、嗅觉等多种感觉协同作用的结果，是一种高级的视知觉活动能力。观察力是智力结构的重要组成部分，感知觉的发展集中体现在儿童观察力的成长。

一、学前儿童观察力的发展

目前的研究认为，3岁以前儿童的感知觉主要是无意识的、没有目的的，因此，根本谈不上什么观察。儿童观察力的发展在3岁后比较明显，幼儿期是儿童观察力初步形成的阶段，其观察力的发展主要表现在以下几个方面。

（一）观察的目的性

随着年龄的增长，幼儿观察的目的性逐渐加强，由低到高分为以下三级水平。低级：不能接受任务，东张西望，或只看一处，或任意乱指；中级：能根据任务有目的地观察，但遇到困难或干扰不能克服，不愿坚持；高级：根据观察任务，有目的地克服困难和干扰，坚持细致观察。

许多实验研究证明，幼儿观察的目的性是随着年龄的增长而逐步发展的，而且成人的教育和培养非常重要，能帮助幼儿提高观察中的目的性和有意性。

（二）观察的持续性

观察的持续性是指观察过程中稳定观察所保持的时间长短。学前儿童观察常常不能持久，容易转移注意对象，这除了与幼儿当时的情绪、兴趣有关外，也与幼儿的观察目的性不强有关。随着年龄的增长，他们观察的持续时间会随之增加。有实验表明，3—4岁的幼儿对图片的平均持续观察时间只有6分8秒；5岁的幼儿有所提高，增加到7分6秒；6岁的幼儿持续观察时间显著增加，达到12分3秒。随着年龄的增长及教育的影响，幼儿逐渐学会持续地观察某一事物，观察的时间逐渐延长。

（三）观察的精确性

幼儿的观察一般是比较笼统、粗略的，他们通常只能看到事物的表面和明显、突出的部分，而看不到事物比较隐蔽、细致的特征；只能看到事物的轮廓，而看不到事物内在的关系。幼儿能看见颜色鲜艳、位置突出、新鲜、有变化的物体，看不见不显眼、不突出、比较细致的部分，有时甚至会发生错误。随着年龄的增长，幼儿对事物的观察更加仔细、精确，能够逐渐注意到事物较隐蔽的细节部分，以及事物之间的内在联系。

（四）观察的概括性

观察的概括性是指能够观察到事物之间的联系。低年龄幼儿的知觉往往孤立、零碎，仅仅知晓事物的表现特征和现象，不善于从整个事物中去发现其内在的联系，观察的概括水平较低。较大的儿童则能够有顺序地进行观察，了解事物的各个部分及其之间的关系。例如，在观看一些图片时，小班幼儿往往只能看出图片中有什么人，回答"有什么""是什么"；大班幼儿不仅可以看出图片中有什么人，还能说出人物之间的关系，能够回答"在做什么""怎么做的""为什么这么做"，有的幼儿甚至能用一句话概括出图片的内容。随着思维能力的发展，学前儿童观察的概括性也在不断增长。

🌱 **拓展阅读**

儿童对图画认识能力的发展

丁祖荫的研究说明，儿童对图画的认识逐渐概括化。他提出，对图画认识的发展可分为四个阶段。

1.认识"个别对象"阶段。儿童只看到图画中各个对象或各个对象的片面，看不到对象之间的相互联系。

2.认识"空间联系"阶段。儿童看到各个对象之间的空间联系，依靠各对象之间可以直接感知到的空间关系认识图画内容。

3.认识"因果关系"阶段。儿童认识各对象之间的因果联系，依据各个对象之间不能直接感知到的因果联系理解图画内容。

4.认识"对象总体"阶段。儿童从意义上完整地认识整幅图画的内容，依靠图画中所有事物的全部联系，完整地把握对象总体，理解图画主题。

该研究指出，幼儿对图画的观察主要处于"个别对象"和"空间联系"阶段，而"因果关系"和"对象总体"已经是从感知过渡到思维过程。

二、学前儿童观察力的培养

（一）重视对学前儿童进行感官训练

学前儿童观察力的培养

观察是以各种感知觉为基础的，因此，要培养幼儿的观察力，必须重视其各种感知觉能力的培养。对幼儿进行感官训练的方法要多样化，对听觉、视觉、触觉、嗅觉等各个方面进行训练。"听一听、找一找"的游戏非常适合小班幼儿，教师可以把环境布置成"森林"，在"树丛""山洞"等不显眼的地方，让幼儿蒙上眼睛"猜猜谁在叫"。"神奇的口袋"游戏可以提高幼儿的触觉，让幼儿用手摸一摸口袋里有什么？是什么形状？用什么材料做的？对视觉的训练可以结合美术活动开展，让幼儿在颜色的识别、使用过程中，注意观察各种颜色之间的区别。

（二）帮助学前儿童明确观察目的和任务

观察的效果如何，往往取决于观察任务是否明确。观察任务越明确，观察的效果就越完整、越清晰。如果观察的目的性不强，幼儿就会东张西望、不知所措，得不到收获。

幼儿的注意以无意注意为主，成人在观察之前给他们提出明确的观察任务，有利于他们更好地发挥有意注意的功能，提升观察效果。比如，在观察金鱼前，教师向幼儿指明观察要点："我们要看看小金鱼是什么样子的，如小金鱼的眼睛、嘴巴、尾巴的形状和颜色；还要看看小金鱼是怎么游动的？怎么吃东西的？你在观察过程中有什么新的发现？"这样幼儿在观察的时候就会有一个明确的目的，并尝试进行总结，以便和其他小伙伴交流。

（三）激发学前儿童观察的兴趣

"兴趣是最好的老师"，有了兴趣，观察力才能被更好地激发。因此，教师要善于捕捉幼儿的兴趣，引导他们观察。例如，在室外活动中，幼儿常常会对一些动植物感兴趣，教师可以启发、引导他们通过观察了解这些动植物的特征、生活习性等。教师也可以根据幼儿的特点，为他们提供感兴趣的事物作为观察的对象，如色彩鲜艳的图画、逼真的玩教具、有趣的游戏等。教师应尽可能地为幼儿创设丰富多彩的环境，调动他们各种感官的参与，促进其观察力的发展。

（四）做好观察前必要的经验准备

观察的成功依赖相应的知识与经验，观察前的知识准备越充分，观察的效果就越好。幼儿只有在观察前有充分的知识准备，才能加深对观察对象的理解，提升观察的效果。例如，带领幼儿去动物园观察某种动物之前，教师首先要介绍一些有关这种动物生活习性的知识及有趣的故事，激发起幼儿的观察兴趣，并且可以为他们观察该动物提供一个方向，使观察更有重点。在观察的过程中，幼儿会有意识地将自己所观察到的现象和以往积累的经验联系起来，观察从而更具有深度。

活学活用

观察骆驼

在去动物园之前，王老师布置了一个任务——观察骆驼。然而，孩子们到了动物园，看了一眼骆驼后，就开始围着活蹦乱跳的猴子议论纷纷。等回到幼儿园后，老师让大家谈谈观看骆驼后的感受，小朋友吞吞吐吐，说不了几句话，反而对自己感兴趣的猴子谈论得头头是道。为什么会出现这种现象呢？应该怎么提高孩子的观察兴趣，扩大孩子的观察范围呢？

分析：幼儿之所以不愿观察骆驼而更愿意观察猴子，原因在于幼儿往往对自己熟悉的事物更感兴趣，对于一动不动的骆驼缺乏认识，所以观察得就少。因此在去幼儿园之前，教师应当首先丰富幼儿相关的知识经验。比如，对骆驼生活习性和体型特征进行介绍，引发幼儿的好奇心和求知欲，这样才能达到观察的目的。

（五）教给学前儿童正确的观察方法

孩子并不是天生就善于观察的，他们观察的条理性差，所以，在观察中有必要教给幼儿一些正确的观察方法，培养他们有目的、全面、细致地观察事物。常用的观察方法有以下两种。

1.比较法

比较法是指对两个或两个以上的事物或现象比较它们的不同点和相同点，让幼儿进行分析、比较、判断、思考，从而正确、细致、完整地认识事物。这种方法有助于发展幼儿的观察力和思维能力。

2.顺序法

顺序法是指按照一定的顺序进行观察。顺序一般有从远到近、从上到下、从左到右、从前到后、从局部到整体、从明显特征到隐蔽特征等。至于具体按照哪种顺序进行观察，没有必要给幼儿规定，只要他们能够有序、细致地观察就可以了。

（六）帮助学前儿童做好观察总结

在一次观察活动结束的时候，教师要及时指导幼儿进行观察经验的总结和分享。比如，在观察过小乌龟之后，请幼儿谈一谈自己看到的乌龟的样子，以及乌龟都做了什么。还可以让幼儿说一说自己在观察的过程中发现了什么其他有趣的事情。在总结的过程中，幼儿相互交流，可以提高语言表达能力和相互交往能力。幼儿也可以在交流中展示自己的观察成果，获得成就感。及时地进行观察总结，既能巩固观察所获得的知识，还可以提高幼儿分析问题和解决问题的能力。

回溯过往

探秘星辰大海，"远望"宇宙苍穹

☝ 实训实践

实训一　学前儿童感知觉发展

1.在实践教学基地选择一个班级的学前儿童作为观察对象，以小组为单位，通过游戏形式分别观察。做好观察记录，观察完成后在班级内完成分享（见表4-1）。

表4-1　学前儿童知觉发展评估表

观察幼儿园：_____　观察班级：_____　观察日期：_____

分类	观察内容	具体表现
颜色知觉	能辨别基本色（红、橙、黄、绿、蓝）（　）	
	能辨别基本色、近似色（　）	
	能辨别混合色和近似色，画画时能调出需要的颜色（　）	
形状知觉	能辨别圆形、正方形、三角形、长方形（　）	
	掌握半圆形、梯形（　）	
	能认识椭圆形、菱形、五角形、六角形（　）	
方位知觉	能辨别上、下方位（　）	
	能辨别前、后方位（　）	
	能辨别左、右（以自身为中心）（　）	
	能正确辨别上下、前后，但以别人为基准辨别左右仍困难（　）	
距离知觉	能理解近物大、远物小，近物清晰、远物模糊（　）	
	能正确判断所观察对象的位置，画画时能正确表现距离、位置、大小（　）	
时间知觉	能理解一日的早、中、晚（　）	
	能理解昨天、今天、明天（　）	
	能辨别大前天、前天、后天、大后天；分清上午、下午（　）	

分类	观察内容	具体表现
观察力	不能接受任务，东张西望，或只看一处，或随意乱指（　）	
	能根据观察任务有目的地克服困难和干扰，坚持细致（　）	
	观察细致程度（笼统、细致）（　）	
	观察概括性程度（认识个别现象阶段、认识空间联系阶段、认识因果联系阶段、认识对象总体阶段）（　）	

笔记栏

实训二　幼儿园教师资格考试（面试）结构化试题模拟训练

1.小班幼儿经常在午睡起床后将鞋子左右穿反，你怎么办？

2.陈老师抱怨小班幼儿五音不全，节奏感差，她想对幼儿进行专业、系统的声乐训练，你怎么看？

真题汇集

项目四在线测验题

项目四【真题汇集】
（含参考答案）

项目五

学前儿童的记忆

情景导入

在生活中有许多有趣的现象。你记得三岁之前谁整天带你去玩吗？都玩的什么？你还记得你三岁时过生日的情景吗？记得谁带你第一次去幼儿园吗？我们竭尽全力也想不起三岁前所发生的任何事情。这是为什么呢？心理学家将其称之为"儿童期健忘"，并且从生理学、心理学、脑科学和社会学等多个方面进行了解释。

关于人类的记忆还有很多奥秘需要我们探索，了解这些知识对于我们开展学前儿童教育具有重要意义。让我们一起来打开儿童的"记忆之门"吧！

学习目标

▶ **知识目标**

1. 了解记忆的概念、种类和过程。
2. 理解学前儿童记忆发展的趋势和各年龄段记忆发展的特点。
3. 掌握学前儿童记忆力的培养方法。

▶ **能力目标**

1. 学会分析学前儿童记忆发展的特点。
2. 学会测评学前儿童记忆的发展状况。
3. 能初步设计促进学前儿童记忆力发展的活动方案。
4. 能运用有效策略促进学前儿童记忆力的发展。

▶ **素质目标**

1. 树立科学的教育理念，以幼儿为本，热爱幼儿，热爱幼教事业。
2. 增强学习的兴趣和信心，形成良好的记忆品质。

思维导图

记忆概述 ── 什么是记忆 ── 记忆的概念
                            └ 记忆的分类
           └ 记忆的过程 ── 识记
                        ├ 保持和遗忘
                        └ 再认或回忆

学前儿童的
记忆

学前儿童记忆的 ── 各年龄阶段学 ── 0—1岁学前儿童记忆发展的特点
发生与发展   前儿童记忆发 ── 1—3岁学前儿童记忆发展的特点
                 展的特点   └ 3—6岁学前儿童记忆发展的特点

                学前儿童记忆 ── 记忆保持时间的延长
                发展的趋势   ├ 记忆提取方式的发展
                            ├ 记忆容量的增加
                            └ 记忆内容的变化

学前儿童记忆力 ── 记忆敏捷性的 ── 有意识地锻炼学前儿童的记忆力
的培养   培养   ├ 训练学前儿童的注意力
                            └ 引导学前儿童运用已有的知识经验

              记忆持久性的 ── 运用直观教具
              培养   ├ 激发学前儿童的兴趣和积极情绪
                          ├ 明确识记目的
                          └ 组织有效的复习

              记忆准确性的培养
              记忆准备性的培养

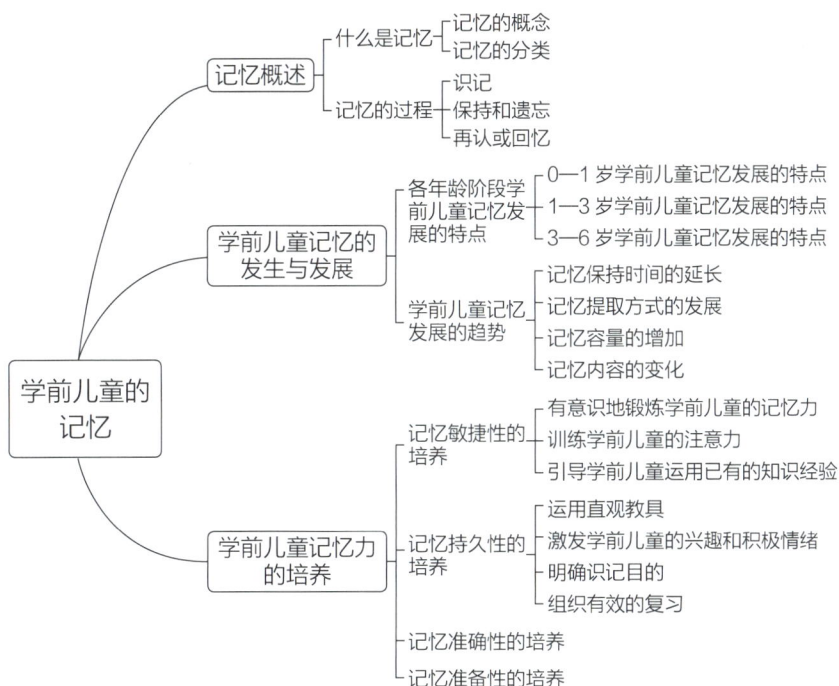

任务一 记忆概述

一、什么是记忆

（一）记忆的概念

记忆是人脑对经验的反映。从信息加工论的观点看，记忆是对输入的信息进行编码、储存和提取的过程，即人脑保持信息和提取信息的过程，这一过程包含了"记"和"忆"两个方面。

记忆与感知觉不同，感知觉是人脑对当前直接作用于感觉器官的事物的反映，具有表面性和直观性；而记忆是人脑对过去感知或经历过的事物的反映，具有内隐性和概括性。

过去经验包括过去对事物的感知、对问题的思考、对某个事件引起的情绪体验、对进行过的动作的操作等。它可以是看过的一幅画、听过的一首歌、喝过的一种饮料、思考过的一个问题、体验过的一种情绪、做过的某个动作等。这些经验都是以映像的形式存储在人脑中，在一定条件下，人们可以把它们从大脑中提取出来，这个过程就是记忆。

（二）记忆的分类

1. 根据记忆的内容划分

（1）形象记忆

形象记忆是以感知的事物的形象为内容的记忆。这一形象可以是视觉的，也可以是听觉的、嗅觉的、触觉的等，如听过的小鸟清脆的叫声、嗅过的油菜花的香气等。

（2）运动记忆

运动记忆是以过去练习过的动作为内容的记忆，如对骑车、弹琴、写字、画画等各种动作的记忆。

（3）情绪记忆

情绪记忆是以体验过的某种情绪或情感为内容的记忆，如幼儿刚入幼儿园与父母分离时的痛苦与不安、看动画片时的高兴等。

（4）语词—逻辑记忆

语词—逻辑记忆是以概念、判断、推理等抽象思维为内容的记忆，如幼儿学习"1+1=2"、背诵一首唐诗等。

2. 根据信息保持时间的长短划分

（1）感觉记忆

感觉记忆，又叫瞬时记忆，是指客观刺激物停止作用后，它的印象在人脑中只保留一瞬间的记忆。它是记忆系统的开始阶段，感觉记忆的保持时间很短，为0.25—2秒。视觉后像是最明显的例子。感觉记忆中保存的信息如果没有受到注意，就会很快消失；如果受到注意，信息就可以从感觉记忆进入短时记忆。

（2）短时记忆

短时记忆是指记忆的信息在头脑中贮存、保持的时间比感觉记忆长些，但是一般不超过一分钟的记忆。如从通讯录上查到一个电话号码，立刻能根据记忆拨号，但事过之后，再问这个号码是多少，就不记得了；又如学生边听课边记笔记，依靠的也是短时记忆。一般来说，短时记忆的信息容量为 7 ± 2 个组块。短时记忆中的信息如果没有得到复述就会出现遗忘；如果得到复述，就可以从短时记忆进入到长时记忆。

（3）长时记忆

长时记忆是指信息在记忆中贮存时间超过一分钟，直至数日、数周、数年乃至一生的记忆。与短时记忆相比，长时记忆的容量很大，没有限度。长时记忆的信息来源大部分是对短时记忆信息加工的结果，有些长时记忆是由于印象深刻而一次获得的，如童年时的某次郊游，你可能至今仍记忆犹新。

二、记忆的过程

记忆是一个从记到忆的复杂的心理过程，主要是通过识记、保持、再认或回忆三个基本环节来实现的。

（一）识记

识记是一种反复认识某种事物并在脑海中留下痕迹的过程。识记是记忆的首要环节，是记忆的基础。有效的识记可以提高记忆的效果。

1. 根据识记有无目的和是否需要意志努力，可以分为无意识记和有意识记

（1）无意识记

无意识记，也叫不随意识记，是指事先没有预定目的，也不需要任何意志努力的识记。无意识记具有很大的选择性，常常受刺激物本身所具有的特点的影响，如幼儿对朗朗上口的儿歌、动画人物的滑稽动作或好玩台词的识记等。

（2）有意识记

有意识记，也叫随意识记，是指按一定目的、任务和需要采取积极的思维活动和意志努力的识记。这种识记一般由活动任务引导，具有高度的自觉性和积极性。例如，为了得到老师或父母的表扬，幼儿会认真听、努力记一首儿歌的内容等。研究表明，在一般情况下，有意识记的效果比无意识记的效果好。

2. 根据识记是否建立在对识记内容理解的基础上，可以分为机械识记和意义识记

（1）机械识记

机械识记是指在对识记的内容没有理解的情况下，根据识记材料的外部联系所机械重复进行的识记。例如，不少幼儿对描写离愁别绪或怀才不遇的唐诗、宋词，由于他们无法真正理解，只能采用机械识记的方法。

（2）意义识记

意义识记是指在对识记材料理解的基础上，依据事物的内在联系所进行的识记。实验证明，意义识记的效果明显优于机械识记。但机械识记和意义识记同样重要，因为有许多信息本身并没有内在逻辑性，如电话号码、外语单词、历史年代等。虽然在识记这类信息时可以人为地为其赋予意义，但机械识记能力的发展仍是十分必要的。

拓展阅读

巧用记忆方法

相传民国时期，在一座山间私塾中，一位先生要学生背诵圆周率，他要求学生必须准确背小数点后的 22 位数，即 3.141 592 653 589 793 238 462 6。临近中午，学生们依然没背下来，先生很生气，说："中午不许回家吃饭，继续背，什么时候背下来，什么时候回家。"教书先生是一位爱喝酒的人，自己上山找朋友喝酒去了。待在教室里的孩子自然很生气，但依然没办法背会圆周率。忽然一个机灵的学生编了一首打油诗，结果把圆周率后的 22 位数准确地背下来了。他把打油诗教给全体同学，待先生喝酒回来，学生们个个背得滚瓜烂熟。打油诗是这样写的："山巅一寺一壶酒（3.14159），尔乐苦煞吾（26535），把酒吃（897），酒杀尔（932），杀不死（384），溜而溜（626）。"

（二）保持和遗忘

1. 保持的概念与保持过程中的信息变化

保持是对识记过的事物，进一步在头脑中巩固的过程。保持是识记的结果，也是实现再认或回忆的重要保证。

信息在大脑中的保持并不是一成不变的，而是在不断发展变化的。首先，是量的变化。一般情况下，随着时间的推移，保持在大脑中的信息会逐渐减少。例如，当天在课堂上所学的内容还记忆得很清楚，但隔一段时间后，就记不全了。其次，是质的变化。人们会根据自己对信息的理解，对储存在大脑中的信息进行加工，使信息内容发生质的变化。

2. 遗忘及其规律

遗忘是指对识记过的东西不能再认或回忆，或表现为错误的再认或回忆。遗忘是保持的相反过程，遗忘受识记材料的性质和数量、个体的心理状态、学习程度、学习方式、学习中的干扰等多因素的影响。

心理学研究表明，遗忘是有规律的。德国心理学家赫尔曼·艾宾浩斯（Hermann Ebbinghaus）最早对遗忘现象做了比较系统的实验研究。为避免经验对学习和记忆的影响，他在实验中采用无意义音节作为学习材料，以重学时所节省的时间或次数作为指标测量遗忘的进程。实验表明，在学习材料记熟后，间隔20分钟重新学习，可节省诵读时间58.2%；1天后再学习可节省时间33.7%；6天以后再学习节省时间缓慢下降到25.4%。依据这些数据绘制的曲线就是著名的"艾宾浩斯遗忘曲线"（见图5-1）。

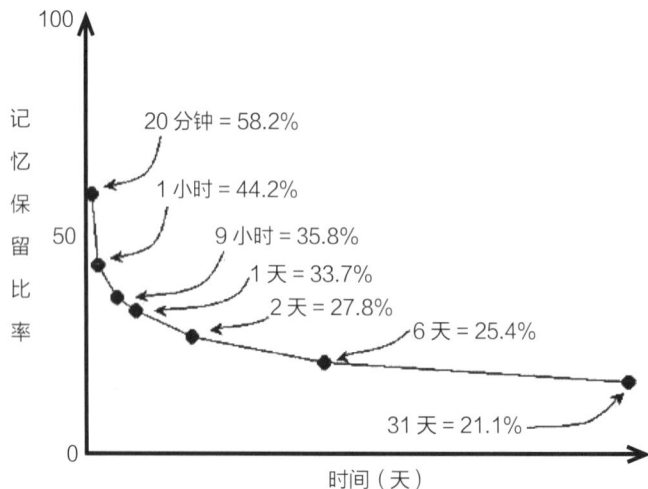

图 5-1　艾宾浩斯遗忘曲线

从遗忘曲线中可以看出，遗忘的进程是不均衡的。在学习停止以后的短时期内，遗忘特别迅速，后来逐渐缓慢，到了相当一段时间，几乎不再遗忘了。遗忘遵循"先快后慢"的规律，因此学习后的及时复习是很重要的。

3. 遗忘理论

对于人们为什么会产生遗忘，不同的理论流派从不同角度提出了自己的看法。

（1）衰退说

该观点认为材料的识记会在大脑皮层上留下痕迹，遗忘是由于这些痕迹得不到强化而逐渐减弱以致消失所致。比如，在沙滩上写字，如果不进行任何维护，随着风吹日晒，字迹就会慢慢地消失。在头脑中学习的知识也是一样的，需要经常性地复习，否则就会出现遗忘。

（2）干扰抑制说

该观点认为遗忘的原因不是时间的消逝，而是由于多种记忆痕迹之间相互引起的神经抑制过程而产生，当抑制过程解除，记忆还可恢复。

这种学说认为，我们遗忘主要是因为信息太多，它们之间相互干扰造成的。干扰抑制有前摄抑制和倒摄抑制两种。前摄抑制强调先前学习与记忆对后继的学习与记忆的干扰作用；倒摄抑制强调后续的学习与记忆对先前学习材料的保持与回忆的干扰作用，强调后对前的干扰。在背诵一段较长的内容时，通常前面的内容容易记住，后面的内容也容易记住，而中间的内容则容易遗忘。产生这种情况的原因是前面的内容仅仅受倒摄抑制的影响，后面的内容仅仅受前摄抑制影响，而中间的内容则既受前摄抑制的影响，又受倒摄抑制的影响，所以更容易遗忘。

活学活用

阳阳背古诗

妈妈给阳阳讲述了很多古诗，却发现阳阳对古诗记得并不好，尤其是那些篇幅较长、内容相近的古诗，阳阳经常把它们背混，前两句和后两句分属于不同的诗篇，出现张冠李戴的笑话。

分析：阳阳之所以出现张冠李戴的现象，是因为受前后两种或多种学习内容的相互干扰。前后学习内容的相似性越高，干扰就越大。妈妈给阳阳讲述了很多内容相近的古诗，根据前摄抑制和倒摄抑制规律，阳阳难免出现混淆和张冠李戴的现象。

（3）同化说

该理论流派的代表人物是奥苏贝尔。他们主张在知识的学习过程中，人们为了减轻记忆负担，通常会用高级概念来替代低级概念，在替代之后，低级概念就会发生遗忘，这种遗忘更有利于学习，是一种积极的遗忘。在有意义学习中，先前所学习的知识可以为后续学习打基础，后续学习是对先前学习的加深和扩充。

（4）动机说

该理论流派的代表人物是弗洛伊德。他们认为遗忘是由于情绪或动机的压抑作用引起的，如果这种压抑被解除，记忆也就能恢复。精神分析学派常常用催眠的方式让人们想起被认为是已经遗忘的事情。也就是说，有些事情我们回想起来会给我们带来痛苦，所以我们要遗忘，便于走出心理上的阴影。

（5）提取失败说

该理论认为储存在长时记忆中的信息是永远不会丢失的，我们之所以想不起来一些事情，是因为我们在提取有关信息时没有找到适当的提取线索，就如"舌尖现象"一样。而一旦有了正确的线索，经过搜索，所需要的信息就能被提取出来。因此，在记忆的过程中，尽量记住识记信息的其他线索，这样有助于识记信息的提取。

（三）再认或回忆

再认或回忆是在两种不同的情况下对过去经验的恢复过程，相当于信息的提取。过去经历过的事物重新出现时能够识别出来，属于再认；人脑对过去经验的提取过程称为回忆。二者并没有本质上的区别，只有保持程度的不同。一般来说，能回忆必然能再认，能再认的却不一定能回忆。

根据回忆是否有预定目的，可以把回忆分为无意回忆和有意回忆。无意回忆是没有预定目的，只是在某种情景下，自然而然想起某些旧经验的回忆。它是自然而然发生的，如触景生情就是一种无意回忆。有意回忆是指根据某种任务，自觉地去追忆以往的某些经验。学生考试就是对以往学习过的知识的有意回忆。

记忆的这三个环节是相互联系、相互影响的。识记和保持是再认和回忆的前提和保证，而回忆和再认是识记和保持的结果及证明。

任务二　学前儿童记忆的发生与发展

一、各年龄阶段学前儿童记忆发展的特点

（一）0—1岁学前儿童记忆发展的特点

1.胎儿的听觉记忆

有研究发现，如果把记录母亲心脏跳动的声音放给儿童听，儿童会停止哭泣。研究者的解释说，这是因为儿童感到他们又回到了熟悉的胎内环境里。由此认为，胎儿已经有了听觉记忆。关于七八个月胎儿音乐听觉的研究，也得出类似结论。可见，胎儿末期，听觉记忆确已出现。

拓展阅读

胎儿的记忆

专家认为，孩子在第一次看到妈妈的24小时后仍能认出她。这是由于宝宝对妈妈的记忆远远早于第一次目光接触。在子宫里孩子倾听母亲的声音，感觉母亲羊水的特有气味，这种气味因人而异。所以分娩后他仍然能认识母亲的味道和声音。

2. 新生儿记忆的表现

（1）建立条件反射

新生儿记忆的主要表现之一是对条件刺激物形成某种稳定的行为反应（即建立条件反射）。比如，母亲喂孩子时往往先把他抱成某种姿势，然后再开始喂。不用多久（一个月左右），儿童便对这种喂奶的姿势形成了条件反射：每当被抱成这种姿势时，奶头还未触及嘴唇就已开始了吸吮动作。这种情况表明，儿童已经"记住"了喂奶的"信号"——姿势。

（2）对熟悉的事物产生"习惯化"

新生儿记忆的另一表现是对熟悉的事物产生"习惯化"：一个新异刺激出现时，人（包括新生儿）都会产生定向反射——注意它一段时间。如果同样的刺激反复出现，对它注意的时间就会逐渐减少甚至完全消失。"习惯化"可以作为一种方法和指标来了解新生儿的感知能力——看他能否发现刺激物的差别；也可以用来调查其记忆能力——看他能否辨别刺激物的熟悉程度。许多研究表明，即使出生几天的孩子，也能对多次出现的图形产生"习惯化"，似乎因"熟悉"而丧失了兴趣。

3. 1个月—1岁婴儿记忆的发展

2—3个月的婴儿，当注视的物体从视野中消失时，能用眼睛去寻找，这表明婴儿已经有了短时记忆。婴儿的短时记忆是随月龄的增加而发展的。2—3个月的婴儿开始出现对人与物的认识，6个月时能辨认自己的妈妈、平日用的奶瓶等，能把熟悉的人和陌生的人区别开来，表现出明显的"怕生"，这就是再认。婴儿9个月或更早时，出现"客体永久性"的观念，即认为见不到的客体仍然存在。观察发现，婴儿往往在经过很长的一段时间后，仍然记得熟悉物体通常所处的位置。到第一年末，多数婴儿表现出这种对熟悉位置的长时记忆。

（二）1—3岁学前儿童记忆发展的特点

从记忆提取信息的方式看，新生儿及1岁内的婴儿只能再认，明显的再认出现在6个月左右。1岁后儿童的再认能力逐步发展，可以再认相隔几十天或几个月的事物。1—2岁儿童记忆的发展主要表现为回忆的发展。再认形式的记忆发展得较早，出现在1.5—2岁，语言真正发生后，再认的内容和性质迅速发生变化。1.5—2岁的儿童，经常出现延迟模仿现象，即经过一段时间之后突然模仿曾经看到过的事物或动作。也就是说，当刺激物出现后，他们不是立即模仿，而是过了一段时间后，突然出现模仿行动。这种延迟模仿的出现也标志着1—2岁儿童回忆能力的发展与成熟。

2岁以前儿童的识记主要是无意识记，即最容易记住的是那些让他们感兴趣或印象深刻的事情，还不能有意识、有目的地识记什么。2岁以后儿童的无意记忆进一步发展，有意记忆开始出现萌芽，可以根据成人提出的要求进行简单的识记，并付诸行动。

拓展阅读

3岁前记忆的奥秘

奥秘一：孩子最早出现的是运动记忆，是指孩子记住自己的运动或动作。

奥秘二：3岁前宝宝的记忆富有情绪色彩，特别容易记住那些使他们愉快或令他们悲伤、气愤的事情或情境。

奥秘三：3岁前宝宝的记忆内容在头脑中保留时间较短，一般不会超过一年。

奥秘四：3岁前宝宝记忆带有很大的随意性，没有目的和意图，凡是感兴趣的、印象深刻的事物就容易记住。

奥秘五：宝宝记忆内容在脑中保存时间的长短，受多种因素影响。一般而言，主要有以下几种因素：一是对记忆对象的感知程度；二是宝宝的知识、经验和对事物的理解程度；三是宝宝的情绪状态；四是记忆对象的特点。

（三）3—6岁学前儿童记忆发展的特点

1.无意记忆占优势，有意记忆逐渐发展

3岁以前的儿童基本上只有无意记忆，他们不会进行有意记忆，而在整个幼儿期，无意识记的效果都优于有意识记。到了小学阶段，有意记忆才赶上无意记忆。

无意记忆效果随着年龄增长而提高。由于记忆加工能力的提高，幼儿无意记忆继续有所发展。例如，给小、中、大三个班的幼儿讲同一个故事，事先不要求记忆，过了一段时间以后，进行检查。结果发现，年龄越大的幼儿无意记忆的效果越好。

无意记忆是积极认知活动的副产物。幼儿的无意识记，不是由于幼儿直接接受记忆任务和完成记忆任务而产生的，而是幼儿在完成感知和思维任务过程中附带产生的结果，是一种副产物。事实证明，幼儿的认知活动越是积极，其无意识记效果越好。

有意记忆的发展，是幼儿记忆发展中最重要的质的飞跃。幼儿的有意记忆是在成人的教育下逐渐产生的，有意记忆随年龄增长不断发展，幼儿有意记忆的效果依赖于对记忆任务的意识和活动动机。

2.机械记忆占优势，意义记忆逐渐发展

由于幼儿的知识经验比较贫乏、理解事物的能力差，他们往往是在对事物的表

面特征和外部联系进行简单重复之后记忆的，表现为非常突出的机械记忆。这一现象在小班幼儿的身上表现得尤为明显。

在成人的正确引导下，幼儿的意义记忆开始发展起来。中班、大班幼儿在进行记忆活动时不再只用机械记忆，而是开始对记忆材料进行分析和一定的逻辑加工，有时也用自己的语言代替原文。一般来说，意义记忆的效果要好于机械记忆的效果。幼儿的机械记忆和意义记忆都在不断发展。

3. 形象记忆占优势，语词记忆逐渐发展

由于儿童的心理发展水平较低，所以整个学前期以形象记忆为主，并且形象记忆的效果比语词记忆的效果好。同时，这两种记忆的能力都随着年龄的增长而提高，并且语词记忆的发展速度大于形象记忆，语词记忆和形象记忆的差别逐渐缩小，语词记忆的效果逐渐接近形象记忆的效果。

活学活用

哪种记忆效果好？

下列 4 项内容，对于幼儿来说，哪一种记忆的效果更好呢？

（1）明天是"六一"节，请小朋友记着穿最漂亮的衣服来幼儿园。

（2）明天要检查个人卫生，请小朋友回家让爸爸妈妈给你剪手指甲。

（3）大家数数手指头，1+3 等于几？

（4）草地上有 1 只小白兔，又走来了 3 只小白兔，一共有几只小白兔呢？

分析：幼儿无意记忆的效果优于有意记忆，幼儿的无意记忆，不是由于幼儿直接接受记忆任务和完成记忆任务而产生的，而是幼儿在完成感知和思维任务过程中附带产生的结果，是一种副产物。事实证明，幼儿的认知活动越是积极，其无意记忆效果越好。因此，比起剪手指甲，幼儿更愿意记着穿最漂亮的衣服来幼儿园。

幼儿形象记忆的效果优于语词记忆，借助于小白兔的形象更容易让幼儿接受并记住。因此，教师在布置任务的时候要注意一定的技巧，要能够激发幼儿的兴趣，符合幼儿的记忆发展规律。

二、学前儿童记忆发展的趋势

（一）记忆保持时间的延长

记忆的保持时间是指从记忆材料开始到能对材料再认或再现之间的间隔时间，也称为记忆的潜伏期。随着年龄的增长，儿童记忆保持的时间逐渐延长，即记忆潜伏期延长，记忆能力不断提高。有研究表明，1 岁前婴儿的再认潜伏期只有几天，2 岁左右可以延长到几周，到幼儿期，记忆可以永久存储。例如，小时候背过的古诗、儿歌，记过

学前儿童记忆
发展的趋势

的乘法口诀，听过的故事，到老年仍记忆犹新。

🟢 拓展阅读

记忆回涨现象

学前儿童刚刚学过的知识，你让他马上复述，他可能回答："不会！"但当过了一段时间你没让他复述，他自己就背出来了，这就是心理学中的记忆回涨现象。

学前儿童记忆回涨的现象发生在识记后的1—2天，识记内容复杂、情境丰富的材料时，记忆回涨现象比较明显。

（二）记忆提取方式的发展

记忆提取的方式分为再认和回忆。学前儿童最初出现的记忆都是再认性质的记忆，新生儿及婴儿的习惯化和条件反射都是再认的表现方式。随着年龄的增长，2岁左右的幼儿逐渐出现了回忆。整个学前期，儿童的回忆都落后于再认，回忆和再认的差距随着年龄的增长而逐渐缩小。

（三）记忆容量的增加

随着年龄的增长，学前儿童的记忆容量逐渐增加，主要表现在记忆广度、记忆范围、工作记忆三个方面。

记忆广度是指在单位时间内能够记住材料的最大数量。随着年龄的增长，儿童的大脑不断发展完善，在单位时间内记忆的材料数量也在不断增加。

记忆范围是指记忆材料中内容种类的多少。婴儿期，由于接触的事物数量和内容都很有限，记忆的范围极小。随着接触事物数量的丰富、动作的发展、与外界交往范围的扩大、活动的多样化，其记忆范围也在不断扩大。

工作记忆是指在短时记忆过程中，把新输入的信息和记忆中原有的知识经验联系起来的记忆。新旧信息相联系，可使存储的新信息内容或成分增加。儿童形成工作记忆以后，可以在30秒内获取更多的信息，为其学习、思维、语言理解的完成提供必要的支持。

（四）记忆内容的变化

学前儿童最早出现的记忆是运动记忆，在出生后2周左右就出现了，如婴儿对喂奶姿势的条件反射就属于运动记忆。情绪记忆出现的时间稍晚于运动记忆，在婴儿出生6个月左右产生。如日常生活中，6个月大的婴儿接触经常看的图片或经常玩的玩具时，表现出明显的情绪偏好，这都是情绪记忆的表现。形象记忆出现在6—12个月，如6个月大的婴儿看见直接抚养人或母亲表现出高兴、看见陌生人表现出害怕，能够认识自己的玩具、奶瓶，这些都是形象记忆。1岁前婴儿的形象记忆和动作记忆、情绪记忆紧密联系。学前儿童的形象记忆占据主导地位，它依靠表象进行，其中起重要作用的是视觉表象。在个体发展过程中，语词记忆出现得最晚，在 1 岁左右，语词记忆开始出现，但因语言能力的发展存在个体差异，所以语词记忆的出现时间也存在着个体的早晚差异。

任务三　学前儿童记忆力的培养

一、记忆敏捷性的培养

记忆的敏捷性体现记忆速度的快慢，指个人在一定时间内能够记住的事物的数量。人们在记忆的敏捷性方面存在着明显差异。提高学前儿童记忆的敏捷性，可以从以下三个方面进行。

（一）有意识地锻炼学前儿童的记忆力

家长和教师在平时的生活和学习中都要有意识地加强对儿童记忆力的锻炼，通过锻炼可以帮助儿童的记忆变得敏捷起来。例如，天天都走楼梯，但要说出有多少级台阶，可能连成人都未必记得清楚。如果家长对儿童说："数数楼梯有多少级台阶，星期天我们去告诉姥姥。"儿童便会很高兴地去记。

（二）训练学前儿童的注意力

学前儿童记忆力的培养，与有意注意的训练密切相关。在学前儿童的记忆过程中，成人可以利用语言组织他们的有意注意，引导或帮助他们明确记忆的目的和任务，产生有意识记的动机。例如，成人可以通过让儿童寻找两种材料（或两种以上材料）之间的不同（或相同）之处，从而达到训练儿童注意力和记忆力的目的。

（三）引导学前儿童运用已有的知识经验

引导学前儿童运用已有的知识经验，以获得新的知识。也就是说在已有的条件反射基础上建立新的条件反射，这一记忆就会逐渐敏捷起来。例如，在记红、黄、蓝三原色的时候，可以将其和已经熟悉的"红黄蓝幼儿园"联系起来，这样记忆就会非常深刻。学前儿童的意义识记随着年龄的增长逐渐发展，而且其意义识记的效果也会不断提高。引导学前儿童在已有知识经验的基础上，通过对材料的理解进行识记，有利于提高其记忆的敏捷性。

二、记忆持久性的培养

记忆的持久性是指识记的事物所保持时间的长短。有的人能把识记的内容长久地保持在头脑中，而有的人则会很快把识记的内容遗忘。一般来说，记得快的人，保持的时间较长；但也有的人是记得快，保持的时间短暂。学前儿童记忆持久性的培养措施如下。

笔记栏

（一）运用直观教具

针对学前儿童的记忆主要是以形象记忆为主的特点，恰当地运用实物、标本、模型、图画等直观教具进行教学，提供具体形象、生动鲜明的物体，使他们对要识记的内容有更直观的观察和理解，可提高其记忆的持久性。例如，训练小班幼儿记住午睡常规时，可用有活动眼睛的娃娃示范如何脱衣服、脱鞋子，睡觉时如何把眼睛闭起来，这样，他们对午睡常规便记得比较牢固。在记数字时，可利用数字歌："1 像铅笔会写字，2 像鸭子水中游，3 像耳朵听声音，4 像小旗迎风飘，5 像秤钩来买菜，6 像哨子吹声音，7 像镰刀来割草，8 像麻花扭一扭，9 像蝌蚪尾巴摇，10 像铅笔加鸡蛋"，借助于日常生活中熟悉的事物，易于幼儿直观形象地理解和记忆。

（二）激发学前儿童的兴趣和积极情绪

兴趣是记忆力的促进剂。学前儿童记忆感兴趣的事物，记忆效果会更好。学前儿童有强烈的好奇心和旺盛的求知欲，他们对任何事都想要问个为什么，特别对感兴趣的东西能集中注意力去想它，以形成比较鲜明的深刻的印象，并且喜欢刨根问底，弄个水落石出。相反他们对不感兴趣的事漠不关心。

学前儿童，特别是年幼的学前儿童很容易记住那些富有情绪色彩（愉快或不愉快）的事情。大多数成人之所以能回忆四五岁的往事，就是因为那些往事大都带有情绪色彩。儿童听儿歌和故事时，往往容易记住最有感情的那些句子，例如，3 岁左右的儿童记忆"一只青蛙一张嘴，两只眼睛四条腿，扑通一声跳下水"的儿歌，首先记住的是"扑通一声跳下水"。能够引起愉快情绪的词语或句子，儿童最容易记忆，保持时间也特别长久。

活学活用

角色扮演

爱玩爱动是幼儿的天性，鼓励幼儿动手动脑可以给孩子带来更多的快乐。单纯地让幼儿记忆《小蝌蚪找妈妈》的故事，幼儿兴趣不高，记忆效果不好。教师可以让幼儿一起演绎故事情节。幼儿扮演小蝌蚪、小鱼、乌龟和青蛙等角色，最后小蝌蚪回到了妈妈的怀里。重复演故事，幼儿会记得更加清楚。在活动延伸环节可以安排走丢了怎么办的讨论。

分析：兴趣是最好的老师。幼儿在进行角色扮演的时候，可以获得愉悦的情绪体验，思维将会更加活跃，记忆效果更好。同时，幼儿思维处于前运算阶段，他们动作记忆和形象记忆的发展水平较高，因此在活动中更容易记住故事的情节。

（三）明确识记目的

有意识记的发生和发展是学前儿童记忆发展过程中最重要的质变。根据学前儿童有意识记逐渐发展的特点，在日常生活和各种有组织的活动中，通过布置作业、明确识记任务等，引导儿童有意识、有目的地识记。例如，家长在给孩子讲故事之前，可先跟他说："妈妈讲个故事给你听，回头你再讲给爸爸听。"这样可以促使孩子记好家长讲的故事。这是因为明确了记忆任务，增强了儿童记忆的自觉性，从而提高了记忆效果。

（四）组织有效的复习

组织有效的复习，使条件反射不断强化并得到巩固，这样就可以使记忆获得持久性。通过合理地分配复习的时间，采取多样化、多感官参与的复习方法可以有效地使记忆保持相对长久。针对学前儿童的心理特点，使多种感觉——视觉、听觉、嗅觉、味觉、触觉参与到复习活动中，强化记忆学过的知识，能够获得最好的记忆效果。

三、记忆准确性的培养

记忆的准确性是指对记忆内容的识记、保持和再现的精确程度方面的特征。人们在记忆的准确性方面也存在着明显差异。准确性是记忆的重要品质，如果缺乏记忆的准确性，记忆的敏捷性和持久性就都失去了意义。

学前儿童记忆准确性的培养，首先要进行认真、正确的识记，保证识记内容的准确性。同时，对于正确识记的事物，要进行及时、有效的复习强化与巩固。如果有模糊的识记内容，要及时纠正，这样才能有效地保证记忆的准确性。教师可以通过找不同训练法、找相同训练法或综合分类训练法等，帮助儿童认识事物的相同和不同之处，锻炼其辨别能力，提高其记忆的准确性。

四、记忆准备性的培养

记忆的准备性是指从记忆中提取所需知识速度快慢方面的特征。记忆的准备性并不是天生就有的，而是后天培养、锻炼的结果。

记忆的准备性是在识记的过程中形成的，所以，需要特别强调的是，从识记的一开始就要认真、正确，不能马虎。成人要积极引导儿童有意识地识记那些有意义的事物，最好在识记时就建立起与已有知识经验的联系，使识记的内容条理化、系统化。

游戏既是儿童的主要活动，又是他们认识世界的主要途径。儿童的记忆可以在各种各样的游戏活动中得到锻炼和培养。能够训练儿童记忆力的游戏有很多，如说歌谣、讲故事、猜谜语、唱儿歌等。把知识融入游戏之中，可以使儿童在游戏中学习、在游戏中记忆。例如，教师在讲述完《小蝌蚪找妈妈》的故事之后，让儿童表演游戏"小蝌蚪寻找自己的妈妈"。儿童可以在表演的浓厚兴趣中轻松记住青蛙的外形特征和生长过程。

记忆的这四种品质是有机联系、缺一不可的。检验学前儿童记忆力的好坏，不能单看某一方面的品质，必须用四个方面的品质全面衡量。记忆的品质先天存在着很大的差异，但后天可以通过各种方法培养和锻炼记忆的能力和技巧。记忆的各种品质在不同儿童身上有着不同组合。有的儿童记得快忘得慢，并且记得准确；有的儿童记得慢忘得也慢；有的儿童记得快忘得也快；有的儿童记得慢但忘得快。家长和教师应该根据儿童的具体情况，采取不同的方法，帮助他们克服缺点，提高记忆力。

回溯过往

一个真实的故事

实训实践

实训一　学前儿童记忆力的培养实训活动

1.实训目的：有效提高学前儿童的记忆能力。

2.实训内容：以《量词歌》为内容，设计一节小班或中班幼儿语言教育活动的方案，促进幼儿记忆力发展。

3.实训要求：

（1）内容包括：活动目标、活动准备、活动过程。

（2）活动方案符合小班或中班幼儿的年龄特点，能够有效帮助幼儿记忆量词。

附：《量词歌》

一头牛，两匹马，三条鲤鱼四只鸭，

五本书，六支笔，七棵果树八朵花，

九架飞机十辆车，量词千万别说错，说错就要闹笑话。

幼儿小班语言教育活动"颜色'猜一猜'"

活动主题_____

活动目标：

活动准备：

活动过程：

实训二　幼儿园教师资格考试（面试）结构化试题模拟训练

1.在幼儿园里，老师教幼儿学习《我有一双小小手》儿歌的时候，幼儿学习起来没有兴趣，学习效果也不好。你能否给老师一些建议？

2.家长希望幼儿园能够花费更多的时间教幼儿认识汉字，作为老师，你赞同这个观点吗？你怎么给家长进行解释？

真题汇集

项目五在线测验题　　　　项目五【真题汇集】
　　　　　　　　　　　（含参考答案）

项目六
学前儿童的想象

情景导入

1968 年，美国内华达州一位叫伊迪丝的 3 岁小女孩告诉妈妈，她认识礼品盒上"OPEN"的第一个字母"O"。这位妈妈非常吃惊，问她怎么认识的。伊迪丝说："是薇拉小姐教的。"

这位母亲表扬了女儿之后，一纸诉状把薇拉小姐所在的劳拉三世幼儿园告上了法庭。因为她认为女儿在认识"O"之前，能把"O"说成苹果、太阳、足球、鸟蛋之类的圆形东西，然而自从劳拉三世幼儿园教她识读了 26 个字母，伊迪丝便失去了这种能力。她要求该幼儿园对这种后果负责，赔偿伊迪丝精神伤残费 1000 万美元。

诉状递上之后，在内华达州立刻掀起轩然大波。劳拉三世幼儿园认为这位母亲疯了，一些家长也认为她有点小题大做，她的律师也不赞同她的做法，认为这场官司是浪费精力。然而，这位母亲坚持要把这场官司打下去，哪怕倾家荡产，因为她认为幼儿园剪掉了伊迪丝的一只翅膀，一只想象的翅膀。

读了这个故事，你有什么感想？你认为这位母亲会胜诉吗？

学习目标

▶ 知识目标

1. 了解想象的概念、分类。
2. 理解学前儿童想象发展的年龄特点。
3. 掌握学前儿童想象力的培养方法。

1. 学会分析学前儿童想象发展的特点。

2. 学会测评学前儿童想象的发展状况。

3. 能初步设计促进学前儿童想象力发展的活动方案。

4. 能运用有效策略促进学前儿童想象力的发展。

▶ 素质目标

1. 树立以人为本的职业理念，关爱婴幼儿，尊重他们的想象成果。

2. 具有大胆想象、积极探索的心理品质，不断攀登科学高峰。

思维导图

想象概述 —— 什么是想象 —— 想象的概念 / 想象的加工方式

想象概述 —— 想象的分类 —— 无意想象 / 有意想象

学前儿童的想象

学前儿童想象的发生与发展 —— 学前儿童想象的发生 / 学前儿童想象的发展 —— 0—3 岁前儿童想象发展的特点 / 3—6 岁学前儿童想象发展的特点

学前儿童想象力的培养 ——
- 丰富学前儿童的感性经验，发展学前儿童的语言
- 保护学前儿童的好奇心，创造学前儿童想象发展的条件
- 在游戏中，鼓励和引导学前儿童大胆想象
- 在文学艺术等各种活动中提高学前儿童的想象力
- 抓住日常生活的教育契机，引导学前儿童进行想象
- 引导学前儿童的想象符合客观规律

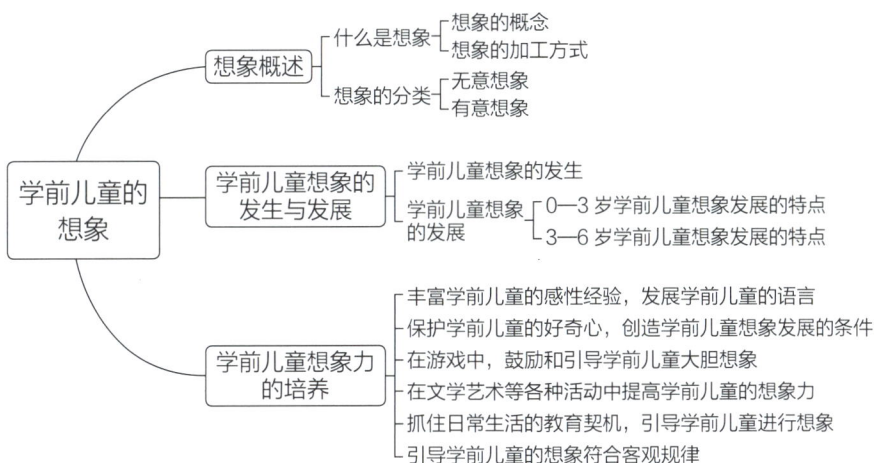

任务一 想象概述

一、什么是想象

（一）想象的概念

想象是指对人脑中已有表象进行加工改造，创造出新形象的心理过程。这是一种高级的、复杂的认知活动，是人类所特有的。例如，人们在听广播、看小说时，在头脑中呈现出的各种各样的情景、人物形象；作家根据生活体验，创造出作品新

形象；幼儿根据教师、家长讲的故事，脑海中呈现出故事中的人物或动物的形象。这些根据别人的介绍，或者根据自己已有的知识经验，在头脑中形成的形象都是想象活动的结果。

（二）想象的加工方式

想象的加工包括以下四种方式。

1. 黏合

黏合是指把两种或两种以上本无关系的客观事物的属性和特征结合在一起，构成新形象。通过这种方式，人们创作了许多童话、神话中的形象，如"美人鱼"是人和鱼的黏合，"飞马"是马和鸟的黏合，等等。

2. 夸张与强调

夸张与强调是改变事物的正常特征，使事物的某一部分或某一种特性增大、缩小、数量增多等，从而在头脑中形成新形象的过程。例如，"千手观音"是对手的数量进行夸张，"九头鸟"是对头的数量进行夸张，"巨人国"和"小人国"是在人的大小方面进行夸张等。

3. 典型化

典型化是根据一类事物的共同特征创造新形象。例如，鲁迅笔下的孔乙己，就是一类知识分子的典型形象，他并不是某一个人，而是将这一类人的特征集中在一个人身上。

4. 人格化

人格化就是把人类的形象和特征加在外界客观对象上，从而形成新形象的过程。例如，童话的"龙王""花仙""青蛙王子"等都是采用拟人化的处理。

二、想象的分类

（一）无意想象

无意想象也称不随意想象，是一种没有预定目的、不自觉的想象。如看到天上的白云，人们会将其想象成绵羊、棉花糖等。无意想象是最简单、最初级形式的想象，也是学前儿童想象的典型形式。

梦是无意想象的一种极端形式的表现，是人们在睡眠状态下一种无目的、不由自主的想象。在梦中，人们的心理活动不受意识的控制，因而梦中出现的形象或它们之间的联系有时虽然荒诞离奇，似乎离现实很远，但其实构成梦境的一切素材都是做梦者曾经经历过的事物，是对已有表象进行加工改造重新组合成的新形象，依然是对客观现实的反映。

拓展阅读

什么是梦境

在生活中的每一个平常的夜晚，你都会进入到另外一个世界，这就是梦境。在过去，梦境是哲学家、通灵者和心理分析师才去触及的领域，而现在梦境已经成为科学工作者们一个极其重要的研究领域。然而，梦境的实质究竟是什么，学者们还存在着争论。

精神分析学派的代表人物弗洛伊德和荣格认为梦是潜意识过程的显现，是通向潜意识的最可靠的路径。或者说，梦是被压抑的潜意识冲动和愿望以改变的形式出现在意识中，这些冲动和愿望主要是人的性本能和攻击本能的反映。

霍布森从生理学的观点出发，认为梦的本质是我们对脑的随机神经活动的主观体验，这种神经活动完全没有逻辑联系，也不存在任何内在的含义。

（二）有意想象

有意想象也叫随意想象，是根据一定目、自觉进行的想象。有意想象是有计划的想象。人们在实践活动中，为完成某项活动任务所进行的想象，都是有意想象。如小说中人物的塑造，音乐、美术的创作过程等，都必须进行有意图、有步骤的想象。

根据想象内容的新颖程度和形成方式的不同，可以分为再造想象、创造想象和幻想。

1. 再造想象

再造想象是根据语言的表述或图形、图解、符号、模型等非语言的描绘，在头脑中形成有关事物的形象的想象。例如，教师在给幼儿讲《白雪公主》的故事时，幼儿头脑中会"再造"出白雪公主和七个小矮人的形象。

2. 创造想象

创造想象是根据一定的目的、任务，在头脑中独立地创造出新形象的心理过程。创造想象具有首创性、独特性、新颖性等特点。例如，幼儿想象太阳能够播种，在全世界种太阳就没有寒冷的地方了。

3. 幻想

幻想是创造想象的特殊形式，是指向未来，并与个人愿望相联系的想象。幻想是介于再造想象和创造想象中间的一种想象。幻想的形象是人们希望所寄托的东西，如男孩子想象着自己将来当警察、宇航员等，女孩子想象着自己将来当演员、设计师等。

根据想象的现实程度，幻想可以分为科学幻想、理想和空想。科学幻想是超现实但有较强的现实依据，表现为科学技术远景或社会发展的艺术形式，如古人曾幻想千里眼、顺风耳，这种幻想推动人们发明了望远镜与电话；理想是符合客观发展规律，经过努力能够实现的幻想，它是一种积极的幻想，如儿童长大想成为医生、教师、律师等；空想是违背客观发展规律，不能实现的幻想，它是一种消极的幻想，如有的人整日好吃懒做、无所用心，却幻想着一夜暴富、万人景仰，其结果只能是浪费时光。

一个没有幻想的人是没有创造性和进取心的，而一个缺乏梦想的民族是没有未来的。我们尊重儿童的幻想，就是尊重他们的梦想。几乎每个儿童都有自己的梦想，梦想是儿童对自己未来美好的憧憬。教师要鼓励儿童敢于幻想、善于幻想的品质，发现他们的闪光点，让他们从小就能进行积极的幻想，并为实现自己的幻想而努力。

🐦 回溯过往

钱学森小时候的故事

任务二　学前儿童想象的发生与发展

一、学前儿童想象的发生

想象活动的开展与儿童的大脑皮质的成熟程度有关。当大脑皮质形成新的暂时性的联结的时候，想象就具有了发展的生理基础。在 1.5—2 岁的时候，儿童想象力开始出现萌芽，主要表现在动作和语言发展方面。在游戏活动中，儿童会自觉地应用到生活中所获取的经验，这就是想象的萌芽。比如，当儿童唱着儿歌哄娃娃睡觉的时候，他在头脑当中就会想象到自己在睡觉的时候父母做的事情。然而儿童的活动并不是其父母活动的简单重复，而是在此基础上所进行的再加工，他需要在假想的状态下，用已有的玩具呈现出来。当儿童能够用语言表达自己的想象活动时，成人就可以从客观的视角观察儿童想象的发生与发展。比如，一位小朋友骑在椅子上，用脚辅助向前移动，边移动边说："驾，驾，快点跑！"看到爸爸坐在前面，就说："爸爸，闪一边，我在骑马。"这种象征性游戏，就是想象的表现之一。

二、学前儿童想象的发展

（一）0—3 岁学前儿童想象发展的特点

1.5—2 岁儿童的想象是一种类似于情形的记忆再现或联想，主要是通过动作和语言表现出来。比如，一名儿童生病了，医生给他打了针，回到家后，儿童在游戏时便模仿医生给娃娃打针、吃药。儿童这种在游戏中模仿日常生活情形的行为，就说明他已经具备了想象的成分。

儿童最初的想象，可以说是记忆材料的简单迁移，表现为以下特点。

1. 记忆表象在新情境下的复活

2 岁左右儿童的想象，基本是完全重复自己感知过的情景，只不过是在新的情景条件下的表现。比如，儿童看见大人抱小娃娃，他就会去抱玩具娃娃。

2. 简单的相似联想

最早的想象是完全依靠事物外在的相似性而把事物的形象联系在一起的，例如，一个 2 岁左右的儿童正在吃饼干，忽然，他停止咀嚼，对着手中被他咬了一块的圆饼干看了片刻，然后把它高高举起来，并高兴地喊着："妈妈！看！月亮！"

3. 无情节的组合

儿童最早的想象仅是以一物代替一物的简单替代行为。比如，从生活中有了把小男孩称作"小弟弟"的经验后，在想象中就把玩具娃娃代替为小弟弟。而这种代替没有太多想象的情节在其中，很少甚至没把已有经验的情节成分重新组合。

（二）3—6 岁学前儿童想象发展的特点

1. 无意想象为主，有意想象开始发展

（1）幼儿无意想象的特点

无意想象是最简单、最初级的想象。幼儿以无意想象为主，具体表现为以下几个方面。

①想象的目的性不明确，由外界刺激物直接引起。幼儿想象的产生，常常是由外界刺激物直接引起的，想象活动并不指向于一定的目的。例如，幼儿拿起小竹竿，就把它想象成一匹小马，可以进行骑马活动；看见小汽车，就要玩开汽车；看见书包，又想象去当小学生。

②想象的主题不稳定，易受外界的干扰而变化，并且内容零散无系统。年龄较小的幼儿想象的主题不稳定，很容易从一个主题转换到另一个主题，这主要是由他们的直觉行动思维决定的。例如，在游戏中，幼儿一会儿当爸爸，一会儿当老师，看到别人在当服务员，他又跑去当服务员；在绘画中也是如此，一会儿画树，看到别人画兔子，他又去画兔子吃萝卜。

此外，幼儿想象的内容之间不存在有机联系，如在绘画活动中，他会把自己感兴趣的东西都画下来，天马行空，不受时间、空间的约束，也不管物体之间比例的大小，在同一幅画中，有高楼、人物、花、草、高跟鞋，其中高跟鞋画得比楼还高。

他会把这些编成一个故事说出来，尽管在成人听起来有点莫名其妙、不合逻辑。

③满足于想象的过程。幼儿的想象往往不追求达到一定的目的，只满足于想象进行的过程，他们会对有兴趣的内容反复进行想象。例如，幼儿在绘画的过程中，常常在一张纸上画了一样又一样，直到把整张纸画满为止，甚至最后把整张纸都涂满了颜色，口中还念念有词，非常满足。在讲故事时也是如此，幼儿反复听同一个故事依然兴致盎然，而且讲的和听的小朋友都非常投入、津津有味，同时进行想象，并感到极大的满足。但成人一听，并不知道他们在讲什么。

④想象的过程受兴趣和情绪的影响。幼儿在想象的过程中常常表现出很强的兴趣和情绪。情绪高涨时，他们的想象就会非常活跃，不断出现新的想象结果。如在幼儿园，老师表扬了幼儿一次，他会非常高兴，并产生丰富的联想，头脑中浮现出老师喜欢他、不断表扬他的情景。

另外，兴趣也会影响学前儿童的想象。幼儿对感兴趣的游戏和学习，会长时间地去想象，并专注于这个活动；而对不感兴趣的活动，则缺乏想象，往往是消极地应付或远离这项活动。如大班幼儿玩塑料插花，只能玩一会儿就是这个原因。因此，学前儿童想象的方向、想象的结果、想象的丰富程度受其情绪和兴趣的影响较大。

活学活用

跑掉的小兔子

欣欣画了一只小兔子，要求老师来看，老师让他等一会儿，欣欣不高兴地说："那小兔子会跑掉的。"等到老师走过来时，小兔子果真不见了。欣欣说："它跑到树林里去了。"当老师发现欣欣的情绪变化后，就装作非常感兴趣地说："哦，那小兔子跑到树林里干什么去了？采蘑菇吗？一会儿跑回来的时候，记得告诉老师好吗？"欣欣听老师这么一说，马上兴奋起来："它去采蘑菇了，一会儿就会带着好多好多的蘑菇回来了。"说完就开始画起了采蘑菇的小兔子。

分析：幼儿的想象容易受到情绪的影响，在开心的时候，就会思维活跃，表现欲增强；在情绪低落的时候，就会表现出退缩。欣欣在画完小兔子之后，因为没有得到老师的关注，所以情绪变得低落，把小兔子给涂掉了；当听到老师对自己的小兔子感兴趣时，就马上有了精神，继续开始绘画创作。

（2）有意想象的萌芽和发展

学前儿童的想象虽然是以无意想象为主，但有意想象已经开始萌芽，并在教育的引导下逐步发展。

①中班幼儿的想象已具有一定的有意性和目的性。在幼儿园日常教育教学活动中，通过教师对故事前半部分的描述，中班幼儿会根据故事的情节进行有意想象，续编故事。在画画的过程中，中班幼儿也能先想后画，并且按照自己想的去画。这表明中班幼儿已有明确的想象目的，想象的有意性开始发展，想象的内容也日益丰富。

②大班幼儿想象的目的性进一步明确，主题逐渐稳定，而且想象具有一定的独立性。在大班幼儿的绘画活动中，一个5岁多的女孩在绘画之前说："我想画小猫咪"，于是先画了猫头、猫耳朵、猫眼；然后，画了一条地平线，画了些小花和绿草，接着又画小兔子，说："画个小兔子，哎呀！不像！不像！像什么啊？"但这时又突然想起来："小猫咪还没有嘴呢！也没画胡子！"边说边画："小猫咪笑了，胡子翘得老高。"有的幼儿则会连续几天画同一个主题的画，每天都画，毫不厌倦。

◆ 笔记栏

2. 再造想象为主，创造想象开始发展

（1）幼儿再造想象的发展

幼儿主要以再造想象为主，创造想象是在再造想象的基础上逐渐发展起来的。幼儿再造想象依赖于成人的语言描述，常常根据外界情境的变化而变化，想象中的形象多是记忆表象的简单加工，缺乏新异性。实际行动是幼儿再造想象的必要条件，幼儿的再造想象可以分为以下四种类型。

学前儿童再造
想象的类型

①经验性想象。幼儿凭借个人生活经验和个人经历开展想象活动。如中班的超超对冬天的想象："小朋友们在雪地里玩雪，有的在堆雪人，有的在打雪仗，还有的在做雪糕，玩得可开心了！"

②情境性想象。幼儿的想象活动是由画面的整个情境引起的。如大班的涛涛小朋友对寒假充满了想象："坐在火炉边一起吃火锅。"

③愿望性想象。在想象中表露出个人的愿望。如中班的李林非常崇拜老师，就对老师说："我长大后也想和你一样当一名幼儿园老师，可以天天和小朋友一起玩。"

④拟人化想象。把客观物体想象成人，用人的生活、思想、情感、语言等去描述。如小班的乐乐不小心将椅子碰倒了，赶紧将椅子扶起来，并说："对不起，我把你碰倒了，不疼吧？"

（2）幼儿创造想象的发展

幼儿最初的创造想象是无意的自由联想，对原型的改造程度不高。幼儿创造想象的形象与原型只是稍有不同，可以说是模仿，但又不是完全地模仿，如原型的小鱼是不能飞的，幼儿给它添上翅膀、配上脚就能在天上飞、在地上走了。这种最初级的创造，严格来说，还只是创造想象的萌芽或雏形。但随着幼儿年龄的增长，想象情节逐渐丰富，对原型的改造程度不断增大，从原型中发散出来的数量和种类也在不断增加。

3. 幼儿想象的夸张性

（1）想象夸张性的表现

①夸大事物某个部分或某种特征。幼儿在想象中常常把事物的某个部分或某种特征加以夸大。比如，幼儿在画小孩放风筝的图画时，把小孩子的手画得特别长，与身体明显不成比例，因为他认为手长一

学前儿童想象
的夸张性

些更方便放风筝。

②混淆假想与真实。幼儿混淆假想与真实主要表现在三个方面：第一，将自己渴望得到东西当成自己已经得到的东西。比如，一位幼儿非常渴望一个变形金刚，就会对其他小朋友讲述自己家也有一个变形金刚，并可以对变形金刚的大小、颜色、功能等进行描述，就像真的拥有一样，其实这一切都是幼儿想象的。第二，将希望发生的事情当成已经发生的事情。比如，几位小朋友在一起讲自己去旅游的经历，欢欢小朋友就结合自己在电视上看到的天安门形象，向大家讲解起来，并告诉其他小朋友自己去天安门玩，玩得可开心了。第三，在欣赏文艺作品或者参加游戏的时候，容易将故事情境和真实情境混淆。比如，老师和小朋友一起玩"老鹰捉小鸡"的游戏时，一只"小鸡"被"老鹰"捉住了，这位小朋友马上大哭起来："别吃我，别吃我"，并拼命地挣扎，真的担心老师会把他吃掉。

（2）想象夸张性的原因

幼儿想象的夸张性是其心理发展特点的一种反映。主要有以下几方面的原因。

①由于幼儿认知水平尚处于感性认识占优势的阶段，因此往往抓不住事物的本质。

②情绪对想象过程的影响。幼儿的一个显著心理特点是情绪性强。幼儿在参加游戏的过程中，会全身心地投入，因此容易将自己的情绪带入故事情境。

③幼儿想象在认知发展中的地位。幼儿的想象不会完全脱离现实，它需要在记忆的基础上进行加工处理。幼儿在开展想象活动时，容易把想象和自己以往的记忆联系起来，从而将现实和想象混淆。

④想象表现能力的局限。想象总是要通过一定的手段来表现，幼儿想象的夸张与事实不符，往往受其表现能力的限制，这一点在各种造型活动中尤为突出。当幼儿内心希望自己的造型突出某一特性的时候，就会将其显著夸大，从而忽视现实中存在的可能性。

🐦 活学活用

明明是在撒谎吗？

在幼儿园大班语言课上，几位小朋友在一起谈论自己的玩具。明明对小朋友说，在上周爸爸给自己买了一个变形金刚，和自己一样高。变形金刚穿着红色的衣服，额头一闪一闪地放着光，会唱歌，还会变形，可以变成汽车、火箭。明明讲得绘声绘色，别的小朋友听了都羡慕不已。老师在和家长沟通的时候，发现明明的爸爸并没有给他买过变形金刚，不过明明倒是非常希望爸爸能够给自己买一个。

明明把自己的愿望当成了真实发生的事情来给小朋友讲述，他是在撒谎吗？我们应当怎么对待幼儿的这类行为？

分析： 幼儿容易将想象的事物当成真实的，混淆假想与真实的界限，这是幼儿想象的夸张性表现之一。产生这种现象的原因是多方面的：一方面，幼儿的认知水平较低，他们在情绪的作用下，很容易将自己热切盼望的东西当成自己已经拥有的东西来进行讲述，明明在和小朋友谈论的时候，就将自己想要的变形金刚直接当成已经拥有的玩具讲述给其他小朋友；另一方面，幼儿在开展想象的过程中需要联系以往的记忆，从而搞不清楚自己所说的事情哪些是想象，哪些是现实。

面对这种情况，作为教师首先要理解幼儿的行为，不能将其当作说谎来批评；其次教师要利用教育契机来帮助幼儿发展想象力，如在这个活动中，教师可以不仅仅让幼儿谈论自己拥有什么玩具，还可以让幼儿谈论自己希望拥有什么玩具，给幼儿更多想象的发展空间；最后教师要引导幼儿分清想象和现实，如在这个谈话活动中，可以设计一个环节："我想要的和我拥有的"，帮助幼儿有意识地区分想象和现实。

◆ 笔记栏

任务三　学前儿童想象力的培养

一、丰富学前儿童的感性经验，发展学前儿童的语言

想象的基本材料是经历过的感性经验，感性经验的多少决定了学前儿童想象的丰富程度，感性经验的差异也决定了学前儿童想象内容的差异。

知识和经验的积累，是学前儿童想象力发展的基础。因此，在实际教育教学工作中，教师要注意指导儿童多去看世界，多让他们去看、去听、去模仿、去观察。教师可通过参观、旅游等活动开阔儿童的视野，帮助他们积累感性知识、丰富生活经验、增加表象内容，为儿童的想象增加素材。儿童的经历不同，其想象的内容也会有所区别。

语言可以表现想象，学前儿童的语言水平直接影响着想象的发展。儿童在表达自己的想象内容时能进一步激发其想象活动，使想象的内容更加丰富。因此，教师在丰富儿童表象的同时，还要发展儿童的语言能力。例如，通过故事续编、改编诗歌、适时停止故事讲述等形式，鼓励儿童大胆想象，并用语言表达出来；看图时，指导儿童认真观察，鼓励儿童将看到的内容讲述出来；可以在组织儿童春游或秋游之后，让儿童描述游玩中看到的事物、游玩之后的心情；还可以鼓励儿童用绘画、泥工等方式大胆想象和创造，发展儿童的想象力和创造力。

二、保护学前儿童的好奇心，创造学前儿童想象发展的条件

好奇是人的天性，求知是人的本能。好奇、好问是学前儿童与生俱来的特点。例如，在户外活动时，儿童看见天上的飞机，会抬头边看边喊"飞机，飞机"；看到路边的小花，总想去闻闻；看到电灯会亮，总想拆下来看个究竟；看到自然角的小乌龟，会和它说悄悄话。他们不但会有这样或那样的行为，而且会问很多问题，如"我为什么叫这个名字？我从哪里来？电视里为什么有人？"

教师要善于将儿童的好奇心引发为求知欲，多深入儿童的世界，用儿童的眼睛看事物，多和他们交流、多了解他们的想法。当儿童在游戏中遇到困难时，不应该马上告诉他们解决问题的方法，而应该用各种方法启发他们的思维和调动他们的积极性，引导他们自主找到解决问题的方法。

除了要保护儿童的好奇心外，教师也应该经常向儿童提一些引发他们观察、思考、探索的问题，给他们想象的时间和空间。如自然角里有几个在水里的蒜头发了芽，而不在水里的蒜头则没有发芽。这时，老师可以引导儿童进行观察，找到答案后告诉老师。老师再将一些儿童的想法拿出来和所有儿童一起讨论，使每位儿童都有表现自我才能的机会。

三、在游戏中，鼓励和引导学前儿童大胆想象

游戏对学前儿童的身心健康和智力发展具有深刻意义，在游戏中可以锻炼儿童的想象力、创造力、毅力、思维能力、社交能力和体力等。游戏是儿童的主要活动，教师应积极组织、开展各种各样的游戏活动，让儿童以玩具、各种游戏材料代替真实物品，想象故事情节，促进其想象的发展。

在游戏活动中，特别是在角色游戏和建构游戏中，随着扮演的角色和游戏情节的发展变化，幼儿的想象异常活跃。如抱着娃娃时，幼儿不仅把自己想象成"妈妈"，还要想象"妈妈"怎样爱护自己的"孩子"。于是，幼儿一会儿喂娃娃吃饭，一会儿哄娃娃睡觉，一会儿抱娃娃去"医院"看病，一会儿送娃娃去"托儿所"等。幼儿的想象力正是在这种有趣的游戏活动中逐渐发展起来的。游戏的内容越丰富，幼儿的想象就越活跃。因此，教师要积极引导幼儿参与各种游戏。

此外，幼儿进行游戏，总离不开玩具和游戏材料。玩具和游戏材料是引起幼儿想象的物质基础。因此，教师要多为幼儿提供玩具和游戏材料（不一定都是精致、漂亮的玩具，只要安全、卫生即可），鼓励幼儿大胆想象，这同样能起到活跃幼儿想象、促进其发展的作用。例如，智力玩具魔棍、魔方等可以让幼儿独立思考、反复尝试、勇于探索。教师在为儿童选择玩具和游戏材料时，关键看它能否满足儿童想象力的发展，而不在于价格。教师应尽量多地给儿童准备有多种玩法的玩具和游戏材料，引导他们在玩法上进行创新，鼓励儿童大胆想象，创编出更多、更好的玩法。

拓展阅读

活动方案——"走，玩泡沫板"

活动目标：启发幼儿利用泡沫板想出各种各样的玩法，发展幼儿的想象力；培养幼儿协作的能力。

活动准备：泡沫板人手两块，怪物装饰及小动物玩具若干。

活动过程：

（1）请幼儿每人拿两块泡沫板，启发幼儿利用手中泡沫板进行准备活动（幼儿可自己操作）。

汽车开来了（跑步）；大风刮来了（伸展、体转）；小鸟都飞回家了（上肢）；找个地方躲躲雨（下蹲）；太阳出来了，蝴蝶飞来了，我们一起捉蝴蝶（跳跃）。

（2）幼儿充分利用泡沫板活动。

第一步，教师启发幼儿利用手中的泡沫板进行助跑跨跳练习。

我们把泡沫板一块一块接起来放在地上，像什么？（幼儿发挥想象力。）

请个别幼儿示范助跑跨跳，教师引导幼儿说说怎样才跳得高、跳得远。（先跑到河边，勇敢地单腿跳过小河，轻轻落地，就像匹飞马。）

幼儿自己分散练习助跑跨跳。

第二步，启发幼儿想出各种方法玩泡沫板。

幼儿分散玩，教师观察，及时鼓励幼儿积极开动脑筋。

教师请个别幼儿示范自己想出的玩法，幼儿间相互交流。

（3）利用泡沫板组织游戏活动——斗怪物。

小动物被怪物追赶，需要我们的帮助，快想办法（幼儿利用泡沫板想出帮助小动物的方法）。

教师讲解游戏规则：用泡沫板造成围墙，包围怪物，营救小动物，并把小动物送回家（教师提醒幼儿注意保护自己，不弄坏围墙，不让怪物逃走）。

四、在文学艺术等各种活动中提高学前儿童的想象力

教师应积极组织、开展各种创造性活动，给儿童留有充分想象、创造的空间，为儿童提供丰富多彩的表现想象力、创造力的机会。有目的、有计划地训练，是提高儿童想象力的重要措施。

幼儿想象力的发展离不开语言活动。想象是大脑对客观世界的反映，需要经过分析综合的复杂过程。这一过程和语言思维的关系非常密切，通过言语，幼儿得到间接知识，丰富想象的内容，幼儿也能通过言语表达自己的想象。在给幼儿讲故事的时候，教师可以通过诱导启发式提问，开拓幼儿的想象力。如在学习故事《小鼹鼠要回家》时，小鼹鼠克拉在外面蹦蹦跳跳地玩，结果迷路了，怎么办呢？在教

师的诱导下，幼儿争先恐后地为小鼹鼠想办法，有的说小鼹鼠可以找警察叔叔，有的说小鼹鼠可以拨打110，有的则说搭辆出租车吧，还有的说给爸爸打个电话就行了……幼儿各抒己见，展开了丰富的想象，其想象力也就得到了不同程度的发展。

美术活动更能为幼儿的想象插上理想的翅膀。特别是意愿画，可以无拘无束地发挥幼儿的想象力，构思出奇特、新颖的作品。教学过程中教师要激发幼儿的灵感，放飞幼儿的想象，点燃幼儿创造的火花，鼓励幼儿大胆作画，让幼儿充分发挥自己的想象力创造出优秀的作品来。如画意愿画《梦》的时候，有个小朋友画上了月亮还有星星，并且画得月亮有个大缺口，说是月亮又不像月亮，说是星星又没有棱角，老师就问他："你怎么把月亮画成这个样子啊？能告诉老师是为什么吗？"小朋友受到鼓励，表达了自己的想象："我奶奶说，天狗吃月亮，从这儿咬了一口。"小朋友边说边得意地指着缺口。老师恍然大悟，及时地表扬了这个小朋友，并用稚趣的故事讲述了月食形成的过程。

音乐舞蹈活动也是培养幼儿想象力的重要手段。通过对音乐舞蹈的感受，幼儿可以运用自己的想象去理解所塑造的艺术形象，然后运用自己的创造性思维去表达艺术形象。如在一次音乐欣赏活动中，老师播放了一段音乐让孩子们去听、去想、去思考。当老师播放激昂的进行曲时，孩子们会雄赳赳、气昂昂地大踏步前进，还说自己是小海军；当老师播放一段舒缓的轻音乐时，孩子们表现得很安静，有的孩子说："老师，我做了个梦，梦见自己变成了一只蝴蝶在花丛中飞，我好美啊！"在优美的音乐中，儿童的情绪受到感染，想象力得到了尽情地发挥。

此外，成人要给幼儿充分的想象自由，培养他们敢想、多想的创新精神。在日常生活、教学活动和游戏活动中，成人应鼓励幼儿积极动脑、自由畅想，并且当幼儿的想象具有新颖性、独创性时，及时地给予鼓励和表扬。

五、抓住日常生活的教育契机，引导学前儿童进行想象

学前儿童喜欢想象，可以说他们一半生活在现实世界，一半生活在想象世界。这与他们的身心发展特点是分不开的。因为幼儿的生活经验较少，实际生活能力不足，所以喜欢利用想象的手段来满足自己的愿望。作为成人，也应当利用生活中的教育契机来引导幼儿开展想象活动，从而提高他们想象的有意性和创造性。

幼儿的想象力素材主要来源于生活经验。因此生活中反复出现的人、物、事件就会在幼儿的头脑中形成记忆表象，为想象活动的开展奠定基础。在日常生活中要丰富幼儿的经验，让他们了解到生活中的各种事件的流程，以便于日后开展更高级的想象活动。比如，在幼儿去动物园游玩的时候，家长可以引导幼儿对动物的活动进行观察，并想象一下它们为什么会有这些活动。通过想象，幼儿会对动物的活动更加感兴趣，也会在以后的绘画、谈话、游戏等活动中有更多的感性经验。

六、引导学前儿童的想象符合客观规律

幼儿经常将想象和现实混淆，成人针对幼儿进行教育的时候，要引导他们分清楚什么是真实，什么是想象。在观看动画片的时候，有一些危险的动作，不能让幼儿盲目地进行模仿，减少想象的夸张性。在《喜羊羊和灰太狼》的动画片中，常常会有一些增强艺术效果的画面。比如，喜羊羊抓住灰太狼后，将它放在大炮里，发射出去。灰太狼被射出去的一刻，大喊："我一定会回来的！"家长就可以引导："灰太狼被射到哪里呢？它后来还会干什么呢？如果在现实生活中，将一个人发射出去，他还能不能活呀？"从而在引导幼儿大胆想象的基础上，认清楚现实和想象的区别，以防其机械地模仿动画片中的危险动作。

因为幼儿经验的匮乏，他们想象的事物和客观规律相距甚远。如果成人有目的地引导幼儿，就可以提高想象的客观性，为将来学习中的想象提供支持。在大班"给小鱼盖房子"的活动中，教师首先引导幼儿想象："我们要在水里给小鱼建一个家，小鱼喜欢什么样的房子？"幼儿根据自己的经验展开想象，为小鱼设计了吃饭、休息、玩耍的各种场景。其中一些设计并不符合小鱼的生活习性。比如，佳佳小朋友就希望在水里面搭一个秋千，让小鱼荡秋千。老师就问佳佳："小鱼荡秋千的时候，是什么样子？你见过小鱼荡秋千吗？"让她从生活实际的角度去思考问题，那样会影响小鱼在水里游动，还会给它带来危险，从而决定不设置秋千。

🐦 回溯过往

中国人的"飞天梦"

✎ 实训实践

实训一　学前儿童想象力的培养实训活动

1.实训目的：在具体的幼儿园活动中，根据幼儿的需要，为他们提供活动指导，提高幼儿的想象力。

2.实训内容：根据给定的活动场景，设计一个活动指导方案。

3.实训要求：

（1）根据幼儿想象力发展的特点对幼儿园活动场景进行分析。

（2）设计活动指导方案，有效利用教育契机，引导幼儿想象力发展。

附：场景设定

一场大雪过后，天气转晴，李老师带着小朋友在户外玩耍。这个时候，李老师看到积雪在太阳的照耀下开始融化。为了培养幼儿的观察能力，李老师问："大家想一想，雪融化了会变成什么？"然而小朋友并没有按照他所预定的方案进行回答。"雪融化了变成了水""雪融化了变成了气""雪融化了变成了春天""雪融化了变成了小草""雪融化了变成了花朵"……幼儿的答案越来越离奇。

如果是你，你会怎么看待幼儿五花八门的答案？你会怎么对幼儿进行引导？

活动指导方案：

实训二　幼儿园教师资格考试（面试）结构化试题模拟训练

1.磊磊妈妈很苦恼地对你说："磊磊都快 4 岁了，每次玩插塑，不是事先想好再插，而是插出来什么就是什么。"你怎么办？

2.张老师今天穿了一件很夸张的带有大象图案的花格子衣服，晓红很害怕，躲到你的身后，你怎么办？

真题汇集

项目六在线测验题

项目六【真题汇集】
（含参考答案）

学前儿童的思维

情景导入

琳琳，女，今年3岁半。有一天，妈妈带她去姑姑家玩，见到了姑姑家的小姐姐佳佳。在客厅玩的时候，琳琳妈妈对佳佳说："佳佳，你长得可真甜。"琳琳看了看佳佳，然后转头对妈妈说："妈妈，你舔过佳佳吗？"妈妈一头雾水，疑惑地回答道："没有啊！""那你没有舔过，怎么知道佳佳姐姐是甜的呢？"听琳琳这么一说，在场的人都忍不住乐得哈哈大笑起来。

琳琳为什么会有这样有趣的想法呢？幼儿的思维发展还有哪些有趣的特点呢？

学习目标

▶ **知识目标**

1. 了解思维的特征和种类。
2. 理解学前儿童思维发展的特点和趋势。
3. 掌握培养学前儿童思维能力的方法。

▶ **能力目标**

1. 学会分析学前儿童思维发展的特点与趋势。
2. 学会测评学前儿童思维发展的水平。
3. 能初步设计促进学前儿童思维发展的活动方案。
4. 能运用有效策略促进学前儿童思维的发展。

思维导图

学前儿童的思维
- 思维概述
  - 什么是思维
    - 思维的概念
    - 思维的特性
  - 思维的种类
    - 根据思维的发展水平分类
    - 根据思维探索答案的方向不同分类
    - 根据思维的创造性程度分类
  - 思维的过程
    - 分析与综合
    - 比较与分类
    - 抽象与概括
    - 系统化与具体化
  - 思维的基本形式
    - 概念
    - 判断和推理
- 学前儿童思维的发生与发展
  - 学前儿童思维的发生
  - 学前儿童思维的发展
    - 学前儿童思维发展的一般特点
    - 学前儿童思维过程的发展
    - 学前儿童思维形式的发展
    - 学前儿童理解能力的发展
- 学前儿童思维的培养
  - 激发学前儿童的好奇心和求知欲
  - 丰富学前儿童的感性知识经验
  - 发展学前儿童的言语能力
  - 在游戏中培养和发展学前儿童的思维能力

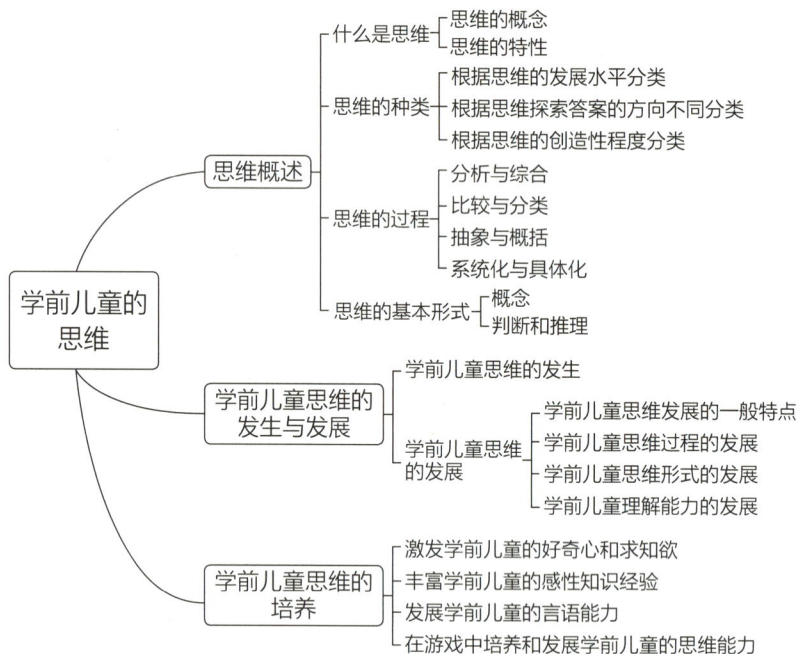

任务一　思维概述

一、什么是思维

（一）思维的概念

思维是人脑对客观现实间接和概括的反映，是人认识的高级阶段。在日常生活中，人们经常说到的"考虑""思考""想一想"等，都是指思维活动。

思维与感知觉一样都是人最基本的心理过程，是人脑对客观事物的反映。但是，感知觉是客观事物直接作用于感觉器官时的反映，反映的是事物的外部特征和外部联系，属于认识活动的低级阶段。思维则是对事物本质特征及内在规律间接、概括的反映，属于认识活动的高级阶段。

（二）思维的特性

1. 间接性

思维的间接性是指人们能借助已有的知识经验或其他媒介来认识客观事物。表现为人能借助于已有的知识经验，来理解和认识另一些没有被感知或不可能被感知的事物、事物间的关系及事物发展的进程。例如，医生通过看化验单诊断病情；教师通过儿童的表现分析儿童的发展状况并据此制订教学计划；人们通过观察动物的行为预测地震等，这些都体现了思维的间接性。思维的间接性使人们可以了解过去、推测未来，超越感知觉提供的信息，揭露事物的本质规律，从而获得认识能力的发展。

2. 概括性

思维的概括性是指人们能在大量感性材料的基础上，把同一类事物的共同特征和规律抽取出来，总结成本质的、一般的规律和特征。表现为思维反映的是一类事物所具有的共性，反映的是事物之间普遍的、必然的联系。例如，当儿童看到一只麻雀，父母告诉他这是鸟；看到一只大雁，又说这是鸟……如此反复，儿童会逐渐概括出鸟这一概念的特征：会飞、有羽毛等。任何科学概念、定理及规律、法则等都是通过概括得出的结论。例如，植物生长需要水分，这不仅指树、草，更指所有的植物，是从各种植物的生长条件中分析、概括而来的。思维的概括性使人们的认识活动摆脱了具体事物的局限性和对事物的直接依赖关系，极大地增加了人们的认识广度和深度。

二、思维的种类

（一）根据思维的发展水平分类

1. 直观行动思维

直观行动思维是指以直观的、行动的方式进行的思维。这种思维更多依赖于一定的具体情境，以及对具体事物的直接感知和对动作的概括。例如，儿童搭建积木；用小棒刺激抓到的小虫，看它有何反应等，这些都属于这种思维。

2. 具体形象思维

具体形象思维是指儿童依靠事物在头脑中的具体形象进行的思维。例如，在创设幼儿园室内环境时，先在头脑中考虑墙面的布置、房顶的设计和地面的摆设等，完成这些任务都需要形象思维。

3. 抽象逻辑思维

抽象逻辑思维是指运用概念，根据事物的逻辑关系进行的思维。例如，当我们思考冬天天气为什么会变冷，为什么每天都有白天和黑夜等问题时，都需要运用抽象逻辑思维。抽象逻辑思维是借助言语进行的思维，属于人类思维的核心形态，是人与动物思维水平的根本差异。

（二）根据思维探索答案的方向不同分类

1. 集中思维

集中思维又称聚合思维、求同思维，是把问题所提供的各种信息集中起来，得出一个正确的或最好的答案的思维。例如，在解决一个问题时，先将众人的意见综合起来，然后形成一个最佳的解决方案。集中思维的主要功能是求同。

2. 发散思维

发散思维又称求异思维、辐射思维，是从一个目标出发，沿着各种不同途径寻找各种答案的思维。例如，幼儿给同一个故事取不同的名字，或根据同一个故事的开头编出不同的结尾。发散思维的主要功能是求异。

拓展阅读

发散思维的特征

美国心理学家乔伊·保罗·吉尔福特（Joy Paul Guilford）认为，由发散思维所表现出来的行为，代表一个人的创造力，这种能力具备以下三种特征。

1. 流畅性，指一般创造力高的人，智力活动少阻滞、多流畅，能在短时间内表达出数量较多的观念，亦即反应迅速而众多，强调的是单位时间内发散项目的数量。比如在规定时间内写出所有偏旁为"氵"的汉字，写出汉字越多，说明流畅性越好。

2. 变通性，指具有创造能力的人，其思维能变化多端，举一反三，闻一知十，触类旁通，不易受功能固着、定势等作用的影响，强调的是发散项目的范围或者维度，范围越大，维度越多，变通性就越好。

3. 独创性（独特性），指对问题能提出超乎寻常的独特、新颖的见解。例如，吉尔福特给被试者提供一段故事情节，要求他们想一个恰当的题目，题目愈奇特愈好。

（三）根据思维的创造性程度分类

1. 常规思维

常规思维是指人们运用已获得的知识经验，按照惯常的方式解决问题的思维。学生运用已学会的公式解决同一类型的问题就属于常规思维。这种思维的创造性水平低，对原有知识不需要进行明显的改组，也没有创造出新的思维成果。

2. 创造性思维

创造性思维是指以新异、独创的方式解决问题的思维。幼儿园小朋友创编或改编故事等，都需要创造性思维。创造性思维是人类思维的高级形态，是智力的高级表现。教师要注意培养儿童的创造性思维，鼓励儿童敢于说出自己的想法，养成独立思考的习惯。

三、思维的过程

（一）分析与综合

分析是指在头脑中把事物的整体分解成若干属性、组成部分、方面、要素、发展阶段，而分别加以思考的过程。综合是指在头脑中把事物的组成部分、方面、要素和发展阶段等按照一定关系组合成为一个整体进行思考的过程。例如，把植物分解为根、茎、叶、花、果实、种子认识，是分析的过程；相反把根、茎、叶、花、果实、种子组成整株植物加以思考，就是综合的过程。思维过程的基本操作是分析和综合。分析，反映事物的要素；综合，反映事物的整体。分析与综合的方向看似相反，但深刻的思维既需要深入分析，又需要高度综合。

（二）比较与分类

比较是指在头脑中确定事物之间的共同点和差异点的过程。例如，教师通过引导学生比较菱形和矩形的异同点，使学生掌握菱形和矩形的概念。分类是根据某一特征将物体组织起来，便于人们整体识别或记忆这些物体的思维过程。分类是在比较的基础上进行的，如通过比较图形之间的异同，把四边相等的四边形归为一类，把四角相等的四边形归为另一类。

（三）抽象与概括

抽象是指在头脑中把握一些事物共同的本质属性，舍弃其非本质属性的过程。概括是指在头脑中把从同类事物中抽取出来的共同本质属性结合起来，并推广到同类其他事物中的思维过程。例如，舍弃图形大小、宽窄比例等非本质特征，只抽取出四角相等或四边相等的本质特征，把四角相等的四边形概括为矩形，把四边相等的四边形概括为菱形。学前儿童的概括能力早期处于动作水平，随后发展到形象水平，后期开始向本质抽象水平提升。

（四）系统化与具体化

系统化是指把学到的知识分门别类地按照一定的结构组成层次分明的整体系统的思维过程。具体化是指把概括出来的一般认识推广运用到同类其他事物中去的思维过程。例如，学生用菱形的一般概念判断某一具体四边形是否属于菱形，或者把有关菱形的定理、特点应用于某一具体菱形的思维过程。

上述思维过程彼此之间并不是截然分开的，而是在实际解决问题的过程中相互联系、相互统一的。

四、思维的基本形式

（一）概念

概念是人脑反映事物本质属性的思维形式。例如，"玩具"这个概念，它反映了皮球、娃娃等供人们玩的物品所共同具有的本质属性，而不涉及他们彼此不同的具体特性。每个概念都有一定的内涵和外延。内涵即含义，是指概念所反映的事物的本质属性特征，外延是指属于这一概念的一切事物。例如，"平面三角形"这个概念的内涵是平面上三条直线围绕而形成的封闭图形；外延是直角三角形、锐角三角形和钝角三角形。概念的内涵和外延成反比关系，内涵小，则外延大；内涵大，则外延小。随着人类知识经验的积累，概念的内涵和外延会有所改变。

（二）判断和推理

判断是肯定或否定某种东西的存在，或指明某种事物是否具有某种性质的思维形式，如"鲸不是鱼""鱼会游泳"等。思维过程要借助于判断去进行，思维的结果也以判断的形式表现。

推理是从已知的判断（前提）推出新的判断（结论）的思维形式。推理分为归纳推理、演绎推理和类比推理。归纳推理是从个别到一般的推理；演绎推理是从一般到个别的推理；类比推理是对事物之间关系的反映。

概念、判断和推理是相互联系的。概念是判断和推理的基础，概念的形成要借助判断和推理。判断是推理的基础，判断本身又是通过推理获得的。概念、判断与推理是思维的三种基本形式，任何思想都是通过概念、判断和推理这三种思维形式得以表现的。

任务二　学前儿童思维的发生与发展

一、学前儿童思维的发生

儿童的思维发生在感知、记忆等认识过程之后，与言语发生的时间相同，即2岁左右，其发生的标志是出现最初的语词概括。2岁以前，是思维发生的准备时期。儿童的思维处于人类思维发展的低级阶段，它具有思维的本质特点，但抽象概括水平很低。

儿童概括的发生发展可以分为三个阶段：第一阶段，直观的概括——感知水平的概括，婴儿最初是对事物最鲜明、最突出的外部特征（主要是颜色特征）进行概括。第二阶段，动作的概括——表象水平的概括，儿童学会了用物体进行各种动作，逐渐掌握各种物体的用途。第三阶段，语词的概括——思维水平的概括，2岁左右出现语词的概括，儿童开始能够按照物体的某些比较稳定的主要特征进行概括，舍弃那些可变的次要特征。

二、学前儿童思维的发展

（一）学前儿童思维发展的一般特点

1. 直观行动思维——3岁以前的主要思维方式

学前儿童最早出现的思维是直观行动思维，与直接感知和自身活动分不开，即学前儿童的思维是在摆弄具体事物或玩玩具的活动过程中发展的。因此，学前儿童只能考虑自己动作时所接触的事物，在动作中进行思考，而不能计划自己的动作和预见动作的效果。活动一旦停止或转移，其思维活动也就停止或转移。例如，小孩子离开玩具就不会玩儿游戏，玩具一变，游戏马上终止，该现象就是这种思维特点的表现。

思维的直观行动性是思维发生阶段的主要特点。3岁前的思维主要是直观行动思维。3岁后，直观行动思维继续发展，并且发生质的变化。

活学活用

委屈的豆豆

3岁多的豆豆和妹妹一起玩积木。原来很开心的两个人，因为一块积木争抢起来，情急之下豆豆一把推开了妹妹，抢过积木。妹妹没站稳跌倒在地上，哭了起来。豆豆见妹妹哭了，也委屈地大哭起来。妈妈见了赶紧过来安慰两个人，并对豆豆说："你是姐姐要让着妹妹，怎么能推妹妹呢？"豆豆听了更委屈了，哭声也更大了。妈妈的做法对吗？如果是你，你怎么处理呢？

分析： 儿童最早的思维不是依靠语言，而是依靠动作进行的。豆豆可能是直接或间接经历过推开对方就能达到自己目的的事件，所以她的思维中就形成了这样的概念：只要推开妹妹，积木就是我的了。其实，她真正想表达的是：我想要那块积木。只是她的年龄和心理认知经验还不足以让她通过语言的形式表达她的想法，所以她采取了她认为最有效的方式：推开妹妹。包括后面听了妈妈的话，豆豆觉得委屈，但不会表达，所以还是以动作的形式（哭）直接表达了出来。建议妈妈可以提前准备足够两人玩的玩具，避免争抢。也可以用其他她们感兴趣的玩具转移她们的注意力。但最好的办法是教会她们遇到这样的情况自己应该如何处理。3岁多的孩子已经具备一定的语言表达和简单的逻辑思维能力，可以让豆豆和妹妹商量，如"我想要这块儿积木，可以给我吗？""我可以用别的什么换这块儿积木吗？"，或者"一个人先用，另一个再用"等。只有教会孩子自己解决问题的办法，家长才不会像"救火员"那样随时准备解决问题。

2. 具体形象思维——3—6岁幼儿思维的主要形式

思维的具体形象性是在直观行动性的基础上形成和发展起来的。3—6岁幼儿更多的是运用具体形象思维解决问题。这一阶段的幼儿在开展游戏活动、扮演各种角

学前儿童具体形象思维的特点

色、遵守规则时，主要依靠头脑中有关角色、规则和行为方式的表象；听故事时，他们是依靠头脑中关于故事人物及其言行的具体形象理解故事的。具体形象思维是3—6岁幼儿思维的主要方式，主要表现出具体性、形象性、经验性、拟人性、表面性、固定性的特点。

（1）具体性

具体性是指学前儿童思维的内容是具体的。幼儿在思考问题时，总是借助于具体事物或具体事物的表象。幼儿容易掌握那些代表实际东西的概念，不容易掌握比较抽象的概念。例如，幼儿较容易掌握"花""草""树"等概念，却难掌握抽象性较高的"植物"概念。

（2）形象性

形象性表现为学前儿童依靠事物在头脑中的形象进行思维。例如，兔子总是"小白兔"，猪总是"大肥猪"；幼儿认为奶奶总是白头发的，爷爷总是长着白胡子，穿军装的才是解放军等。

（3）经验性

学前儿童的思维是根据自己的生活经验进行的。例如，幼儿把热水倒入鱼缸中，问他为什么时，他说老师说了，喝热水对身体好，小鱼也应该喝热水。

（4）拟人性

学前儿童往往把动物或一些物体当作人对待。他们会把自己的行动经验和思想感情附加到小动物或玩具身上，并与它们交谈。幼儿常常会提出许多拟人化的问题，如"冬天来了，春天去哪里了？""月亮飞得高，还是星星飞得高？"等。

拓展阅读

泛灵论

皮亚杰在研究儿童思维过程中发现，儿童在心理发展的某些阶段存在着泛灵论的特征。儿童把无生命的物体看作是有生命的，主要表现在认识对象和解释因果关系两方面。

随着年龄增长，泛灵观念的范围会逐渐缩小。

4—6岁的儿童自我为中心的思维特点是常常由己推人，把一切事物都看成和人一样是有生命的、有意识的、活的东西，常把玩具当作伙伴与它们游戏、交谈。

6—8岁儿童把有生命的范围限制在能活动的事物上。

8岁以后开始把有生命的范围限于自己能活动的东西。

皮亚杰认为，前运算期的儿童处于主观世界与物质宇宙尚未分化的混沌状态，缺乏必要的知识，对事物之间的物理因果关系和逻辑因果关系一无所知，所以思维常是泛灵论的。

（5）表面性

学前儿童的思维只是根据具体接触到的表面现象进行的，往往只是反映事物的表面联系，而不是事物的本质联系。因此，学前儿童的思维常常具有片面性。例如，给幼儿出示两个一样大小的橡皮泥球，让他们确认是一样大小。然后，老师把其中的一个泥球变成长条，这时，幼儿就认为这两块橡皮泥不一样大了。

（6）固定性

思维的固定性使学前儿童的思维缺乏灵活性。学前儿童比较难掌握相对性的概念，如他们很难回答"小华比小贝高，小东比小贝矮，谁最高？谁最矮？"的问题。在日常生活中，幼儿常常"认死理"，如两个小朋友在抢一个玩具，教师拿出一个同样的玩具，让他们各玩一个，幼儿往往一时转不过来，谁都执意要原来那一个。

3.抽象逻辑思维开始萌芽

抽象逻辑思维是利用抽象的概念或词，根据事物本身的逻辑关系解决问题的思维。幼儿期，特别是5岁以后，明显地出现了抽象逻辑思维的萌芽。这具体表现在分析、综合、比较、概括等思维基本过程的发展，概念的掌握、判断和推理的形成，以及理解能力的发展等方面。

学前儿童思维发展的整体趋势如图7-1所示。总的来说，学前儿童思维以具体形象性为主，抽象逻辑性开始萌芽。直观行动思维发展得最早，在整个学前期虽然还在继续发展，但以幼儿初期最为突出。幼儿中期具体形象思维发展最为迅速，4岁左右增长最快，成为学前儿童思维的主要形式。5—6岁抽象逻辑思维开始萌芽、发展。学前儿童的思维结构，是思维过程中抽象概括水平从低级向高级发展的不同表现，它们在一定条件下相互联系、相互配合、相互补充。

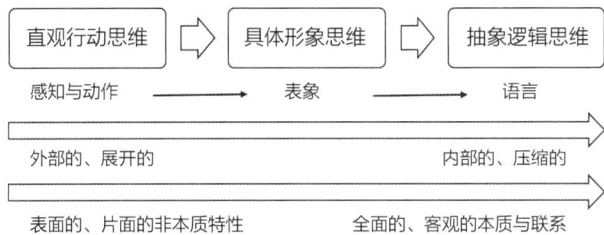

图7-1　学前儿童思维发展的整体趋势

（二）学前儿童思维过程的发展

1.学前儿童分析与综合的发展

幼儿在不同的认知阶段，分析与综合能力达到不同的水平。对事物感知形象的分析与综合，是感知水平的分析综合。随着语言在幼儿认知中的作用增加，分析综合过程开始借助语言工具进行。例如，在认识西红柿的活动中，小班幼儿能对西红柿从感觉特性上进行分析，说出西红柿是红的、圆的，吃起来酸等。大班幼儿则能

◆ 笔记栏

从功能特性上分析，说西红柿有营养，能生吃，也能做成酱。实际上，大班幼儿未必经历或感知过西红柿的营养是什么，以及西红柿是怎么做成西红柿酱的等，他们的分析是基于通过语言获得的间接经验。

幼儿还不能把握复杂事物的组成部分，如认识鸟只能从外部特征上认识，还不能从其内部结构上去认识。对于幼儿来讲，分析环节越少，概括就越容易。

2. 学前儿童比较的发展

比较是把各种事物进行对比，并确定它们异同的思维过程。儿童最初是不会比较的，只能从知觉到的最鲜明的特征（如颜色）比较两个事物的异同，不会进行同类比较。4—5 岁时，幼儿逐渐能找出物体的相应部分，并一一对应进行比较。

幼儿的比较是先学会找物体的不同处，后学会找物体的相同处，最后才能学会找物体的相似处。

3. 学前儿童分类能力的发展

分类能力的发展是逻辑思维发展的一个重要标志。

研究发现，4 岁以下儿童基本上不能分类，5—6 岁儿童处于由不会分类向初步分类过渡的时期。4 岁儿童基本上不能对事物进行分类，不能区分物体的特点和属性。5—6 岁儿童多数依据物体的感知特点和情境分类，不能认识物体的内部联系和本质属性。6—7 岁儿童开始突破具体感知和情境的限制，能够以物体的功用及其内在联系进行抽象概括，但对物体本质属性的抽象概括能力还只是在初级阶段。5—6 岁是分类活动有较大变化的年龄阶段。我国学者汪宪钿等研究表明，4—9 岁儿童分类活动的发展顺序为：不能分类—以感知特点分类—以情境分类—以功用分类—以概念分类。

由于幼儿的思维以具体形象思维为主，抽象逻辑思维刚刚萌芽，因此思维典型的抽象与概括、具体化与系统化的过程是表现不出来的，只能表现出低级水平的抽象概括能力。

（三）学前儿童思维形式的发展

1. 对概念的初步掌握

幼儿前期掌握的概念主要是日常的、具体的、熟悉的物体和动作，如帽子、鞋子、电视、汽车，走、跑、拿等。在环境与教育的影响下，幼儿晚期可以掌握一些较为抽象的概念，如勇敢、礼貌等，但掌握的概念还不太稳定，容易受周围环境的影响。

有研究发现，幼儿初期掌握的实物概念主要是他们熟悉的事物。例如，问幼儿"什么是狗？"他会指着画上的狗或玩具说："这是狗。"幼儿中期已能掌握事物某些比较突出的特征，并能由此获得事物的概念。这时幼儿对上面的问题就会回答："狗有四条腿，还长着毛呢！看见小花猫就汪汪叫。"幼儿晚期开始初步掌握某一实物较为本质的特征，如功用的特征或若干特征的总和。他们对上面的问题会回答："狗是看门的""狗可以帮人打猎""狗也是动物""狼狗最厉害"等。

整个学前期，儿童的概念掌握具有两大特点：内涵不精确，只反映事物外部的表面特征，而不能反映事物的本质特征；外延不适当，往往过宽或过窄，如认为家具是用的东西，儿子一定是小孩等。

此外，学前儿童掌握空间概念和数概念的时间都晚于实物概念，而且掌握起来也比较困难。林崇德的研究表明：儿童形成数概念，经历口头数数—给物说数—按数取物—掌握数概念四个发展阶段。

活学活用

什么是动物？

　　老师带孩子们去动物园，一边看猴子、老虎、大象等，一边告诉他们这些都是动物。回到班上，老师问孩子们"什么是动物"时，很多幼儿都回答"是动物园里的，让小朋友看的""是狮子、老虎、大象……"。老师又告诉孩子们："蝴蝶、蚂蚁也是动物。"很多孩子觉得奇怪，老师又告诉他们："人也是动物。"孩子们更难理解，甚至有的孩子争辩说："人是到动物园看动物的，人怎么是动物呢？哪有把人关在笼子里让人看的！"

　　分析：学前儿童所掌握的大多是日常生活中能接触到的具体实物概念，基本上是日常概念，即前科学概念，其内涵和外延难免不准确。对于一些抽象的概念，如野兽、动物、家具、团结等，学前儿童较难理解，也掌握得较晚。

2. 判断、推理能力的发展

（1）以事物之间的表面现象作为判断、推理的依据

学前儿童对事物的判断、推理，首先是按照事物表面、外部的联系进行的。他们把直接观察到的事物之间的表面现象或事物之间偶然的外部联系作为判断事物的依据，因而其判断往往不正确或得出可笑的结论。例如，儿童看到给花浇水能使花生长，因而他也用水浇布娃娃，希望布娃娃长得大一些。此外，儿童常常根据行为的直接后果判断对错，而不考虑主观动机等因素。

（2）以自身的生活经验作为判断、推理的依据

学前儿童在对事物进行判断、推理时，常常以自己的感受或经历过的事情为依据。例如，老师问一名小班幼儿："为什么皮球会滚下来呢？"幼儿会根据自己的经验回答说："因为它不愿意待在椅子上。"又如问一名中班幼儿："亮亮吃了4块糖，丹丹吃了2块糖，他们一共吃了几块糖？"幼儿并不回答这个问题，而是问："为什么亮亮吃那么多块糖？应该大家平分。"题目的内容干扰了幼儿做出正确的判断、推理。

到了幼儿晚期，学前儿童对某些事物有了一定的知识经验之后，开始摆脱主观化或自我中心倾向，从客观事物本身的内在联系中寻找判断和推理的依据，但水平依然是比较低的。直到进入小学，随着抽象逻辑思维的发展，其判断和推理能力才有了更大的发展。

笔记栏

活学活用

汽车比飞机跑得快

某幼儿认为汽车比飞机跑得快。问他为什么，他说："我坐在汽车里，看到天上的飞机飞得很慢。"你如何看待幼儿的这一判断？

分析：该幼儿的这一判断体现了幼儿进行判断时，以事物之间的表面现象和自身生活经验作为判断依据的特点。在幼儿看来，飞机没能赶上其乘坐的汽车，看起来飞得很慢，所以汽车比飞机跑得快，依据的就是其观察到的表面的现象。

通过正确的教育教学，幼儿获得有关知识经验后，就逐渐能按照事物的规律来进行判断和推理了。

拓展阅读

转导推理

学前儿童的概括处于具体形象水平，他们往往只能对事物外部的、非本质的特征进行归纳，很难抓住事物间的本质联系，进行从个别到一般的推理，以至于出现从一些特殊事例到另一个特殊事例的推理，这称为转导推理。这种推理还不属于逻辑推理，而属于前概念推理，它是学前儿童最初的推理形式。例如，有个3岁的孩子，看到大人种葵花籽，知道了"种豆得豆，种葵花长葵花"的道理，于是拿来自己最喜欢的小汽车种在土里，希望能长出"汽车树"。

转导推理是从个别到个别的推理，其中没有类的包含，也没有类的层次关系，还没有可逆性。这种类型的推理在3—4岁儿童身上是常见的。如一个孩子对爸爸说："爸爸，我很喜欢天上的白云，你摘一朵给我吧。"爸爸说："天那么高，叫我怎么摘呀？"孩子说："你站在梯子上摘呀。"爸爸说："站在梯子上也不行。"孩子嘟囔着说："哼，还是爸爸呢，我长大当了爸爸，什么都摘得到。"这种无逻辑的推理是因为幼儿还没有形成"类概念"，即还不能把同类与非同类事物相区别。随着儿童概括能力的发展和类概念的形成，归纳推理的能力才逐渐发展起来。

（四）学前儿童理解能力的发展

理解是个体运用已有的知识经验去认识事物的联系、关系乃至其本质和规律的思维活动。理解反应思维的水平，思维的发展也表现为理解的发展。理解是思维的基本环节。

学前儿童理解事物的水平不高、不深刻，不能发现事物之间的内在联系，常常受到外部条件的限制。他们的理解与知觉过程混在一起，属于直接理解。但是随着年龄的增长，学前儿童对事物的理解呈现以下发展趋势。

学前儿童理解
能力的发展

1. 从对个别事物的理解，发展到理解事物的关系

从学前儿童对图画和故事的理解中，可以看到这种发展趋势。当儿童首次看到龟兔赛跑的连环画时，必须先辨认出图画中每一个动物的不同状态，然后才能将其连贯起来，理解乌龟和小兔子之间的关系。

2. 从主要依靠具体形象理解事物，发展到依靠语言说明理解事物

在听故事时，学前儿童常常需要图形或实物辅助引出头脑中的事物形象帮助理解。有研究表明，插图有助于儿童对文学艺术作品的理解，年龄越小作用越大。随着口头言语的发展，儿童已经可以通过他人语言的描述理解各种事物。

3. 从对事物简单、表面的理解，发展到理解事物较复杂、较深刻的含义

学前儿童对事物或别人的话，往往只能做表面的简单理解，不能理解事物深刻的内在含义。例如，在给小班幼儿讲完"孔融让梨"的故事后，老师问："孔融为什么要把大梨让给别人呢？"很多幼儿回答："因为孔融小，吃不完大的"，或者"因为孔融和我一样不喜欢吃梨"等。可见，小班幼儿还不能理解这一故事所表达的深刻含义。但是随着年龄的增长，大班幼儿一般能够理解事物较复杂、较深刻的含义。

4. 从与主观情感密切联系的理解，发展到比较客观的理解

有位妈妈给幼儿出了一道加法题："爸爸打碎了 3 个杯子，小宝打碎了 2 个杯子，一共打碎了几个杯子？"幼儿听后哭了，说他没有打碎杯子。随着年龄的增长，幼儿可以客观地理解妈妈的问题，正确回答出一共是打碎了 5 个杯子。

5. 从不理解事物的相对关系，发展到逐渐能理解事物的相对关系

学前儿童对事物的理解常常是固定的或极端的，不能理解事物的中间状态或相对关系。例如，儿童看电视时，常常会问："他是坏人，还是好人？"如果成人说："他既有坏的一面，又有好的一面。"儿童会感到难以理解。但随着年龄的增长，他们能够逐渐理解事物的相对关系。

任务三　学前儿童思维的培养

思维能力是智力的核心因素。一个人智力水平的高低，主要是通过思维能力反映出来，而培养一个人思维能力的关键就要从学前期开始。

一、激发学前儿童的好奇心和求知欲

好奇心是学前儿童思维发展最大的动力，他们对周围的环境充满了探求的渴望。一切美好、新颖、奇特、充满乐趣的东西都能引起儿童极大的注意，并使他们

产生强烈的兴趣和求知欲。因此，成人要带儿童走进生活、走进大自然，让儿童多走、多看，用自己的眼睛观察世界、认识世界，并用言语表达出自己对世界的认识。正如我国著名儿童心理学家陈鹤琴先生所说的："儿童世界是儿童自己探讨发现的，他自己索求来的知识才是真知识。"

思维的积极性与思维的发展紧密相关，提出问题、解决问题，就是积极思维的过程。儿童在认识世界的过程中会提出很多问题，如他们会问"天为什么是蓝的？小树没有嘴，它是怎么吃饭的？风是从哪儿来的？"等问题。他们喜欢主动探索新鲜事物，并不厌其烦地向成人问问题。儿童的思维能力、知识和技能在这种主动的探索中不断增长。因此，教师和家长应主动、热情、耐心地回答儿童提出的问题，同时鼓励儿童好学、多问，表扬他们会动脑筋，培养和训练儿童探求知识的态度和方法。

此外，教师也可以通过多种途径多向儿童提出各种他们能够接受的问题，引导儿童多思、多想。例如，教师在活动区内布置自然角，在园内开辟生物园，或带领儿童到户外散步、组织参观访问活动等，培养儿童主动掌握知识、乐于动脑筋解决问题的习惯，使儿童的思维处于积极的活动状态，促进儿童思维的发展。

活学活用

不一样的饼干

加餐时间，幼儿发现所发的饼干与往常的不一样，有的说饼干的形状像硬币，有的说饼干有橘子味……他们边吃饼干边议论纷纷，一时间教室里失去了往日的宁静。老师不耐烦地说："告诉你们，不该讲话的时候不要讲，谁再讲话就不给谁吃！"

如果你是这位老师，你会如何利用这件事促进幼儿思维的发展？

分析：幼儿对于新奇的，或是没有见到过的事物总是充满了好奇，希望一探究竟。这其实是培养幼儿思维能力、想象力和创造力的绝佳时机。案例中老师的做法是不妥的，扼杀了幼儿探究的积极性，错过了培养幼儿思维能力、想象力和创造力的一次时机。幼儿园的老师应该抓住这次机会，让幼儿畅所欲言地说出他们的发现，引导幼儿思考"为什么今天的饼干会与往常不一样呢？""这样的饼干是如何做出来的呢？"，一步步地引导幼儿逐步地进行深入探究，逐步学会发现问题、解决问题。

二、丰富学前儿童的感性知识经验

思维是在感知的基础上产生和发展的。人们对客观世界的认识，是通过感知觉获得大量具体、生动的材料，经过大脑的分析、综合、比较、抽象、概括等思维过程，从而反映出事物的本质特征和内在联系。因此，感性知识经验越丰富，思维就越深刻。

学前儿童的思维是以具体形象思维为主，因此要丰富学前儿童的生活经验，用直观形象的方式对他们进行教育。成人可以充分利用日常生活中接触的各种材料，通过直接的操作和活动，发展儿童的思维。如在数数教育中，通过点数实物，儿童开始真正理解数的含义，口头上会数数并不代表真正理解数。单纯地说教和书面知识的学习，常因幼儿的理解能力有限，导致学习效果一般。

同时，在幼儿的日常生活和游戏中，可利用他们接触的各种事物，培养他们的思维能力。教师在开展认识动物的教学活动时，并不是罗列一大堆动物的名字，让儿童知道动物的名称就可以了，而是要通过分析了解动物的主要特征。例如，儿童看到小鸡时，会对小鸡的外形有一个初步的认识，如毛茸茸的，通过分析可以了解小鸡的身体特征，如尖尖的嘴巴、圆圆的眼睛和细长的腿脚，从而对小鸡有了更清楚的认识。在此基础上，还可以将小鸡与小狗等其他动物进行比较，找出它们的相同点和不同点，并根据特点进行分类、抽象和概括。在这个过程中，幼儿逐步认识了动物的一些本质特征，头脑中就不再是杂乱、无序的动物名称，他们的思维能力也就得到了锻炼和提高。

此外，教师应该有意识、有计划地组织各种活动，培养幼儿的观察力，丰富幼儿的感性知识及其表象；经常带他们到户外接受各种各样的感知觉刺激，并鼓励他们与其他幼儿及成年人互动，以促进幼儿思维能力的发展。

三、发展学前儿童的言语能力

学前儿童的思维一方面借助于具体事物的刺激，另一方面借助于语言，进而形成概念。言语能力与思维能力的发展有着密切关系。思维很多时候会涉及对一些并不是在眼前出现的具体事物的想象，成人和儿童之间，以及儿童和儿童之间，经常需要通过语言进行交流、讨论。

语言是思维的有力工具，而词汇则是其最基本的零件。正是借助于词的抽象性和概括性，人脑才能对事物进行概括。通过语言中的词和语法规则，儿童才得以逐渐摆脱实际行动的直接支持，摆脱表象的束缚，抽象、概括出事物之间的规律性联系。

学前儿童言语的发展是抽象逻辑思维发展的必要条件。教师应当通过多种途径让幼儿掌握更多的词汇，正确使用口头言语表达自己的想法，使幼儿的思维有一个准确、生动的工具。如可以通过让幼儿讲故事、复述故事的方法，促进幼儿言语的发展和词汇的丰富，使他们能够正确理解和使用各种概念，推动其思维灵活性、逻辑性的发展。

四、在游戏中培养和发展学前儿童的思维能力

游戏在学前儿童思维的发展过程中起着重要作用。在游戏中，学前儿童学会用表象代替实物作为思维的支柱，用思维方式代替实际行动，再经过进一步的抽象和

概括，学会用语言符号进行思维。因此，教师要重视学前儿童的游戏活动，鼓励学前儿童学会玩，给学前儿童提供符合他们年龄特点的、丰富的玩具。

儿童有着天然的创造力，他们不仅喜欢摆弄玩具，更喜欢自己动手制作玩具。教师可以通过捏彩泥、玩拼图、过家家、搭积木、画画等游戏过程让学前儿童体验成功的愉悦，从而锻炼他们的创造力。

此外，一些智力游戏趣味性浓，可以在活泼、轻松的氛围中唤起儿童已有的知识印象，促使儿童积极动脑，进行分析、比较、判断、推理等一系列逻辑思维活动，从而促进其抽象逻辑思维的发展。

著名心理学家皮亚杰曾说："儿童的思维是从动手开始的，切断动作与思维的联系，思维就得不到发展。"所以，儿童在拼拼凑凑、剪剪贴贴、一折一画中制作自己的作品，不仅能享受到前所未有的喜悦，还能增进对事物的兴趣，获得制作成功后带来的信心，更能在玩中学、学中玩，从而促进思维发展。

🐦 回溯过往

干就干一流　争就争第一

🔖 实训实践

实训一　学前儿童概念的掌握和分类能力的测量与评估

请在实践教学基地选择5—10名不同年龄段幼儿作为研究对象，通过测验法了解不同年龄段幼儿掌握概念的正确性和分类水平的发展状况。

1.测验目的：通过测验法了解不同年龄段幼儿掌握概念的正确性和分类水平的发展状况。

2.测验内容：卡片分类。

3.测验准备：香蕉、樱桃、土豆、洋葱、老虎、猴子、麻雀、蜜蜂、皮球、布娃娃等卡片若干。

4.测验步骤：

（1）出示所有卡片。教师指导语："请你仔细看卡片，然后把你认为相同的放在一起。"

（2）幼儿操作，教师巡视，操作完后，请幼儿说明理由。

评定标准：根据幼儿的操作过程和说明理由，分析幼儿概念掌握的正确性和分类水平。

优：按物体本质属性或功用分类；中：按物体的感知特点或具体情境分类；差：基本不能分类。

我的测量结果：

我的评估：

实训二　幼儿园教师资格考试（面试）结构化试题模拟训练

一些幼儿家长觉得自己的孩子已经 5 岁了，但认识的字很少，也不怎么会算术，便要求幼儿老师教孩子拼音和识字。作为老师，你怎么办？

✐ 真题汇集

项目七在线测验题

项目七【真题汇集】
（含参考答案）

项目八
学前儿童的言语

▶ 情景导入

　　鹏鹏是一名 4 岁的幼儿，他经常自言自语。搭积木时，他会边搭边说："这块放在哪里呢……不对，应该这样……这是什么……就把它放在这里吧……"搭完一个机器人后，他会兴奋地对它说："你不要乱动，等我下了命令，你再去打仗！"

鹏鹏为什么会这样呢？学前儿童言语的发展都有哪些特点？

◎ 学习目标

▶ **知识目标**

1. 了解言语和语言的基本概念，以及言语的分类。
2. 理解学前儿童言语的发生和发展特点。
3. 掌握培养学前儿童言语能力的方法。

▶ **能力目标**

1. 学会分析学前儿童言语发展的特点。
2. 学会测评学前儿童言语发展的状况。
3. 能初步设计促进学前儿童言语发展的活动方案。
4. 能运用有效策略促进学前儿童言语能力的发展。

▶ **素质目标**

1. 树立以人为本的职业理念，关爱婴幼儿，尊重个体差异。
2. 热爱中国的语言文字，增强民族文化自信。
3. 感受语言魅力，提高自身语言修养。

学前儿童的言语

- 言语概述
  - 什么是语言和言语
  - 言语的分类
    - 外部言语
    - 内部言语
- 学前儿童言语的发生与发展
  - 学前儿童言语的发生
    - 言语的发生（0—1岁）
    - 言语的形成（1—3岁）
  - 学前儿童言语的发展
    - 学前儿童外部言语的发展
    - 学前儿童内部言语的发展
- 学前儿童言语能力的培养
  - 重视发音技能的培养，提高学前儿童语音的准确度
  - 创设良好的言语发展环境，促进学前儿童言语的发展
    - 拓展生活空间，丰富学前儿童的语言素材
    - 创造条件，让学前儿童体验语言交流的乐趣
    - 组织各种有利于学前儿童言语发展的活动
  - 做好早期阅读准备，培养学前儿童的阅读能力和阅读习惯
    - 创设良好的环境，培养学前儿童早期阅读的兴趣和习惯
    - 开展形式多样的早期阅读活
  - 成人良好的言语榜样
  - 注重个别教育

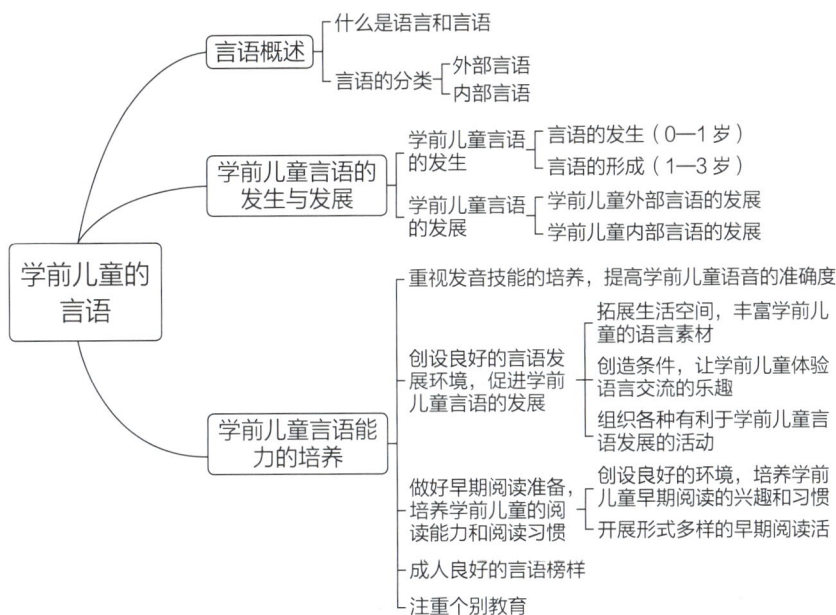

任务一 言语概述

一、什么是语言和言语

语言是人类在社会实践中逐渐形成和发展起来的交际工具，是一种社会上约定俗成的符号系统。语言具有社会性和生成性等其他符号系统所没有的特征。它以词为基本单位，以语法为构造规则。每一种语言都有自己特定的语音、语义、词汇和语法，如汉语、英语、法语等。

言语是人们在交际活动中运用语言的过程。人们日常进行的交谈、演讲、做报告等都是言语，即"实际的话语"。它包括听、读（感觉和理解的过程）、说、写（表达过程）等过程。在交际活动中，个体不仅有自己的言语发生，还要感知和理解其他交往对象的言语。因此，人际交往成为促进个体言语发展的重要途径。

语言和言语是有区别的。语言是交际和思维的工具，言语则是对这种工具的运用。语言是社会现象，具有较大的稳定性；言语是心理现象，具有个体性和多变性。研究语言的科学是语言学，而言语活动则是心理学的研究对象。

语言和言语又是密切联系的。言语是借助语言进行的，离开语言这种工具，人就无法表达自己的思想或见解，也就无法进行交际活动；语言也离不开言语，因为

任何一种语言都必须通过人们的言语活动才能发挥其交际工具的作用，才能不断丰富与发展。学前儿童习得语言的过程，可以看作是社会化的一个重要标志，对儿童的身心发展具有重要影响。

二、言语的种类

言语活动通常分为两类：外部言语和内部言语。外部言语又包括口头言语和书面言语。

（一）外部言语

1. 口头言语

口头言语是指一个人凭借自己的发音器官所发出的某种语言声音，用以表达自己的思想和感情的言语。口头言语通常以对话和独白的形式进行。对话言语是指两个或两个以上的人直接进行交际时的言语活动，如聊天、座谈、辩论等。独白言语是指个人独自进行的言语活动，如报告、讲课、演讲等。

2. 书面言语

书面言语是一个人通过某种语言文字来表达自己的思想或情感的言语。它是通过视觉、发音器官和手部运动的协同活动实现的，如写信、写作文、读邮件的文字内容等，它通常以独白的形式来表达，不直接面对对话者。

（二）内部言语

内部言语是指个人不出声思考时的言语活动，如默默地思考问题、写文章前打腹稿等。它是一种特殊的言语形式，是在外部言语的基础上产生的，是人们进行思维活动时凭借的主要工具。外部言语是为了和别人交往而发生的言语过程，内部言语则不执行交际功能，它是自己用的言语，发音隐蔽，比外部言语简略，常常是概括、不完整的。

内部言语与外部言语相互联系，相互促进；口头言语和书面言语是内部言语的外显表现，口头言语和书面言语的发展推动内部言语的发展。而内部言语的发展又有助于口头言语和书面言语的提高。不同种类言语的区别如表8-1所示。

表8-1　言语的种类

种类			概念	特点	典例
外部言语	口头言语	对话言语	两个或几个人直接交际时的言语活动	情境性、反应性和简略性	聊天、座谈
		独白言语	个人独自进行的，与叙述思想、情感相联系的，较长而连贯的言语	具展开性、有准备的、有计划的	报告、讲演
	书面言语		一个人借助文字来表达自己的思想或借助阅读来接受别人言语的影响	随意性、展开性和计划性	写文章
内部言语			一种自问自答或不出声的言语活动	隐蔽性和简略性	默读

任务二　学前儿童言语的发生与发展

一、学前儿童言语的发生

（一）言语的发生（0—1岁）

1. 发音的准备

（1）简单音节阶段（0—3个月）

婴儿从出生开始就会发出声音，从出生到6周，婴儿的发音基本上属于一般性发音反射，如哭声、叫喊声或是安静状态下发出的嗓音，这些嗓音是由身体的状态引起的，如饿、渴等出现生理需求时。从2—3个月开始，婴儿在吃饱睡足后，当成人引逗他时，发音现象更为明显，已能发出d、a、e、ei、nei、oi等音。这些声音与辅音、元音有某种相似，并且常常是向看护人发出的。这阶段的发音是一种本能行为，天生聋哑的儿童也能发出这些声音。

（2）连续音节阶段（4—8个月）

4—8个月，婴儿明显变得活跃起来。当他吃饱、睡醒、感到舒适时，常常自动发音。如果有人逗他，或者他们看到什么鲜艳的东西而感到高兴时，发音更为频繁。约4个月时，婴儿开始发出各种类似言语的声音。6个月前后，婴儿开始进入咿呀学语阶段，会发出一连串声音。4—8个月的婴儿开始发出近似词的音，发出的声音中，不仅韵母增多、声母出现，而且连续重复同一音节，如a-oa-oaf、do-do-do等，其中有些音节与词音很相似，如"ba-ba（爸爸）""ma-ma（妈妈）"等。父母常常以为这是孩子在呼喊他们，感到非常高兴，其实这个时期的发音并不代表实际意义，但如果成人利用这些音与具体事物相联系，就可以形成条件反射，使音具有意义。例如，每当婴儿无意识地发出ma-ma这个音时，妈妈就高高兴兴地出现在婴儿面前，并答应。久而久之，婴儿就会把ma-ma这个音当作对母亲的称呼。

（3）模仿发音与学话萌发阶段（9—12个月）

9—12个月，婴儿所发的连续音节不只是同一音节的重复，而且明显地增加了不同音节的连续发音。音调也开始多样化，四声均出现了，听起来很像是在说话。当然，这些"话"仍然是没有意义的，但为学说话作了发音上的准备。这一阶段，婴儿开始能模仿成人的语音，如mao-mao（帽帽）、deng-deng（灯灯）。这一进步，标志着婴儿学话的萌芽。在成人的教育下，婴儿渐渐能够把一定的语音和某个具体事物联系起来，用一定的声音表示一定的意思。虽然此时他们能够发出的词音只有很少几个，但毕竟能开口"说话"了。

2. 理解语言的准备

（1）语音知觉

出生不到 10 天的婴儿就能区分语音和其他声音，并对语音表现出明显的"偏爱"。8—9 个月，婴儿已能听懂成人的一些语言，表现为能对语言作出相应的反应。但这时，引起婴儿反应的主要是语调和整个情境（如说话人的动作表情等），而不是词的意义。如果成人同样发这种语音，但改变语调和语言情境，婴儿就不再反应。相反，语调不变而改变词汇，反应还可能发生。一般到了 11 个月左右，语词才逐渐从复合情境中分离出来，真正作为独立信号而引起反应。

（2）语词理解

1 岁左右，婴儿已经能够理解几十个词，但能说出的很少。这种能理解却不能主动说出（应用）的语言则是被动性语言。被动性语言很难发挥交际功能。只有出现主动语言，即既能理解又能说出的语言时，才标志着符号交际的开始。

婴儿言语准备的情况和语言环境有直接的关系，在婴儿尚不理解语言的时候，若不给以语言上的刺激，则婴儿的言语发展一定进步很慢。反之，如能注意多和他们说话，使婴儿每次感知某事物时都能听到成人说出关于这个事物的词，那么，婴儿头脑中就会形成事物与词的联系，词便成了该事物的符号，这样，婴儿的言语就会迅速发展起来。

拓展阅读

"狼"和"羊"

有人做过这样一个小小的实验：给 9 个月的婴儿看"狼"和"羊"的图片。每当出示"羊"时，就用温柔的声音说"羊，羊，这是小羊"，而出示"狼"时，就用凶狠的声音说"狼，狼，这是老狼"。若干次以后，当实验者用温柔的声音说"羊呢？羊在哪里？"婴儿就会指画着羊的图片，反之亦然。这时，实验者突然改变说话的语调，用凶狠的声音说"羊呢？羊在哪里？"婴儿毫不犹豫地指向画着狼的图片。这足以证明，婴儿反应的主要对象是语调和说话时的整个情境，而不是词，他还不能把词从语音复合情境中分离出来，不能将词真正作为独立信号而引起相应的反应。一般到了 11 个月左右，语词才逐渐从复合情境中分离出来，真正作为独立信号而引起婴儿相应的反应。到这个时候，婴儿才算是真正理解了这个词的意义。

1 岁左右的婴儿能理解几十个词，但能说出的很少。

（二）言语的形成（1—3 岁）

1. 不完整句阶段

（1）单词句阶段（1—1.5 岁）

儿童在 1 周岁左右，开始能说出有意义的单词。单词句是用一个词代替句子，这个阶段的儿童，通常用一个单词来表达比该词更为丰富的意思，表现为以下特点。

◆ 笔记栏

①单音重叠。这个阶段的儿童喜欢说重叠的字音，如"娃娃""饼饼""水水"等，还喜欢用象声词代表物体的名称，如把汽车叫成"嘀嘀"，把小狗叫成"汪汪"。出现这一特点是因为儿童的大脑发育尚不成熟，发音器官还缺乏锻炼，而重复前一个音时不用费力、容易发出。如果发出不同的音节，发音器官的部位（舌、唇等）要变化动作，这对于1岁多的儿童来说比较困难。

②一词多义。由于这个年龄的儿童对词的理解还不精确，说出的词往往代表多种意义，故称为多义词。例如，1岁3个月的玲玲看见装有果汁的奶瓶，发出了"nai nai（奶奶）"的声音，妈妈冲好牛奶来喂玲玲，却发现玲玲扭转脸不喝，妈妈换了盛有苹果汁的奶瓶给玲玲，玲玲"咕嘟咕嘟"喝了起来。这一现象就表明了这一年龄段的儿童会用"奶奶"代表所有喝的东西。

③以词代句。这个阶段的儿童不仅用一个词代表多种物体，而且用一个词代表一个句子，因此此阶段称为"单词句"时期。例如，当儿童说"妈妈"这个词时可能代表希望妈妈抱，也可能是希望妈妈帮他拿某样东西；说"狗狗"这个词，既可能表示"这是小狗"，也可能表示"我要小狗""小狗来了""小狗走了"等意思。

🐤 活学活用

三次说"肉"的含义

妈妈做好红烧排骨，1岁的浩浩闻到了食物香味后说"肉？肉肉？"放在餐椅上后他说："妈妈肉、妈妈肉、肉……"吃到肉后对奶奶说："奶奶肉！"

请分析该幼儿三次说"肉"表达的含义，并结合案例说明该年龄段儿童言语的语法发展特点。

分析：该案例中的浩浩每次说"肉"的含义不同。第一次说肉肉的含义是提问表达"这个味道是肉肉么？"。第二次说的"妈妈肉"的含义是"妈妈我要吃肉。"第三次和奶奶说的"奶奶肉"表达的意思是"奶奶我吃了肉"。该案例中的浩浩1岁左右，处于单词句阶段，其言语特点是开始能说出有意义的单词，经常用一个单词来表达比该词更为丰富的意思。该案例最明显的特点是以词代句，不仅用一个词代表多种物体，而且用一个词代表一个句子，成人只能根据当时的情境来推断其具体的含义。

（2）双词句阶段（1.5—2岁）

这一阶段儿童言语的发展主要表现在开始说由双词或三词组合在一起的句子。例如，一个儿童说"爸爸班班"，意思是"爸爸去上班了"。这种句子表达的意思比"单词句"明确，但是结构不完整，成分常常缺漏，好像成人的电报式文件，因此又称作是"电报句"。

2. 完整句阶段（2 岁以后）

2 岁以后，儿童逐渐出现比较完整的句子，完整句的数量和比例也随着儿童年龄的增长而增加。例如，当别人问"你叫什么名字，几岁啦？"孩子会回答："我叫乐乐，我 3 岁啦！"到 6 岁左右，幼儿使用完整句达到 98% 以上。

二、学前儿童言语的发展

（一）学前儿童外部言语的发展

1. 学前儿童口头言语的发展

（1）语音的发展

①学前儿童语音的正确率与年龄的增长成正比。随着学前儿童发音器官的进一步成熟，语音听觉系统及大脑机能的发展，学前儿童的发音能力迅速增强。学前儿童语音的正确率与其所处的社会环境有关。在跟随成人学习发音时，儿童对不少音素的发音是正确的。然而当他们独自背诵学会的材料时，不少原来能正确发出的音却又变得不正确了。在同一方言地区，城乡儿童发音的正确率有着较大差异，这说明环境中的其他因素，如教育条件、家庭环境等也会影响儿童的正确发音。

②语音发展的飞跃期为 3—4 岁。3—4 岁时，幼儿的语音发展尤为迅速。此时，他们已初步掌握本民族和所处地区的全部语音，但在实际使用语音时，有些发音往往不正确。4 岁后，幼儿的发音趋向于方言化，在学习其他方言或外国语时，常常会受方言的影响而发音困难。因此，在幼儿三四岁时要注意正确发音，推广普通话要从小做起。

③学前儿童对声母、韵母的掌握程度不同，韵母的正确率高于声母。3—6 岁幼儿掌握韵母的发音比掌握声母的发音容易，错误较少，只有"e"和"o"有时容易混淆。幼儿容易发错的音，大多数是辅音，这主要是因为他们生理上发育不够成熟，不善于掌握发音部位与方法，常介于两个语音之间，如混淆"zh 和 z""ch 和 c""sh 和 s""ing 读成 in"等。

④语音意识逐渐发展。两岁之前的儿童尚未形成对语音的意识，往往不能分辨自己的发音与他人发音上的错误，发音主要靠成人调节。两岁以后的儿童开始能自觉地辨别发音是否正确，自觉地模仿正确发音，纠正错误的发音，开始形成对语音的意识。如果有人指出其发音的错误，他们会很不高兴，对难发的音常常故意回避或歪曲，甚至为自己申辩。

⑤逐渐掌握本民族的全部语音。幼儿正确发音的能力是随着发音器官的成熟和大脑皮层对发音器官调节机能的发展而提高的。一般 3 岁幼儿的语音辨别能力已经发展起来，但对个别相似音（如 b 和 p、d 和 t）有时还可能混淆。幼儿发音能力提高很快。在正确的教育下，4 岁幼儿基本能掌握本民族语言的全部语音。

⑥语音的发展受生理原因和语言环境影响。儿童发音的正确率和其发音器官、

神经系统的生理成熟程度有关，同时也与所处的社会环境有关，主要表现为不同方言地区的儿童发音正确率存在差异，同一方言地区的城乡儿童发音各有特色。同时，在儿童尚不理解语言的时候，若不给予语言上的刺激，则儿童的言语发展会进步很慢。反之，如能注意多和他们说话，使儿童每次感知某事物时都能听到成人说出关于这个事物的词，那么，儿童头脑中就会形成事物与词的联系，词便成了该事物的符号，这样，儿童的言语就会迅速发展起来。

笔记栏

🐤 回溯过往

汉字与中国心

（2）词汇的发展

①词汇数量逐渐增加。国内外有关研究材料表明，学前期是人一生中词汇数量增加最快的时期。3—6 岁幼儿的词汇量是逐年大幅度增长的。有关资料统计表明，3 岁幼儿的词汇数量为 800—1100 个，4 岁幼儿的词汇数量为 1600—2000 个，5 岁幼儿的词汇数量为 2200—3000 个，6 岁幼儿的词汇数量为 3000—4000 个。

②词类范围不断扩大。随着词汇数量的增加，学前儿童掌握的词类范围也在不断扩大，这主要体现在词的类型和词的内容两个方面。

在词的类型方面，学前儿童一般先掌握实词，即意义比较具体的词，包括名词、动词、形容词、数量词、代词、副词等。实词中最先掌握名词，其次是动词，再次是形容词和其他实词，最后掌握虚词，如介词、连词等。学前儿童掌握虚词的时间较晚、比例较小，只占词汇总量的 10%—20%。

在词的内容方面，学前儿童不仅掌握了许多和自身生活经验有关的具体的词，如鞋子、裤子、牛奶、饼干等，还掌握了不少较抽象的词，如家具、玩具等。可见，学前儿童掌握的词汇，内容丰富、涉及范围较广。

③对词义的理解逐渐确切和深化。随着生活经验的丰富与思维的发展，词汇量的不断增加，学前儿童对所掌握的每一个词本身的含义理解趋向丰富和深刻化。例如，"兔子"一词，对年龄较小的儿童来说，意味着只是兔子的外形特征；而对年龄较大的儿童来说，还包括兔子的生活习性、兔子和人类的关系等。

此外，学前儿童使用词语的积极性在增加。既理解又会运用的积极性词汇在增多，只理解不会正确使用的消极性词汇也在增多，于是出现了乱用或乱造词的现象，如把"一个人"说成"一只人"，把"一条裤子"说成"一件裤子"等。

④词汇发展个体差异明显。学前儿童的词汇发展受先天遗传因素与后天环境共

同影响，因此，个体差异明显。一般来说，女孩比男孩对词汇掌握得要好一些。生活环境与教育差异的客观存在，也是导致学前儿童词汇发展的重要因素。

（3）语法的发展

①从不完整句到完整句。学前儿童最初的句子结构是不完整的。不完整句大多发生在2岁以前，主要是单词句，如"狗狗"和双词句"妈妈，饭饭"。2岁以后，儿童逐渐出现比较完整的句子，完整句的数量和比例随着年龄的增长而增多。到6岁左右，幼儿便能够很好地使用完整句了。

②从简单句到复合句。简单句是句法结构完整的单句。学前儿童主要使用简单句，其主要类型有：主谓结构，如"宝宝喝"；谓宾结构，如"找妈妈"；主谓宾结构，如"宝宝玩娃娃"等。在2岁儿童说出的句子中，简单句占96.5%。随着年龄的增长，简单句所占的比例逐渐减少，复合句逐渐增多。4岁以后，出现了各种从属复合句，幼儿能够运用适当的连接词构成复合句以反映各种关系，如会用"如果……就""因为……所以……"等造句。

③从陈述句到非陈述句。学前儿童最初掌握的是陈述句，随着年龄的增长，他们逐渐掌握了非陈述句，非陈述句包括疑问句、祈使句、感叹句等。在学前儿童的言语实践中，可以看到他们由于受简单陈述句的影响，对一些复杂的句子形式不能理解从而发生误解。

④句子从无修饰语到有修饰语，长度由短到长。学前儿童最初表达的句子是没有修饰语的。3岁左右，儿童的语言出现了一些带修饰语的句子，如"漂亮的妹妹"。有研究发现，儿童在2.5岁就开始出现一定数量的简单修饰语，如"两个娃娃搭积木"；3岁时已开始出现复杂的修饰语，如"我玩的积木"。华东师范大学的研究人员分析了2—6岁幼儿简单陈述句平均长度的发展，发现2岁时儿童句子的平均长度为2.9个词，3.5岁时为5.2个词，6岁时增长到了8.4个词。句子长度的增加，表明了学前儿童言语表达能力的提高。

（4）口语表达能力的发展

①从对话言语过渡到独白言语。3岁之前，儿童与成人的言语交流基本上都是采用对话的形式，他们的言语只是回答成人提出的问题，或向成人提出一些问题和要求。3岁以后，幼儿的独白言语开始形成，在正确的引导下，幼儿能够逐渐讲述看到或者听到的事情和故事了。

②从情境性言语过渡到连贯性言语。情境性言语只有在结合具体情境时，才能理解说话人想要表达的思想内容，同时需要借助手势和表情作为言语表达的辅助手段。3岁之前，儿童较多地使用对话式言语，他们的言语几乎都是情境性的。虽然他们能够讲述一些事情，但是句子不完整，常常没头没尾，让人听不明白，一边讲一边做手势。随着年龄的增长，儿童情境性言语的比例逐渐下降，连贯性言语的比例逐渐上升。

活学活用

没头没脑地讲述

一名 3 岁的幼儿向别人讲述自己昨天晚上做的事:"我看到解放军了,在电影上打仗,太勇敢了。妈妈带我去的,还有爸爸。"讲的时候,好像别人已经了解了他要讲的内容似的,

一边讲一边兴奋地做出一些手势和表情。

该案例反映了幼儿的言语具有哪些特点?

分析:该案例中的幼儿的言语属于情境性言语。案例中的幼儿在讲述自己的事情时处在自己所讲内容的情境中,一边讲一边做手势和表情。3 岁之前,幼儿较多地使用对话式言语,他们的言语几乎都是情境性的。虽然他们能够讲述一些事情,但是句子不完整,常常没头没脑,让人听不明白,一边讲一边做手势。情境性言语只有在结合具体情境时,才能理解说话人想要表达的思想内容,同时需要借助手势和表情作为言语表达的辅助手段。

③言语表达的逻辑性水平逐渐提高。学前儿童言语表达的逻辑性主要表现为讲述的主题逐渐明确、突出,层次逐渐清晰。学前儿童在讲述时常堆积和罗列,主题不清楚、不突出。随着年龄的增长,他们言语表达的逻辑性会逐渐增强。

④逐渐掌握言语表达技巧。学前儿童不仅可以学会完整、连贯、清晰、有逻辑地表达,还可以根据需要恰当地运用声音的强弱、大小、快慢、停顿等语气,使言语表达更生动、更有感染力。

人际交往是儿童言语表达能力获得发展的重要途径,教师要创设适宜的环境并组织儿童积极参与交往活动,发展儿童的口语表达能力。教师在活动过程中,要鼓励儿童大胆、自然地表达自己的观点,同时培养儿童良好的倾听习惯。

2. 学前儿童书面言语的发展

书面言语产生的基础是口头言语。学前儿童正处于口头言语发展的关键期。儿童在进入小学之前,已掌握了 95% 的口头言语。口头言语的迅速发展,为学前儿童书面言语的学习做了充分的准备。到了幼儿晚期往往主动要求识字、读书。学前儿童书面言语的发展包括初步的识字能力和早期阅读能力的发展。

(1)初步的识字能力

识字是学习书面言语的一种内容和方式。初步的识字能力不仅指能识一定数量字,还要让幼儿了解一些有关书面言语的信息,提高其学习书面言语的兴趣。教师可以通过一些识字活动培养幼儿初步的识字能力,如"送字宝宝回家"等。这样的活动可以让幼儿感受到识字活动的乐趣,在找出相同的字的同时又复习了这些字,不断提高他们的识字能力。

（2）早期阅读能力

早期阅读是指学前儿童凭借图像、符号、色彩、文字和已有的口语表达能力，有时也借助成人的朗读、讲解理解读物的活动。早期阅读是幼儿开始接触书面言语的途径。通过早期阅读，幼儿接触到了更为丰富和规范的语言句式、形象化的语言表达方式和不同的语言风格，扩大了词汇量，自我获取语言材料的能力也得到了提高。这些宝贵的经验积累，为他们日后的读写奠定了良好的基础。

因此，教师要根据幼儿的年龄特点，为儿童识字和早期阅读能力的发展创设适宜的环境，遵循幼儿思维发展的规律，通过图画书和图加文儿童读物等激发幼儿对阅读的兴趣，并注意培养幼儿良好的阅读习惯。

（二）学前儿童内部言语的发展

自我中心言语

从外部言语到内部言语，学前儿童口语表达能力的发展体现了一个从外到内的过程，即从对话言语发展到独白言语，而后又从独白言语经过渡言语产生内部言语。

幼儿前期没有内部言语，到了幼儿中期，内部言语才产生。学前儿童时期的内部言语在发展的过程中，常出现一种介于外部言语和内部言语的过渡形式，即出声的自言自语。这种自言自语有两种形式，即游戏言语和问题言语。

1. 游戏言语

游戏言语是一种在游戏和活动中出现的言语。其特点是幼儿一边做动作，一边说话，用言语补充和丰富自己的行动。这种言语通常比较完整、详细，有丰富的表现力，如幼儿一边搭积木，一边发出声音："这个放上面，这个放下面，这是座大桥，轰，大桥塌了……"

2. 问题言语

问题言语是指在活动中遇到困难或问题时产生的言语，常用以表示困惑、怀疑、惊奇等。这种言语一般比较简单、零碎，由一些压缩的词句组成。如幼儿搭积木时，一边看着盒子里的积木，一边自言自语："这个放哪儿？放这儿？……不对！那放这儿？……哎呀，也不行！对了，放这儿，好了，哈，大象。"

对于不同年龄阶段的幼儿，这两种言语所占的比例是不同的。一般来说，3—5岁幼儿的游戏言语占多数，5—7岁幼儿的问题言语则增多。幼儿中期以后，内部言语逐渐在自言自语的基础上形成。原来由自言自语担负的自我调节功能，随着年龄的增长逐渐由内部言语实现。

任务三　学前儿童言语能力的培养

学前儿童的言语能力是在社会环境与教育的影响下形成和发展的，因此，要重视在实践中发展学前儿童的言语能力。

一、重视发音技能的培养，提高学前儿童语音的准确度

随着年龄的增长，学前儿童的发音能力在迅速发展。但学前儿童对声母的发音正确率较低，3 岁幼儿往往还不能掌握某些声母的发音方法，如"g"音和"d"音、"n"音和"l"音常常混淆。此外，平舌音"z""c""s"和翘舌音"zh""ch""sh"发音的错误率较高。

因此，教师不仅要以自己正确的发音为幼儿做出示范并注意纠正儿童的错误发音，还要注意对幼儿进行发音技能的训练。如教师可以给幼儿朗读顺口溜、诗歌或绕口令，要求幼儿发音并注意其口型是否正确。教师对发音不准的幼儿要有耐心，以消除他的紧张感；对那些具有发音障碍的幼儿要予以鼓励，以提高他的积极性。

学前儿童的口吃现象

此外，培养和训练幼儿的发音技能不能只局限于个别发音的训练，还应注意幼儿发音的清楚程度、语调，以及对语音的强弱控制能力的训练。只有全面训练，才能真正提高幼儿语音的准确度。

拓展阅读

学前儿童的口吃现象

口吃是语言的节律障碍，主要表现为说话中不正确地停顿和重复。学前儿童的口吃，部分是生理原因，更多的是心理原因所致。口吃出现的年龄以 2—4 岁为多，2—3 岁一般是口吃萌发的年龄，3—4 岁是口吃的常见期。

口吃的心理原因之一是说话时过于急躁、激动、紧张；另一种原因可能是模仿。学前儿童的好奇心和好模仿的心理特点使他们觉得口吃"好玩"，加以模仿，不自觉地形成了习惯。在幼儿园，口吃有时似乎是一种"传染病"，能迅速蔓延，原因就在于此。

消除紧张是矫正口吃的重要方法，特别是 4 岁以后，儿童已经出现对自己语言的意识，成人如果对他的口吃现象加以斥责或过急要求改正，将会加剧其紧张情绪，使口吃现象恶性循环，甚至导致儿童回避说话，难以纠正口吃。这种情况发展下去，还将会对儿童的性格产生不良影响，导致孤僻等性格特征。

二、创设良好的言语发展环境，促进学前儿童言语的发展

（一）拓展生活空间，丰富学前儿童的语言素材

生活是语言的源泉，没有丰富的生活，就不可能有丰富的语言。因此，帮助学前儿童积累生活经验，扩大生活环境，以学前儿童的感性认识为切入点，丰富学前儿童的语言素材，是发展学前儿童言语能力的有效策略。例如，带儿童走进大自然、走进社区，广泛地认识周围环境，扩大眼界，丰富知识面，增加词汇量。

（二）创造条件，让学前儿童体验语言交流的乐趣

言语是在交往中产生和发展的。教师要为学前儿童创设自由、宽松的语言交往空间，提供学前儿童间的交往机会，并重视学前儿童在交往中准确地用词和说完整的句子，激发学前儿童自发、自信地参与语言交流的愿望。

教师要帮助学前儿童体验语言交流的乐趣，如每日为儿童增设一个自由说话的时间，保证儿童有与自己朋友交谈、与老师交往的自主性，也有随意安排谈话内容的自由度。自由、宽松的语言交往环境使学前儿童在体验交往乐趣的同时，语言表达能力也获得了发展。

（三）组织各种有利于学前儿童言语发展的活动

教师可以组织学前儿童收听广播、看电视、阅读图书、朗读文学作品等活动，帮助学前儿童丰富和积累文学语言；开展诗歌朗诵、故事大王等活动，给学前儿童创造练习口语的条件和机会。活动的方式可以是儿童举手自愿朗诵、讲述，或是分小组进行，有时则用击鼓传花等形式让儿童轮流朗诵和讲述，尽量使每个儿童都有锻炼的机会。在这些活动中，学前儿童获得了大量的感性认识，并复习、巩固和运用了在专门的语言活动中学过的词汇和句式，学习了更多新的词汇，学会了用清楚、正确、完整、连贯的语言描述周围事物，表达自己的情感和愿望。

> **拓展阅读**
>
> ### 3—6岁幼儿语言领域的发展目标
>
> 语言是交流和思维的工具。幼儿期是语言发展，特别是口语发展的重要时期。幼儿语言发展贯穿于身心发展的各个领域，对其他领域的发展有至关重要的影响。幼儿在运用语言进行交流的同时，也在发展着人际交往能力、对交往情境的判断能力、组织自己思想的能力等，并通过语言获取信息，逐步使学习超越个体的直接感知。
>
> 幼儿的语言能力是在交流和运用的过程中发展起来的。应为幼儿创设自由、宽松的语言交往环境，鼓励和支持幼儿与成人、同伴交流，让他们想说、敢说、喜欢说，并能得到积极回应。提供丰富、适宜的低幼读物，经常和幼儿一起看图书、讲故事，有利于丰富其语言表达能力，培养良好的阅读兴趣和习惯，进一步拓展学习经验。

　　幼儿的语言学习需要相应的社会经验支持，应在生活情境和阅读活动中培养幼儿对文字的兴趣，通过机械记忆和强化训练过早识字不符合幼儿的学习特点和接受能力。

三、做好早期阅读准备，培养学前儿童的阅读能力和阅读习惯

（一）创设良好的环境，培养学前儿童早期阅读的兴趣和习惯

　　在幼儿园，教师可以设立专门的图书角，根据儿童的年龄特点，结合幼儿园开展的教育活动，投放适宜的儿童读物，经常组织儿童分享他们阅读的收获，并根据儿童的阅读情况及时更新图书角的图书。

　　在家庭中，家长在给儿童讲故事时，可以让儿童坐在自己的腿上或者坐在同侧，使儿童也能够看到图书。家长一边讲一边引导儿童观察插图，培养儿童的阅读兴趣和正确翻阅图书的习惯。当儿童具有初步的自主阅读能力时，家长要积极参与儿童的阅读分享活动，认真聆听儿童讲述阅读故事。

（二）开展形式多样的早期阅读活动

　　教师可以通过儿歌朗诵、表演游戏、看图说话、创编故事、自制图书、设置图书角等活动，培养儿童参与和分享阅读的兴趣与能力；同时教师在活动过程中要及时提醒和督促儿童纠正不正确的阅读方式，确保儿童养成良好的阅读习惯。

四、成人良好的言语榜样

　　模仿是儿童的天性。儿童正处于言语学习的关键期，成人的言语对儿童的言语学习影响非常大，他们的发音、遣词用句甚至说话的神情、语调都酷似他们的母亲或最亲近的人。成人良好的榜样示范作用，对儿童言语的发展起着潜移默化的作用。因此，成人必须规范自己的言语，主动纠正错误，为儿童提供积极、正面的影响。

　　成人应注意语言文明，为学前儿童做出表率。例如，在与他人交谈时，要认真倾听，使用礼貌用语；在公共场合不大声说话，不说脏话、粗话；儿童表达意见时，成人可蹲下来，眼睛平视儿童，耐心地听他把话说完。

　　同时，成人要以身作则，帮助学前儿童养成良好的语言行为习惯。成人应经常表现出必要的文明礼节，并能结合情境与儿童一起践行一些必要的交流礼节，如成人对长辈说话要有礼貌，引导儿童有礼貌地与客人打招呼，得到帮助时要说谢谢等。成人应注意并提醒儿童遵守集体生活的语言规则，如轮流发言，不随意打断别人讲话等，以及提醒儿童注意公共场所的语言文明，如不大声喧哗等。

五、注重个别教育

　　每个儿童都具有不同的家庭背景，有着不同的生活经验和生活环境，他们的性格特点不同，发展水平和发展速度不同，个性特征和智力水平存在着个体差异，言语的积极性和驾驭语言的能力也不一样。

因此，教师在教学活动和日常生活中，不可忽视对儿童的个别教育。例如，对言语能力较强的儿童，可以向他们提出更高的要求，让他们完成一些有一定难度的言语交往任务；对言语能力较差的儿童，教师要主动亲近和关心他们，有意识地和他们进行交谈，鼓励他们大胆说话，表达自己的要求、愿望，叙述自己喜闻乐见的事，给予他们更多的语言实践机会，从而提高他们的言语水平。

回溯过往

伟人毛泽东的语言艺术

实训实践

实训一　学前儿童言语能力的观察与培养

1.请与一位幼儿围绕一个主题（如"我最喜欢的动画片"）交谈约 20 分钟，分析该幼儿语音、语法、词汇和口语表达能力等发展状况。

2.请设计一个促进学前儿童言语发展的活动方案。

活动主题_____

活动目标：

活动准备：

活动过程：

实训二　幼儿园教师资格考试（面试）结构化试题模拟训练

1.如果班里的幼儿出现口吃现象，作为幼儿教师，你怎么做？

2.有的家长将孩子送到全英语环境幼儿园，你怎么看？

3.幼儿园选择了一些本地方言童谣，柔柔是外地来的，一直不开口，你怎么办？

4.大班小明的爸爸向你反映，孩子写名字像画画，希望老师一笔一画教他写字，你怎么办？

✎ 真题汇集

项目八在线测验题

项目八【真题汇集】
（含参考答案）

模块三
学前儿童的情绪情感和意志

古之教者，教以人伦。后世记诵词章之习起，而先王之教亡。今教童子，惟当以孝弟忠信礼义廉耻为专务。其栽培涵养之方，则宜诱之歌诗以发其志意，导之习礼以肃其威仪，讽之读书以开其知觉。今人往往以歌诗、习礼为不切时务，此皆末俗庸鄙之见，乌足以知古人立教之意哉！

大抵童子之情，乐嬉游而惮拘检，如草木之始萌芽，舒畅之则条达，摧挠之则衰痿。今教童子，必使其趋向鼓舞，中心喜悦，则其进自不能已。譬之时雨春风，沾被卉木，莫不萌动发越，自然日长月化……

——明·王守仁《训蒙大意示教读注》

译文： 古代的教育，是以人伦道德为内容教学生。后来兴起了记诵词章的风气，先王的教育之义就消失了。现在教育儿童，只应把孝悌忠信礼义廉耻作为专门的功课。培养的具体方法，则应当引导他们吟唱诗歌来激发他们的志趣；引导他们学习礼仪，以严肃他们的仪容；劝导他们读书，以开启他们的智慧。现在，人们常常认为吟唱诗歌、学习礼仪不合时宜，这都是庸俗鄙薄的见识，他们这些人怎么知道古人立教的本意呢！

一般说来，儿童的性情是喜欢嬉戏玩耍而害怕约束，就像草木刚开始发芽时，如果让它舒展畅快地生长，就能迅速发育繁茂，如果摧残它就会很快枯萎。现在教育孩子，一定要使他们顺着自己的兴趣，多加鼓励，使他们内心喜悦，那么他们自然就能不断进步。有如春天的和风细雨，滋润了花草树木，花木没有不萌芽发育的，自然能一天天地茁壮生长……

简析： 王阳明（1472—1529），名守仁，字伯安，世称阳明先生，浙江宁波余姚人，我国明代著名哲学家、教育家、政治家和军事家。王阳明此文被称为"儿童教育圣经"，对现代儿童教育仍有重要的借鉴意义，其表明应根据儿童特点采取不同的教育方法进行要求，只有这样才能蒙以养正。

学前儿童的心理发展是一个相互联系的统一整体，是智力因素与非智力因素共同协调发展的过程。在认知发展的基础上，作为非智力因素的重要组成部分，学前儿童的情绪情感和意志也在不断地发展。本篇内容将重点探讨学前儿童在情绪情感和意志方面发展的特点，以及在实践教学中如何培养学前儿童良好的情绪情感和意志品质。

本篇内容共分为两个项目：项目九为学前儿童的情绪情感；项目十为学前儿童的意志。

项目九

学前儿童的情绪情感

情景导入

俗话说："六月的天，孩子的脸"，孩子的情绪就如六月的天气一样瞬息万变，难以捉摸。上一秒哭泣，下一秒就可能破涕为笑，说变就变。

如何理解孩子这种多变的情绪？幼儿情绪情感还有什么特点？针对这些特点，成人又该怎么与他们互动呢？

学习目标

▶ **知识目标**

1. 理解情绪情感的概念、分类。
2. 掌握学前儿童情绪情感的发生和发展特点。
3. 掌握学前儿童良好情绪的培养策略。

▶ **能力目标**

1. 学会分析学前儿童情绪情感发展的特点。
2. 学会测评学前儿童情绪情感发展的状况。
3. 能初步设计促进学前儿童良好情感发展的活动方案。
4. 能运用有效策略促进学前儿童情感的发展。

▶ **素质目标**

1. 养成合群乐观、健康向上的积极情绪情感。
2. 激发敬业爱生、无私奉献、艰苦奋斗的职业精神。
3. 具有强烈的好奇心和求知欲，不断学习知识，勇于追求真理。

情绪情感概述 ┬ 情绪情感的概念
└ 情绪情感的分类 ┬ 情绪的分类
└ 情感的分类

学前儿童情绪情感的发生与发展 ┬ 情绪的发生和分化 ┬ 情绪的发生
└ 情绪的分化
├ 学前儿童情绪发展的一般趋势 ┬ 情绪的社会化
├ 情绪的丰富和深刻化
└ 情绪的自我调节化
└ 学前儿童情感的发展 ┬ 学前儿童道德感的发展
├ 学前儿童理智感的发展
└ 学前儿童美感的发展

学前儿童的情绪情感 —

学前儿童情绪情感的培养 ┬ 培养学前儿童积极的情绪情感 ┬ 营造良好的情绪环境
├ 采取积极的教育态度
└ 开展游戏或主题活动
└ 帮助学前儿童正确处理不良情绪 ┬ 合理宣泄法
├ 注意力转移法
├ 冷却法
└ 自我疏导法

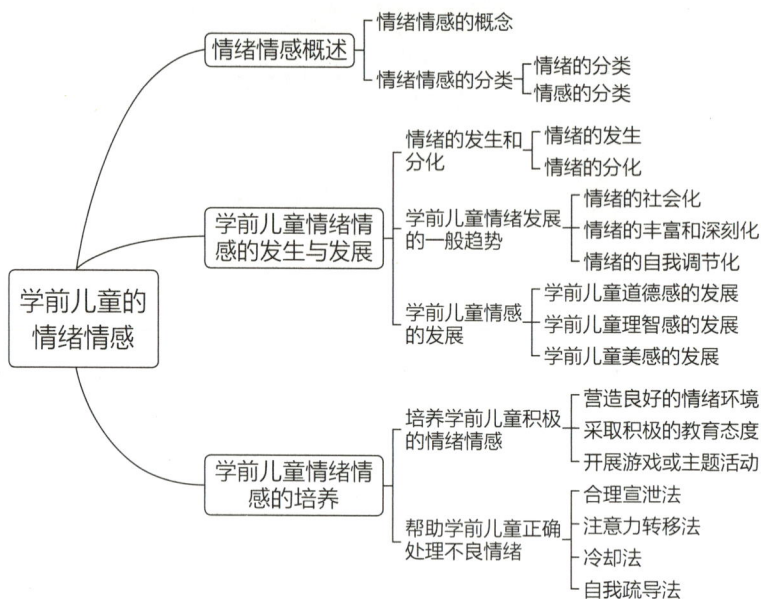

任务一　情绪情感概述

一、情绪情感的概念

情绪情感是指客观事物是否符合人的需要而产生的态度体验。它与认识过程不同，认识过程反映的是客观事物本身，而情绪情感过程反映的是客观事物与人的需要之间的关系。一般而言，需要的满足会引起积极的肯定的情绪情感，如满意、愉快、喜爱、赞叹等；需要的不满足则会产生否定的消极的情绪情感，如烦恼、苦闷、哀伤、憎恨等。

情绪和情感是十分复杂的心理现象，二者既有区别又有联系。情绪一般和人的生理需要（如安全、饮食等）相联系，情感一般和人的社会（如交往、教育等）需要相联系。

二、情绪情感的分类

（一）情绪的分类

根据情绪发生的强度、持续时间和紧张程度，可以将情绪分为心境、激情和应激。

142

1. 心境

心境是一种微弱、持久、带有渲染性的情绪状态，也叫心情。心境的特点具有弥散性和长期性。比如我们常说的"人逢喜事精神爽""感时花溅泪，恨别鸟惊心""喜者见之而喜，忧者见之而忧"，这些都属于心境。

心境产生的原因是多方面的。生活中的顺境和逆境、个人的健康状况等，都有可能成为引起某种心境的原因。积极的心境可以提高人的活动效率，有益于健康；而消极、悲观的心境，则会降低人的活动效率，使人丧失信心和希望，有损于健康。

2. 激情

激情是一种强烈的、迅猛爆发却短暂的情绪状态。激情通常是由对个人有重大意义的事件引起的，多带有特定的指向性和较明显的外部行为。如成功后的狂喜、失败后的绝望、亲人突然逝去的极度悲伤等，都是激情状态。

激情状态往往伴随着生理变化和明显的外部行为表现，如盛怒时的面红耳赤、狂喜时的手舞足蹈等都是激情的外部表现。过度的兴奋与悲痛都容易引起激情。激情状态下个体容易行为失控，甚至做出鲁莽的行为或动作，如"范进中举"时的意识混乱、手舞足蹈，奥运健儿在运动会场上表现出的奋勇激战等，都是激情的表现。

3. 应激

应激是出乎意料的紧急情况所引起的十分强烈的情绪状态。它是人们对某种意外的环境刺激做出的适应性反应。当人们遇到某种外界刺激，这种外界刺激带有危险性时，要求人们必须动员机体的全部力量，迅速做出选择，采取有效行动。此时，人们的身心处于高度紧张状态，即应激状态。例如，正常行驶的汽车意外遇到故障时，司机紧急刹车；新老师在上讲台时，慌乱中急中生智，这些都是应激的表现。

（二）情感的分类

根据情感的社会内容，可以将情感分为道德感、理智感和美感。

1. 道德感

道德感是人类特有的一种高级社会性情感，是指人们根据一定的社会道德规范评价自身或他人的行为时所产生的一种情感体验。"先天下之忧而忧，后天下之乐而乐"的忧国忧民情怀，以及"捧着一颗心来，不带半根草去"的无私奉献精神，都是道德感的体现。爱国主义情感，集体主义情感，对社会劳动和公共事务的责任感、义务感，以及集体荣誉感、友谊感，都属于道德感的范畴。道德感具有一定的历史性、时代性，在阶级社会里，具有鲜明的阶级性。

2. 理智感

理智感是指人在智力活动中，认识和评价事物时所产生的情绪体验。如人们在探索知识时会产生求知欲，了解认识未知事物时有兴趣和好奇心；在解决疑难问题时出现迟疑、惊讶和焦躁，问题解决后产生强烈的喜悦和快慰；在坚持自己看法时有强烈的热情；由于违背了事实而感到羞愧等，这些都属于理智感。理智感对人们学习知识、认识事物发展规律和探求真理的活动都有积极的推动作用。理智感的推动作用发挥得怎样与个体已有的知识水平和经验有关，也与世界观、理想等有关。

3. 美感

美感是指根据一定的审美标准评价事物时产生的一种情感体验。美感包括自然美感、社会美感和艺术美感三类。美感来源于现实，是客观现实美的反映。美感还受个体不同的审美需要、审美修养所制约。因此，对同一客观对象，不同的人会产生不同的美感。美感与道德感一样，是受社会生活条件制约的，不同的历史时期、不同的地区、不同的民族、不同的阶级，有着不同的审美标准，因而对同一事物也有着不同的美的体验，形成了美感的差异性。

🐦 回溯过往

心中时刻装着国家和人民

任务二 学前儿童情绪情感的发生与发展

一、情绪的发生和分化

（一）情绪的发生

1. 本能的情绪反应

观察和研究普遍表明，婴儿出生后就有情绪。初生的婴儿即可有情绪反应，这种情绪反应被称为原始的情绪反应，如新生儿表现出的或哭、或安静、或四肢舞动等。

经过多年的研究，现在人们普遍倾向认为，婴儿先天就有情绪反应，这种原始的、基本的情绪反应是进化来的、天生的、不学就会的，与生理需要是否得到满足有直接关系。

2. 原始情绪的类型

行为主义的创始人华生根据对医院 500 多名婴儿的观察提出了新生儿有三种主要情绪，即怕、怒和爱。华生还详细描述了这些情绪的原因和表现。

（1）怕

华生认为新生婴儿的怕是由于大声和失持引起的。当婴儿安静地躺着时，在其头部附近敲击钢条，会立即引起他的惊跳，肌肉猛缩，继之以哭；当身体突然失去支持，或身体下面的毯子被人猛抖，婴儿会发抖、大哭、呼吸急促、双手乱抓。

（2）怒

怒是由于限制婴儿运动引起的。例如，用毯子把孩子紧紧地裹住，不准活动，婴儿会发怒，他会把身体挺直，或手脚乱蹬。

（3）爱

爱由抚摸、轻拍或触及身体敏感区域产生。如抚摸孩子的皮肤，或是柔和地轻拍他，会使婴儿安静，产生一种广泛的松弛反应，或是展开手指、脚趾。

随着行为主义的兴起，关于新生儿有三大基本情绪的推论也随着流行起来。但是后来的一些研究都未能证实华生对原始情绪的划分理论。谢尔曼曾用四种不同的刺激情境（针刺、过时不喂、身体突然失去支持、束缚手和脚的运动）来引起新生儿的情绪反应，然后叫医生、大学生进来观察新生儿的反应情况，要求他们指出婴儿的哭有什么不同，这些不同的哭是由什么原因引起的。结果这些观察者对婴儿表现出来的情绪及造成这些反应的可能原因，都未能取得一致意见。因此，一些学者认为新生儿的情绪状态是笼统的。

（二）情绪的分化

对初生婴儿的情绪是否分化，是仅仅只有一般性的、未分化的情绪，还是具有各个分化的、不同的情绪，这一直是个有争议的课题。下面，我们介绍几个有代表性的研究。

1. 布里奇斯的研究

加拿大心理学家布里奇斯（K. M. Bridges）的情绪分化理论是早期比较著名的理论。布里奇斯于1932年提出一个新的观点：新生儿的情绪只是一种弥散性的兴奋或激动，是一种杂乱无章的未分化的反应。主要由一些强烈的刺激引起，包括内脏和肌肉的不协调的反应。在以后学习和成熟的作用下，各种不同的情绪才逐渐分化出来。

布里奇斯认为，儿童初生时只有未分化的一般性的激动，表现为皱眉和哭的反应；3个月时分化为快乐、痛苦两种情绪；到6个月时，痛苦又进一步分化为愤怒、厌恶、害怕三种情绪；到12个月时，快乐情绪又分化出高兴和喜爱；到18个月时，分化出喜悦与妒忌。

布里奇斯的理论在20世纪80年代伊扎德（C. E. Izard）等提出其理论前，一直为较多的人所接受。但现在这一理论由于缺乏有效判断情绪反应的客观指标，难以根据婴儿情绪反应本身来判别婴儿情绪，因而受到不少批评。

拓展阅读

斯皮茨的情绪分化研究

儿童心理学家勒内·斯皮茨（René Spitz）提出了情绪分化的两个最明显表现。

（1）2—3个月，婴儿开始发生社会性微笑；3—6个月，对人的表情，如人的微笑、做鬼脸或者戴上假面具，婴儿都会产生微笑反应。同时，对小狗、小猫等动物也会用微笑来反应。但对非动物，如光、铃、积木、球等则不会有反应。

（2）7—8个月，孩子开始出现认生现象。当有陌生人接近，或是妈妈离开的时候，孩子就会产生焦虑情绪。

这是斯皮茨认为的早期儿童情绪分化的描述，与布里奇斯的理论相一致。

2. 林传鼎的研究

我国的心理学家林传鼎于1947—1948年亲身观察了500多个出生1—10天的新生儿的动作变化，根据其观察提出了自己的观点。他认为，新生儿已具有两种完全可以分清的情绪反应。一种是愉快情绪反应，代表生理需要的满足（如吃饱、温暖和舒适等），愉快的反应是一种积极生动的反应，其表现为某些自然动作，尤其是四肢末端的自由动作的增加，且不僵硬；一种是不愉快的情绪反应，代表生理需要的未满足（饥饿、寒冷、疼痛等），其表现为自然动作的简单增加，如连续哭叫、脚蹬手刨等。

3. 伊扎德的研究

伊扎德是当代美国和国际著名的情绪发展研究专家。他关于婴儿情绪发展的研究及据此提出的情绪分化理论，在当代情绪研究中有很大的影响。

伊扎德认为婴儿出生时具有五大情绪：惊奇、痛苦、厌恶、最初步的微笑和兴趣。婴儿在4—6周时，出现社会性微笑；3—4个月时，出现愤怒、悲伤；5—7个月时，出现惧怕；6—8个月时，出现害羞；0.5—1岁，出现依恋、分离伤心、陌生人恐惧。1.5岁左右的儿童，会出现羞愧、自豪、骄傲、焦虑、内疚和同情等。

伊扎德的研究较之前人的研究，无论在科学性和可测性上都大大提高了一步，每一种新出现的情绪反应都有一定的具体的、客观的指标，易于鉴别、判断。

4. 孟昭兰的研究

我国情绪心理学家孟昭兰认为，人类婴儿在种族进化过程中通过遗传获得8—10种基本情绪，如愉快、兴趣、惊奇、痛苦、愤怒、惧怕、悲伤等，他们在个体的发展过程中相继出现。情绪的诱因由开始的生理需要和防御本能向社会性诱因变化。对婴儿的刺激包括社会的、视觉的、触觉的、听觉的四种，前两项作用最大。

二、学前儿童情绪发展的一般趋势

学前儿童情绪的发展主要表现在情绪的社会化、丰富和深刻化、自我调节化三个方面。

（一）情绪的社会化

1. 情绪中社会性交往的成分不断增加

在学前儿童的情绪活动中，涉及社会性交往的内容，随着年龄的增长而增加。有研究发现，学前儿童交往中的微笑可以分为三类：第一类，自己玩得高兴时的微笑；第二类，对教师的微笑；第三类，对小朋友的微笑。这三类微笑中，第一类不是社会性情感的表现，后两类则是社会性情感的表现。该研究所得 1.5 岁和 3 岁儿童三类微笑的次数比较，如表 9-1 所示。

表 9-1　1.5 岁和 3 岁儿童三类微笑的次数比较

年龄	自己笑		对老师笑		对小朋友笑		总数	
	次数	%	次数	%	次数	%	次数	%
1.5 岁	67	55.37	47	38.84	7	5.79	121	100
3 岁	117	15.62	334	44.59	298	39.79	749	100

从表 9-1 可以看出，1.5 岁左右的儿童对自己微笑所占的比例较大，对小朋友微笑的比例很小；而 3 岁儿童对自己微笑的比例很小，对教师、小朋友微笑的比例很大，这表明 3 岁儿童非社会性交往的微笑有所减少，社会性交往的微笑则大为增加。

2. 引起情绪反应的社会性动因不断增加

引起学前儿童情绪反应的原因，称为情绪动因。初生婴儿的情绪反应，主要是和他的基本生活需要是否得到满足相联系。例如，温暖的环境、吃饱、喝足、尿布干净等，都常常是引起愉快情绪的动因。

1—3 岁的幼儿情绪反应的动因，除了与满足生理需要有关的事物外，还有大量与社会性需要有关的事物。但总的来说，在 3 岁前儿童情绪反应动因中，生理需要是否满足是其主要动因。

3—4 岁幼儿，情绪的动因处于从主要为满足生理需要向主要为满足社会性需要的过渡阶段。在中大班幼儿中，社会性需要的作用越来越大。幼儿非常希望被人注意，被人重视、关爱，要求与别人交往。与人交往的社会性需要是否得到满足，以及人际关系状况如何，直接影响着幼儿情绪的产生和性质。成人对孩子不理睬，之所以可以成为一种惩罚手段，原因即在于此。不仅与成人的交往需要及状况是制约幼儿情绪产生的重要社会性动因，而且，同伴交往的状况也日益成为影响幼儿情绪的重要原因。

5—6 岁幼儿情绪反应的社会性动因更加明显。如果小朋友不和他玩、成人对他不理睬，都会让他觉得伤心，感到不愉快，表现出不良的情绪状态。

由此可见，学前儿童的情绪情感与社会性交往、社会性需要的满足密切联系，其情绪情感正日益摆脱同生理需要的联系，而逐渐社会化，与成人（包括教师、家长）和同伴的交往密切联系。社会性交往、人际关系对学前儿童情绪影响很大，是左右其情绪情感产生的最主要动因。

3.表情的社会化

表情是情绪的外部表现。有些表情是生物学性质的本能表现。学前儿童在成长过程中，逐渐掌握周围人们的表情手段，表情日益社会化。

学前儿童表情社会化的发展主要包括两个方面：一是理解（辨别）面部表情的能力，二是运用社会化表情手段的能力。

（1）理解（辨别）面部表情的能力

表情所提供的信息，对学前儿童与成人交往的发展及社会性行为的发展起着特别重要的作用。近1岁的婴儿已经能够笼统地辨别成人的表情。例如，对他微笑，他会笑，如果接着立即对他拉长脸，做出严厉的表情，婴儿会马上哭起来。有研究表明，小班的幼儿已经能够辨认别人高兴的表情。对愤怒表情的识别，则大约在幼儿园中班开始。

正确识别宝宝
丰富多彩的面
部表情

（2）运用社会化表情的能力

心理学家在对5—20岁先天盲人和正常人面部表情后天习得性的研究中发现，最年幼的盲童和正常儿童相比，无论是面部表情动作的数量，还是表达表情的适当程度，都没有明显的差别。但是，正常儿童的表情动作数量和表达表情的逼真性，都随着年龄增长有所进步，而盲童则相反。这说明，先天的表情能力只能保持一定水平，如果缺乏后天的学习，先天的表情能力会下降。盲童由于缺乏对表情的人际知觉条件，其表情的社会化受到了影响。

研究表明，随着年龄的增长，学前儿童解释面部表情和运用表情手段的能力都有所增长。一般而言，辨别表情的能力一般高于制造表情的能力。

（二）情绪的丰富和深刻化

1.情绪的丰富化

情绪的丰富化包括两层含义：一是情绪过程越来越分化。刚出生的婴儿只有少数几种情绪，随着年龄的增长、活动范围的扩大，出现了多种新的情绪体验，如大班幼儿的集体荣誉感。二是情绪指向的事物不断增加。有些之前并没有引起体验的事物，随着年龄的增长，引起了情绪体验，如周围的动植物甚至自然现象，都可以引起幼儿同情、惊奇等情绪体验。

2.情绪的深刻化

情绪的深刻化是指它指向事物性质的变化，从指向事物的表面到指向事物的内在特点。情绪的深刻化，与学前儿童认知发展水平有关。较小的儿童对父母产生依恋，主要是基于父母能满足他的生理需要；而年长的儿童对父母的依恋，则包含对父母劳动的尊重和爱戴等内容。

（三）情绪的自我调节化

1.情绪的冲动性逐渐减少

学前儿童常常处于激动的情绪状态。在日常生活中，婴幼儿往往由于某种外来刺激的出现而非常兴奋，情绪冲动强烈。学前儿童的情绪冲动性还常常表现在他用过激的动作和行为表现自己的情绪。比如，幼儿看到故事书中的"坏人"，常常会把它抠掉。

随着学前儿童脑的发育及语言的发展，情绪的冲动性逐渐减少。学前儿童对自己情绪的控制，起初是被动的，即在成人要求下，服从成人的指示而控制自己的情绪。到幼儿晚期，对情绪的自我调节能力才逐渐发展。成人经常不断地教育和要求，以及幼儿所参加的集体活动和集体生活的要求，都有利于幼儿逐渐养成控制自己情绪的能力，减少冲动性。

2.情绪的稳定性逐渐增强

学前儿童的情绪是非常不稳定的，容易变化，表现为两种对立的情绪能在短时间内互相转换。例如，当儿童由于得不到喜爱的玩具而哭泣时，成人递给他一块糖，他就立刻笑起来。这种"破涕为笑"的现象，在年龄较小的儿童身上表现得尤为明显。学前儿童情绪的不稳定性主要与以下两个因素有关。

（1）情境性

学前儿童的情绪常常被外界情境所支配，某种情绪往往随着某种情境的出现而产生，又随着情境的变化而消失。如新入园的幼儿，看着妈妈离去时，会伤心地哭；但当妈妈的身影消失后，经教师引导，他很快就愉快地玩起来。如果妈妈再次出现在窗前，又会引起幼儿不愉快的情绪。

（2）易感性

易感性是指学前儿童的情绪非常容易受周围人情绪的影响。如新入园的一个幼儿哭泣着要找妈妈，会引得班里其他幼儿都哭起来；又如教师讲故事时，讲到动人之处，一个幼儿笑，其他幼儿也会跟着哈哈大笑。

随着年龄的增长，学前儿童情绪的稳定性逐渐增强。幼儿晚期，儿童的情绪比较稳定，情境性和受感染性逐渐减少，这一时期儿童的情绪较少受一般人感染，但仍然容易受亲近的人，如家长和教师的感染。因此，父母和教师在儿童面前必须注意控制自己的不良情绪。

3.情绪从外显到内隐

幼儿初期阶段的儿童，都不能意识到自己情绪的外部表现。他们的情绪完全表露于外，丝毫不加以控制和掩饰，想哭就哭、想笑就笑。随着言语和心理活动有意性地发展，学前儿童逐渐能够调节自己的情绪及其外部表现。幼儿晚期，幼儿能较多地调节自己情绪的外部表现，但其控制自己的情绪表现还常常受周围情境的左右。

◆ 笔记栏

学前儿童情绪外显的特点有利于成人及时了解幼儿的情绪，给予正确的引导和帮助。同时，由于幼儿晚期情绪已经开始具有内隐性，这就要求成人细心观察，主动了解幼儿内心的情绪体验。

三、学前儿童情感的发展

（一）学前儿童道德感的发展

1岁时，婴儿就表现出一种对人简单的同情感。当他看到别的孩子哭或笑，也会跟着哭或笑，这就是所谓"情感共鸣"，它是高级情感活动产生和发展的基础。

2—3岁的幼儿已产生了简单的道德感。此时，幼儿的道德感主要指向个别行为，往往是由成人的评价引起的，如知道打人、咬人是不好的。成人表扬他就高兴，批评他则不高兴。

3—4岁的幼儿道德感体验不深，往往容易随着成人的判断而改变。他们的道德判断容易受到成人的暗示，只要成人说是好的，或自己觉得感兴趣的，就认为是好的；反之，则是坏的。同时，他们判断某件事情，只看结果，而不看行为的动机。

4—5岁的幼儿已经掌握了生活中的一些道德标准，他们不但关心自己的行为是否符合道德标准，而且开始关心别人的行为是否符合道德标准，由此产生相应的情感。如中班幼儿常常向老师"告状"，这就是由道德感激发起来的一种行为。幼儿在对他人的不道德行为表示愤怒的同时，还对弱者表现出同情，并表现出相应的安慰行为。

6岁的幼儿道德感的发展开始趋向复杂和稳定。他们对好与坏、好人与坏人，有着截然不同的情绪反应。同时，他们开始注重某个行为的动机、意图，而不单从结果上进行判断。

学前儿童的羞愧感或内疚感也开始发展起来。特别是羞愧感从幼儿中期开始明显发展起来，幼儿对自己出现的错误行为会感到羞愧，这对幼儿道德行为的发展具有非常重要的意义。

总的来说，学前儿童的道德感是不深刻的，大都是模仿成人，执行成人的口头要求，并在集体活动中和成人的道德评价影响下逐渐发展起来的。

（二）学前儿童理智感的发展

学前期是儿童理智感开始发展的时期。学前儿童理智感的发展，在很大程度上取决于环境的影响和成人的培养。3—4岁幼儿在成人的指导下，用积木搭出一个房子时，会高兴地拍起手来；5岁左右幼儿的理智感已明显地发展起来，突出表现在幼儿很喜欢提问题，并由于提问和得到满意的回答而感到愉快；6岁幼儿理智感的发展表现在喜欢进行各种智力游戏，或者动脑筋、解决问题的活动，如下棋、猜谜语、拼搭大型建筑物等，这些活动既能满足他们的求知欲和好奇心，又有助于促进其理智感的发展。学前儿童理智感有一种特殊的表现形式，即好奇、好问。他们往往从问"这是什么"逐渐发展到问"为什么""怎么样"等。学前儿童认识事物的强烈兴趣，不仅使他们获得了更多的知识，而且进一步推动了其理智感的发展。学前儿童理智感的另一种表现形式是与动作相联系的"破坏"行为。例如，新买的玩具，可能一眨眼工夫，就被他们拆得七零八落了。

日常生活中，有许多在成人看来十分平常的现象，在学前儿童看来却很新奇，所以他们爱问问题、爱拆东西，这完全是学前儿童理智感发展的表现。作为家长和教师，要珍惜他们的这种探究热情，满足他们的好奇心。

（三）学前儿童美感的发展

学前儿童对美的体验有一个社会化的过程。研究表明，新生儿倾向于注视端正的人脸，而不喜欢五官凌乱、颠倒的人脸；婴儿喜欢有图案的纸板多于纯灰色的纸板，对色彩鲜艳的物品更容易产生喜爱之情。幼儿初期，主要是对颜色鲜明的东西、新的衣服鞋袜等产生美感，他们自发地喜欢相貌漂亮的小朋友，而不喜欢形状丑恶的事物；幼儿中期，能从音乐、绘画作品，以及舞蹈、朗诵活动中得到美的感受；幼儿晚期，不再只满足于颜色鲜艳，还要求颜色搭配协调，他们对美的评价标准日渐提高。

🐦 **活学活用**

"不愿动笔"的豆豆和爱告状的孩子们

豆豆有天不高兴，上图画课时不愿动笔，"美丽的春天"的主题画画了几笔就不想画了。老师启发他可以画棵树，他说："还没长出来呢"；叫他画个小朋友，他说："他们都不爱在这玩。"

在幼儿园中班，幼儿的告状声不断："老师，君君抢丽丽积木了。""老师，玲玲把书撕坏了。"……

请分析儿童情绪情感的发展特点与规律。

分析：

1.学前儿童情绪的发展主要表现在情绪的社会化、丰富和深刻化、自我调节化三个方面。首先，学前儿童情绪的冲动性逐渐减少，稳定性也逐渐增强，但常常还会受到外界情境的支配及亲近之人的感染，并影响自己的活动。案例中的豆豆的情绪不佳，并长时间沉浸在这种不开心的情绪中，不能及时得到转换。其次，幼儿的情绪逐步由外显到内隐。幼儿不再把情绪完全表露于外，面对不良情绪也不能及时调适，这就要求成人细心观察，主动了解幼儿内心的情绪体验。

2.随着年龄的增长，中班幼儿已经掌握了生活中的一些道德标准，他们不但关心自己的行为是否符合道德标准，而且开始关心别人的行为是否符合道德标准，由此产生相应的情感即道德感。如案例中的中班幼儿常常向老师"告状"，这就是由道德感激发起来的一种行为。

任务三　学前儿童情绪情感的培养

学前儿童情绪情感的培养包括积极情绪情感的培养和消极情绪情感的调适两方面。在让学前儿童充分享受和体验积极情绪情感的同时，还要教会他们自我调节及排除消极情绪。

一、培养学前儿童积极的情绪情感

研究表明，良好的情绪情感能促进学前儿童的身体、智力和个性等多方面的发展，帮助他们进行积极的自我建构。我们可以从以下几个方面帮助学前儿童培养积极的情绪情感。

（一）营造良好的情绪环境

1. 创设温馨、舒适的生活环境

宽敞的活动空间、优美的环境布置、整洁的活动场地和充满生机的自然环境对学前儿童情绪情感的发展是非常重要的。良好的生活环境，无压抑感、充满激励的氛围，可以使学前儿童感到安全和愉快。因此，成人应尽可能地为学前儿童创设良好的生活环境，合理安排他们的一日生活，使其在生活中处处感受到轻松和愉快，以促进其情绪情感的健康发展。

2. 营造宽松、和谐的交往氛围

学前儿童与周围人的关系也是影响其情绪情感的重要因素。良好的师生关系和同伴关系有助于学前儿童形成积极的情绪情感体验，使学前儿童喜欢上幼儿园；反之，学前儿童则会反感上幼儿园，在幼儿园里也会感到孤独、寂寞，心情抑郁。因此，教师要为学前儿童创设一种欢乐、融洽、友爱、互助的氛围，如教师要经常有目的地组织儿童自由交谈、玩"过家家"等交往游戏活动，使他们感到幼儿园生活的愉快；对于那些胆小、怯懦的孩子，要鼓励他们敢于表现自我，主动与人交往；教师尤其要注意那些受排斥和被忽视的孩子，帮助他们和小伙伴友好相处，从与同伴的交往中得到快乐。

3. 创造良好的学习环境

学前儿童良好情绪的建立也依赖于丰富多样的学习环境。单调的刺激容易使人产生厌烦等消极情绪，而丰富多样的环境变化则能激发人的探索兴趣，丰富的生活内容则会让学前儿童产生兴趣，激发其探索欲望，收获快乐和满足。因此，教师和家长要尽量为学前儿童创设丰富多彩的活动内容，如创设手工操作区、娃娃乐园、科学实验室等；也要多带他们进行各种户外活动，让他们有更多亲近自然、感知世界的机会，以促进学前儿童健康情绪情感的养成。

（二）采取积极的教育态度

1.肯定为主，多鼓励进步

许多父母经常对孩子说"你不行""太笨了""没出息"等。经常处于这种负面影响下，幼儿情绪消极，也没有活动热情。例如，有个幼儿平时画画并不太好，当他在幼儿园画的画第一次拿回家时，妈妈高兴地说："太好了！孩子，我知道你能行，你画的大红花多么漂亮！"从此，孩子对美术产生了兴趣。而每次画完一张都拿给妈妈看，妈妈总是夸他画得好，有进步，幼儿果然越画越好了。

2.耐心倾听孩子讲话

学前儿童总是愿意把自己的见闻向亲人诉说。幼儿与老师亲近、对老师信任时，也总是愿意向老师诉说。可是成人往往由于自己太忙，没有时间听孩子说话。有时成人认为孩子说的话幼稚可笑，不屑一顾。这些都会使幼儿感受到压抑，感受到孤独，因而情绪不佳。有时孩子也会因此出现逆反心理，故意做出错误行为，以引起成人注意。

3.正确运用暗示和强化

学前儿童的情绪在很大程度上受成人的暗示。比如，有位家长在外人面前总是对自己的孩子加以肯定，说："我们孩子摔倒了从来不哭。"她的孩子果真能控制自己的情绪。另一位家长则常常对别人说："我们的孩子就是爱哭""他就是胆小"，则容易使孩子产生消极情绪。

（三）开展游戏或主题活动

游戏是学前儿童最喜爱的活动。在游戏中，儿童可以自由地宣泄自己的情绪，不受现实条件的限制，充分展开想象的翅膀，从事自己向往的各种活动，获得心理上的满足，产生积极、愉快的情绪。绘画、玩泥、玩水、玩沙、唱歌、跳舞等游戏活动都可以让儿童充分表达自己的情绪，使他们感到轻松、愉快。学前儿童由于年龄小，还不能完全理解自己内心发生的事情，不可避免地会发生某种程度的焦虑或不满，而游戏正好可以使儿童从这些不愉快的情绪中得以释放和解脱，有利于其积极情绪的发展。如在游戏中，中班的一个女孩自己想当"理发师"而别人不愿意带她一起玩，她就一个人偷偷地哭泣。教师发现后，先是稳定她的情绪，让她说出不高兴的原因；然后帮她分析自己的情绪，让她知道遇到事情生气、哭是没有用的，并引导她想出克服不良情绪、解决问题的方法；最后，她与别人商量先当"顾客"，然后轮流当"理发师"，这使得她顺利地参与到了同伴的游戏中，情绪也逐渐变得愉快、积极起来。

此外，开展有关情绪的主题活动也有助于促进学前儿童健康情绪情感的发展。教师可以通过开展"我们都是好朋友""会变的情绪""赶走小烦恼"等主题活动，增强学前儿童的自信心和独立性，培养学前儿童积极、健康的情感。

二、帮助学前儿童正确处理不良情绪

（一）合理宣泄法

正确处理儿童不良情绪的方法

作为家长和教师要帮助学前儿童学习选择用对自己和他人无伤害的方式疏导和宣泄消极情绪。成人可以通过多种方式为学前儿童提供机会诉说自己心中的感受，引导他们表达自己的情绪情感。如在学前儿童因争执而产生愤怒、悲伤等情绪反应时，教师应支持、鼓励他们充分表达各自的感受，耐心倾听他们对冲突的解释，有利于幼儿及时宣泄消极情绪，以平和的心态面对矛盾，积极寻求解决问题的办法。

（二）注意力转移法

当学前儿童为了某件事情而闹情绪时，成人有意识地将注意力转移到其他方面。对4岁以上的幼儿，当他们处于情绪困扰时，可以用精神的而非物质的转移方法。例如，爸爸对正在大哭的孩子说："看这里这么多的泪水，我们正缺水呢，快来接住吧。"这时爸爸真的拿来一个杯子，孩子就破涕为笑了。再如爸爸对哭泣的妞妞说："闺女这泪雨不小，快去拿把伞遮雨，不遮就淋湿了。"当爸爸真的拿出一把伞撑开时，孩子的情绪也就转移了。

（三）冷却法

当幼儿的情绪十分激动时，成人可以采取暂时置之不理的办法，这样幼儿自己会慢慢停止哭闹。如幼儿吵着要买玩具，甚至在地上打滚，家长可采取不劝说、不解释、不争吵的方法，让幼儿感到父母并不在意他的这些行为。当幼儿闹够了，从地上爬起来时，父母要表现出高兴和关心，可以对幼儿说："我们知道你不开心，你现在不闹了，真是一个好孩子。"然后，父母可以跟他讲道理，分析他刚才行为的不对之处。

（四）自我疏导法

自我疏导法主要是利用自我暗示的特殊方法来控制不良情绪。如利用数数、饶舌、深呼吸等方法，来缓解临场前的紧张情绪。生活中，我们可以通过多种形式教幼儿在面对紧张、焦虑的不良情绪时用这种自我暗示、自我说服、自我鼓励的方式去自我疏导。例如，针对幼儿不愿讲故事、不敢讲故事的情况，教师可以引导幼儿进行积极的自我暗示："我一定能讲好这个故事，一定能！""讲故事没什么可怕的，我能跳舞，也一定能讲故事！""讲故事根本没什么了不起，我很棒！"等，这样有助于缓解幼儿的紧张情绪，也可以进一步增强他们的自信心。

活学活用

幼儿情绪背后的秘密

建构区内，小铭费了很大力气搭建的城堡乐园被亮亮碰倒了，小铭很生气，顺手推了亮亮一下，亮亮一屁股坐在了地上。老师发现后，把小铭叫了过来。

老师：你很生气的时候，会用什么颜色来画？

小铭：我不知道！

老师：你生气的时候，会像一个轻飘飘的气球，还是会像……？

小铭：像一块石头！

老师：是重重的还是轻轻的？

小铭：重重的！

老师：你觉得那是什么颜色？

小铭：……（想了一会儿）黑色！

老师：那就是黑色，有点生气？还是很生气？

小铭：很生气！

老师：你很用力地画，还是轻轻地画？

小铭：很用力！

老师：你就很用力地画！用你最大的力气来画！

请分析案例中教师的行为，并说一说应如何帮助幼儿处理不良情绪。

分析： 老师巧妙地借助绘画了解小铭盛怒的原因，并鼓励他借着涂鸦，将心中的愤怒宣泄出来。小铭因情绪激动讲不清事情缘由，借着图像呈现事发时的情景，再用重重的涂鸦宣泄出压在心头的黑色大石头。随着愤怒的缓解，心情也逐渐恢复平静

可见，幼儿的情绪发展若要健全，有赖于教师掌握正确的情绪知识及正确处理幼儿不良情绪的方式。冷静、理性的解释并不足以引发孩子对他人感受的觉察，而应加上较强情感的诱发，且更进一步地提供方法，才能教育孩子如何感受和反应。

回溯过往

知行合一，万世师表

实训实践

实训一　学前儿童情绪情感的测量与评估

1.请在实践教学基地选择5—10名不同年龄段幼儿作为研究对象，通过观察法、调查法和测验法对幼儿的情绪表现进行评估、记录，了解不同年龄段幼儿情绪的发展特点，测验结束后在组内分享测验结论。

（1）测验目的：了解不同年龄段幼儿情绪的发展特点。

（2）测验准备：问卷、观察记录表（见表9-2）。

（3）测验内容与步骤：

①观察。可在幼儿的需求得不到满足时（如想参加某一组活动，但因人数和材料的限制而不能被接受）、幼儿遇到挫折时（如做错事挨批评，没做错事而被冤枉或做事屡次不成功）、幼儿的要求得到满足时（如想参加某项活动而如愿以偿）、幼儿获得成功时（如受到表扬时或完成了某项重要任务时）进行观察。

除随机观察外，还可运用事件取样法进行观察记录，如表9-2所示。经过两周观察记录，从幼儿对若干件"成功与挫折事件"的反应，教师可以粗略地看出该幼儿个体对情感、情绪的表达能力。

表9-2　幼儿"成功与挫折事件"观察记录

幼儿姓名	事件（一）		事件（二）		事件（三）	
	内容	表现	内容	表现	内容	表现
…	下棋得胜	欢呼	摔跤	大声哭喊	想参加活动受到挫折	生闷气
…	下棋输	平静	受表扬	愉悦的表情、自豪的神态	想参加活动受到拒绝	再要求，仍不成则选择其他活动

②调查。可以通过访谈或问卷的形式向幼儿家长或老师进行调查。调查问卷内容如下。

幼儿表达和控制情感能力调查问卷

请您在符合孩子的表现情况的序号下打"√"。

1）吃药时，大哭大闹。

a.经常　　b.有时　　c.很少

2）到商店要买某件东西，大人不同意就赖着不走。

a.经常　　b.有时　　c.很少

3）做错事被大人批评后，长时间闷闷不乐。

a.经常　　b.有时　　c.很少

4）一件心爱的东西丢失或坏了，大声地哭泣。

a.经常　　b.有时　　c.很少

5）爱吃的东西能分给别人。

a.经常　　b.有时　　c.很少

6）会把自己的感受告诉大人（比如告诉大人"我心里很高兴"等）。

a.经常　　b.有时　　c.很少

7）客人带东西到家里，等客人走了以后才打听、翻看。

a.经常　　b.有时　　c.很少

8）玩得高兴时，能按大人要求较快停止活动。

a.经常　　b.有时　　c.很少

③测验。可以设计一些小测验，通过创设情境，诱发情感，观察其表达与控制的表现，去更好地了解幼儿的情绪情感特征。

2.请设计一个促进学前儿童情绪情感发展的活动方案或亲子游戏方案。

活动主题＿＿＿＿＿＿

活动目标：

活动准备：

活动过程：

实训二　幼儿园教师资格考试（面试）结构化试题模拟训练

1.如果在午休时间，有个幼儿大吵大闹，你怎么办？

2.有的幼儿离开妈妈后就哭闹，作为幼儿教师，你怎么办？

3.文静的涵涵今天情绪特别烦躁，集体活动时总是发脾气，你怎么办？

真题汇集

项目九在线测验题

项目九【真题汇集】
（含参考答案）

项目十
学前儿童的意志

情景导入

　　欢欢今年5岁了，是家中的独生女，平时在家备受宠爱，尤其是爷爷奶奶对她更是达到了溺爱的程度。今天是爷爷的生日，全家人准备了丰盛的晚餐，就等着叔叔下班回来一起吃。叔叔还没回来，欢欢等不及了，就哭着吵着："我要吃！"妈妈对欢欢说："再等等，叔叔就快回来了。"欢欢："不！就要吃！"于是，爷爷心疼地说："让她吃吧，小孩子知道什么。"奶奶也说："吃吧，没事！"妈妈还是坚持，她不想这么任她由着性子，于是，就把欢欢带到一旁去说悄悄话了。直到叔叔回来之前，欢欢也没有再闹过。席间，叔叔得知了饭前的经过也说："嫂子，你也真是的，可别把孩子给饿着了！"妈妈笑了笑，说："我们家欢欢懂事了，知道要学会等待，这对她今后也很重要！"

　　案例中，通过妈妈的引导，欢欢为了等待叔叔回来而克制住自己对美食的欲望。这一行为涉及一个重要课题，那就是我们平常所说的——意志。什么是意志？意志行动的特征是什么？意志的基本品质有哪些？学前儿童意志发展有哪些特点？如何培养学前儿童的意志？

学习目标

▶ 知识目标

1. 理解意志的概念、过程。
2. 掌握意志的特征及四大品质。
3. 掌握学前儿童意志发展的特点及培养策略。

▶ **能力目标**

1. 学会正确分析学前儿童意志发展的特点。

2. 学会测评学前儿童意志发展的状况。

3. 能初步设计促进学前儿童意志发展的活动方案。

4. 能运用有效策略促进学前儿童意志的发展。

▶ **素质目标**

1. 以幼儿为中心，关爱幼儿，热爱幼儿教育工作。

2. 养成不怕困难、永不言弃的坚韧精神。

3. 具有较强的自制力，能够坚定信念，抵制诱惑。

○ **思维导图**

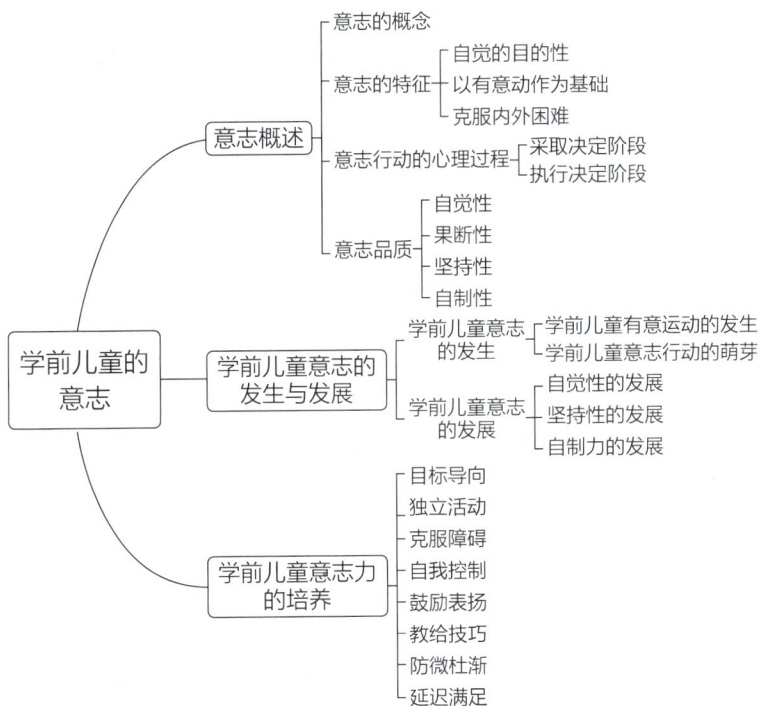

任务一　意志概述

一、意志的概念

意志是指个体自觉确定目的，并根据目的来支配、调节自己的行为，克服各种困难，从而实现预定目的的心理过程。意志是人类特有的心理现象，也是人的意识能动性的表现。如幼儿为了等家人回来而克制住对美食的欲望；学生为了期末考试获得好成绩而坚持每天学习 8 小时，不看电视、不玩游戏，这些等都属于意志活动。

二、意志的特征

（一）自觉的目的性

目的性就是在事物尚未出现以前便有所预见，并能指向行动。目的性是意志的首要特征，是意志活动的前提。比如，人们平时都有正常的眨眼动作，这些动作并不存在目的性，因而不是意志活动；但为了将眼睛里的沙子排出去而有意地眨眼，则是一种意志活动。再比如，当一个人下定决心好好学习，那么在这一段时间内便会专心学习，不去做与此无关的事情。正是由于意志具有明确的目的性，所以才能实现对人的行动的支配和调节作用。

（二）以有意动作为基础

意志是通过行动表现出来的，而行动就是一系列的动作。没有基本的动作的发展，不可能产生意志行动，而没有意志成分的参与，动作也不可能发展和完善。人的头脑中的任何愿望、计划，要想让它们实现，都必须通过这些有意动作，由人们根据自己的目的去组织、支配和调节，从而实现预定的目标。

（三）克服内外困难

一切行动在目的的确立和实现的过程中，往往会遇到各种各样的困难，正是在克服各种困难的过程中才表现出一个人的意志力量。但是，不是所有的目的行为都需要努力。比如，饿了吃饭、渴了喝水，这些虽都是有明确的目的，但都不需要意志的努力。意志只有在种种困难的克服中才可以体现出来，没有和克服困难相联系的行动，不是意志行动。困难包括内部困难和外部困难。内部困难是指干扰目的的确定与实现的内在条件，它包括生理和心理两种。心理上的困难，如信念的动摇、情绪的冲动、能力的缺乏等。外部困难是指阻碍目的的确定与实现的外在条件，如缺乏必要的工作条件等。人在活动中为了克服困难，就必须动员自己所具有的知识、情绪与体力，使之处于良好的状态，这就是意志表现。克服内外困难是意志行动最重要的标志。

三、意志行动的心理过程

笔记栏

意志要通过具体的行动表现，其行动过程包括心理对行动的内部组织和调节。因此，意志行动的心理过程主要分为两个阶段：采取决定阶段（主要包括动机冲突、确定目的、策略和方法的选择、制订计划等环节）、执行决定阶段。

（一）采取决定阶段

采取决定阶段是意志行动的开始阶段，它决定着意志行动的方向及意志行动的动因。

1. 动机冲突

在采取决定的过程中，有时候很容易就做出决定；有时候可供选择的目标有好几个，在确定目的时会产生各种动机冲突，只有妥善解决动机冲突后，才能确立目的，做出决定。这些冲突可表现为以下几种形式。

（1）双趋冲突

双趋冲突是指对几个目标同时都想得到但又不可兼得时所形成的矛盾心态。趋指的是趋向、想要。比如，两个东西我都想要，但只能选择要一个；鱼与熊掌，二者不可兼得。也就是人们常说的两利相权取其重，所以双趋冲突又称为接近性冲突。如大学生在开学之初，既想参加文学社又想参加吉他社，但学校只准参加一个时会产生双趋冲突。

（2）双避冲突

双避冲突是对几个目标都想回避但又不得不选择其一时而形成的矛盾心态。避指躲避或者说不想要的，即存在两个不想要的东西，只能躲避一个。比如，前有狼后有虎，进退两难。也就是人们常说的两害相权取其轻，所以双避冲突又称为回避性冲突。如一个人生病了，他既害怕打针，又不想吃药，可是为了治好病，必须打针或者吃药。这时他所面临的就是双避冲突。

（3）趋避冲突

趋避冲突是指对同一目标既想追求又想回避的矛盾心态。即同一目标既有吸引力，又有排斥力；既希望接近，同时又不得不回避，从而引起的冲突。如"食之无味，弃之可惜"；或者对一个人的"爱恨交织"，取舍不定；又如冬天，女孩子想穿裙子又担心受冻感冒；喜欢吃巧克力又怕长胖，这些都是趋避冲突。

（4）多重趋避冲突

多重趋避冲突中，一个人要面对两个或两个以上的目的，而每一个目的又分别具有趋避两方面的作用，这时就产生了对几个目的兼具好恶的复杂的矛盾心理状态。比如，开学之初一个大学生想选修一些有吸引力的课程，但又害怕考试失败；想参加校足球队为学校争光，但又害怕耽误时间太多；想参加学校的公关协会学习公关知识，但又怕不能被接受，面子上不好看。这种复杂的矛盾心理，就是多重趋避冲突。这种冲突最难解决，在重大事件中往往面对的是此种冲突。

2. 确定行动目的

在明确行动的主导动机之后，行动的方向和目的就容易确定了。意志行动都要有预先确定的行动目的，这是意志行动产生的重要环节。动机斗争的过程中也涉及对外界多种行动目的的权衡选择，甚至不是最终选择一个目的，更多的是能同时达到多种目的。

目的有高尚和卑劣之分，最终应确立既有益于社会又有益于个人的行动目的。目的也有远近、主次的不同，一般来讲，要先实现近景目的，再实现远景目的。此外，人们既可以选择先实现主要目的，再实现次要目的；又可以选择先实现次要目的，再集中力量实现主要目的。

3. 选择方法和策略，制订计划

目的确定后，进一步就要选择达到目的方法和策略，制订行动计划。方法与策略的选择、计划的制订，对行动目的的顺利实现关系极大。切实可行的方法、策略、计划使行动结果事半功倍，不适宜的方法、策略、计划则事倍功半，甚至导致行动的失败。

（二）执行决定阶段

在一系列内部决策完成之后，意志行动的下一步就是按照既定计划执行。即使动机再高尚、行动目的再明确、方法和手段再完善、计划方案再周密，如果不去采取实际行动，也都毫无意义。因此，执行阶段是意志行动的关键阶段。在执行计划时，首先要不断克服困难；其次要审慎而行，必要之时及时"刹车"；最后还要接受成败的考验，只有经历过成败的考验，做到"胜不骄，败不馁"，才能取得最后的成功。

四、意志品质

构成意志力的稳定因素称为意志品质，主要包括自觉性、果断性、坚持性和自制性四大品质。

（一）自觉性

自觉性是指能够认识到自己的处境，知道自己应该如何做，并能自觉地确定目的，以目的支配自己行动的意志品质。比如，学生对航模感兴趣，他就会自觉去图书馆查阅资料进行学习。在此过程中，学生能自觉去图书馆查阅资料，支配自己的行动服从自己的目的，体现的就是意志的自觉性。

意志自觉性的两个相反的品质一个是易受暗示性，即自己没有主见，容易受到别人意见的左右；另一个是独断性，即在决定时从不听取别人的意见。

（二）果断性

意志的果断性是指一个人是否善于明辨是非，迅速而合理地采取决定和执行决定的品质。比如，司马光迅速合理地做出砸缸的决定，体现的就是意志的果断性。

意志的果断性的两个相反的品质：一个是优柔寡断，即采取决定时反复思考久久不能下决定；另一个是草率，即采取决定时没有经过合理的思考，冲动地做出决定。

（三）坚持性

坚持性是指在行动中始终向着既定目的，保持充沛精力直到目的实现的意志品质。坚持性表现在个体遇到外部困难时不避开，一时失败不气馁，面对诱惑不随波逐流，能够突破自身局限等方面。如士兵在大比武中，克服腿部肌肉拉伤的困难与障碍，完成比赛任务。在此过程中，士兵克服腿部肌肉拉伤的困难完成既定任务的品质体现的就是意志的坚持性。

意志的坚持性的两个相反的品质：一个是动摇性，即三天打鱼两天晒网；另一个是顽固性，即不撞南墙不回头。

（四）自制性

意志自制性是指一个人善于控制和支配自己行动方面的品质。自制性强的人，在意志行动中，不受无关诱因的干扰，能控制自己的情绪，坚持完成意志行动。比如，你在学习的时候，能抵制朋友喊你出去玩的诱惑，完成老师今天布置的任务。在此过程中，你不受同学叫自己出去玩的诱惑，控制自己的行动，先完成学习任务体现的就是意志的自制性。

意志的自制性的两个相反品质：一个是任性，即自己的行为常受自己的情绪所支配，自己不能支配自己的行动；另一个是怯懦，即过分地控制自己。

🐦 **回溯过往**

一生择一事，根入莫高窟

任务二　学前儿童意志的发生与发展

一、学前儿童意志的发生

（一）学前儿童有意运动的发生

1. 有意运动在无意运动的基础上发生

根据有无目的性和努力的程度，将运动分为无意运动和有意运动。无意运动，又称不随意运动，是指人没有意识到的被动运动。它是天生的无条件反射活动，如孩子刚出生就有吮吸反应、抓握反应、眨眼反应、惊跳反应等。这就是简单的无意运动。

有意运动，又称随意运动，是指人为了达到某种目的而主动支配自己的肌肉运动。伸手拿杯子、用脚去踢球等都属于有意运动。有意运动是后天学会的，是自觉意识到的主动运动。有意运动是在无意运动的基础上发生的，是意志的基本组成成分。

2. 有意运动的特点

学前儿童的有意运动具有两个特点：有意运动是后天学会的；有意运动是自觉意识到的主动的运动。具体表现如下。

从胎儿及新生儿身上基本观察不到有意运动。胎儿不需要做任何努力就可以适应子宫环境，没有明确的需要产生，因而不需要意志活动。新生儿除了一些本能的动作以外，大多数动作都是混乱的，手眼不协调，手胡乱挥舞摆动。两三个月大的婴儿会用手抚摸和拍打物体，但还不会抓握物体，也会用一只手玩另一只手，但大多是无意的触摸动作。

随着环境的变化，婴儿的认知结构发生了改变。如婴儿感到饥饿时会哭，这时可能还是先天的反射在起作用。但哭声并不一定能引来母亲的注意，婴儿会无意中改变哭声，如增大音量，随后需要得到满足。这样婴儿就习得了一种新的行为方式，在需要不能立即满足时，婴儿就有可能有意识、有目的地使用新的行为方式，这就产生了有意运动。

（二）学前儿童意志行动的萌芽

2个月大的婴儿主动抬头，出现了有意的身体动作。

3个月大的婴儿仍然是以偶然和无意的动作为主。他们会被动地抓握手里的东西，手无意地挥动，带动了手里的玩具。

4个月左右，婴儿的行为出现了最初的有意性和目的性。其中，四五个月时出现了手眼协调动作，手眼协调的标志性动作是"够物"，即婴儿能够准确地把眼前看到的物品用手抓住。手眼协调动作出现，是幼儿产生有意动作的标志。这时婴儿开始对外部世界进行探索，动作有了最初的目的性。

8个月以后，婴儿能够坚持指向一个目标，并用一定的努力排除障碍，这标志着婴儿出现了意志行动的萌芽。如婴儿喜欢用手玩自己喜爱的玩具，在够不着玩具的时候，婴儿可以借助父母获得玩具，或通过其他方式获取。

1.5—2岁，意志行动有了根据目的而决定行动方法的特点，以后由于语言的发生，逐渐能够通过言语来调节自己的行为。随着儿童活动能力的增强，父母会逐渐增加对儿童活动的要求与限制，如不准打人、抓人、咬人、扔东西、碰触危险物品（如刀、针、电器）等限制。这些行为的发动与抑制都需要意志的参与。

二、学前儿童意志的发展

（一）自觉性的发展

学前儿童由于语言和思维还很不发达，对周围事物、成人提出的任务，以及自己的行动目的缺乏深刻的认识。因此，行动的自觉性较差。

1. 小班幼儿自觉性的发展特点

学前初期的幼儿，行动带有很大的无意性和不自觉性。行动容易受周围事物的影响、支配，常常难以服从成人的要求、指示，甚至忘记成人的指示与要求。预先给自己提出活动的目的，对小班幼儿更是困难。比如，成人命令小班的幼儿吃饭，结果往往适得其反，而给他做出吃饭的榜样或夸张地描述饭菜中他喜欢的东西，则比较容易起作用。

2. 中班幼儿的自觉性发展特点

在正确的教育影响下，学前中期幼儿开始能使自己的行动服从于老师的指示和要求，并且能够在某些活动中独立地确定行动目的，逐渐按照既定的目的去行动。但行动目的有时还不甚明确，对行为的制约性也不强。

3. 大班幼儿自觉性的发展特点

大班幼儿已能够比较明确地给自己提出行动的目的、任务，并且不仅能较好地使自己的行动服从于成人的指示，而且能够较好地服从于自己提出的目的。周围环境对他们的影响相对减弱，而语言指示、目的、任务对他们的制约力相对增强，行动具有较明显的目的性。

（二）坚持性的发展

在"哨兵站岗"实验中，幼儿有意保持特定姿势的时间随年龄的增长而延长。3—4 岁幼儿平均保持时间仅 18 秒，4—5 岁幼儿则提高到 2 分 15 秒。这说明，幼儿的坚持性随着年龄的增长而提高。

1. 小班幼儿坚持性的发展特点

小班幼儿坚持性很低，做事有头无尾、有始无终。例如，幼儿在进行画画活动，但只画了一半就不画了，跑到"医院"去给"病人"看病，但还没给"病人"开完药方，又跑到"理发店"去当理发师了。在实现目的的过程中，如果他们遇到某些小困难，则更易放弃努力，坚持性很弱。

2. 中班幼儿坚持性的发展特点

中班幼儿开始能够努力坚持完成每一项任务，特别是他们在感兴趣的、喜欢的活动中，能坚持较长时间，并在遇到困难时，也能尝试努力克服困难而实现目的。但坚持性还是不太稳定，困难稍大一点，就容易停止行动。

3. 大班幼儿坚持性的发展特点

大班幼儿坚持性比较稳定，不仅对自己感兴趣的活动的目的能努力实现，而且对自己不感兴趣的，甚至较困难的活动的目的，也能在较长时间内坚持完成。实验表明，在教育的影响下，大班幼儿能够在周围有其他幼儿游戏和听故事的环境中，克服干扰，坚持完成老师布置的任务。这说明大班幼儿的坚持性比小班、中班幼儿有了较大提高。其中，4—5岁幼儿的坚持性发展得最快，外界条件对幼儿坚持性的影响最大，因而被看作是幼儿坚持性发展的关键阶段。

拓展阅读

马努依连柯的"哨兵站岗"实验

苏联教育专家马努依连柯曾做过"哨兵站岗"的实验，要求幼儿在空手的情况下，保持哨兵站岗的姿势。实验设置了两种情境：一种是非游戏情境——其他小朋友在一边玩，让被试幼儿在一边以哨兵持枪的姿势站着；另一种是游戏情境——实验者以游戏方式向被试幼儿提出要求，告诉他其他小朋友是工人，他们正在包装糖果，你来当哨兵，为保护工人而站岗。结果表明，在第二种游戏情境下，幼儿当哨兵站立不动的时间远远超过非游戏情境下站立不动的时间，如见表10-1所示。

表10-1　幼儿在不同条件下保持姿势的时间

年龄	非游戏情境	游戏情境
4—5岁	41秒	4分17秒
5—6岁	2分55秒	8分15秒

（三）自制力的发展

学前期幼儿的自制力，总的来说是比较弱的。

1. 小班幼儿自制力的发展特点

小班幼儿不善于控制、支配自己的行动，常常表现出很大的冲动性和明显的"不听话"现象。如早晨劳动时，应该先擦桌椅，但许多小朋友都争着先去擦玩具柜，边擦边玩；又如在活动室里，应该小声说话、轻轻走，但许多小朋友总爱大声说笑、来回跑；再如上课时插话、做小动作，排队时挤前面的小朋友，游戏时抢别人的玩具……诸如此类的事情，在幼儿园小班经常可见，在中班也时有发现。这反映了学前阶段的幼儿尚缺乏一定的自制力。但是，在正确教育的影响下，幼儿也在学习着如何控制、调节自己的行为。

2. 中班幼儿自制力的发展特点

从中班开始，幼儿开始有了一些自制力的表现。例如，上课时坐正，眼睛看老师，手、脚不乱动；午睡时不说笑、逗闹，手放在被子里面；玩玩具时能互相谦让；上下楼时能安静地慢慢走。

3. 大班幼儿自制力的发展特点

到了大班，幼儿的自制力有了进一步的发展，不少幼儿能够比较主动地控制自己的愿望和行为，努力使之符合集体的行为规则和成人的各项要求。虽然他们已能较好地控制自己的外部行为，但是还做不到较好地控制自己的内部心理过程，有意注意、有意识记、有意想象等心理过程也都在逐渐发展。

拓展阅读

著名的糖果实验

1960 年，美国著名心理学家瓦尔特·米歇尔（Walter Mischel）进行了一个糖果实验，在斯坦福大学附属幼儿园里选择了一群 4 岁的小孩，这些小孩多数是斯坦福大学教职工及研究生的子女。

教师让这些小孩进入一个大厅，在每一位小孩面前放一块软糖，并对孩子们说："老师出去一会儿，如果你能在老师回来之前，还没有把自己面前的糖果吃掉，你就能得到两块糖，如果你把它吃掉了，你就只能得到你面前的这一块。"

在十几分钟的等待中，有些孩子缺乏控制能力，经不住糖的甜蜜诱惑，把糖吃掉了；有的孩子却尽量坚持下来了，得到了两块糖。

他们以什么方式坚持下来的呢？他们有的把头放在手臂上，闭上眼睛，不去看那诱人的软糖；有的自言自语、唱歌、玩弄自己的手脚；有的努力让自己睡着。

研究者对接受这次试验的小孩进行了长期的跟踪调查。中学时对他们的评估是 4 岁时能够耐心等待的人，大都在校表现优异，入学考试成绩普遍比较好。而那些控制不住自己，提前吃软糖的人，大都表现相对较差。进入社会后，那些只得到一块软糖的孩子普遍不如得到两块软糖的孩子取得的成就大。但他们的智商水平并没有明显的差别。

活学活用

三分钟热度的明明

三岁半的明明在玩游戏时，常常是看到别人玩什么就跟着玩什么，一会儿玩"过家家"，一会儿搭积木。

为什么明明总是看别人玩什么就玩什么，而且玩什么都不能持久呢？从中可以看出幼儿的意志有什么样的特点？

分析：小班幼儿意志的自觉性、坚持性、自制力比较差，具体表现为：行动带有很大的无意性和不自觉性。行动容易受周围事物的影响、支配。坚持性很低，做事有头无尾、有始无终。不善于控制、支配自己的行动，常常表现出很大的冲动性和明显的"不受约束"现象。案例中三岁半的明明正处于幼儿初期，其表现出的"三心二意"行为正是符合该年龄段幼儿的意志心理特征。

◆ 笔记栏

任务三　学前儿童意志力的培养

一、目标导向

意志的所有品质都必须建立在明确的目的之上，但学前儿童对活动的目的并没有明确的认识，其行动通常是即兴的、不随意发生的。因此，很难有排除干扰、克服困难、贯彻始终的坚持性。所以，为了提高幼儿的坚持性，培养他们能够较长时间地坚持从事某一项活动，做事有始有终，成人首先必须帮助幼儿在活动前明确行动的目的，同时鼓励他们努力坚持实现这一目的。

对于大一些的幼儿，成人可启发他们提出自己行动的目的。如幼儿动手画画之前，请他们说说想画什么；进行创造性游戏之前，请他们说说想扮演什么角色等。

对于5—6岁的幼儿，成人应该指导和帮助他们制定较为长远的目标，使幼儿有努力的方向，设立的目标越形象、越具体、越直观、越细越好。幼儿心中有了直观、形象的目标，就有了"盼头"，他就会为实现目标而去努力，表现出坚毅、顽强和勇气。需要注意的是，目标设置一定要恰当，应该使幼儿明白目标不经过努力是达不到的，但经过持续的努力便能达到。太难、太易或太长远的目标都不能使幼儿的意志得到锻炼，反而可能挫伤幼儿的积极性，或者让幼儿失去活动的兴趣。

二、独立活动

成人应尽可能地让幼儿独立活动，如让幼儿自己穿衣服、自己收拾玩具、自己完成作业等。幼儿在活动刚刚熟练之初，就具有独立活动的意愿，如自己拿筷子、勺子吃东西，或者自己穿袜子。这时如果父母嫌孩子动作慢耽误事，催促或代劳，就会挫伤孩子的积极性，或者让孩子养成衣来伸手、饭来张口的坏习惯，遇到困难后其坚持性也会较弱。

三、克服障碍

坚强的意志是磨炼出来的，越是在困难的环境中，越能锻炼人的意志力。幼儿在进行独立活动时，要克服外部困难和内部障碍，正是在克服这些困难和障碍的过程中，意志力得到了锻炼。在幼儿遇到困难时，成人要鼓励幼儿再做一下努力，看看行不行。倘若幼儿不能完成这些活动，也不必着急帮忙，而应该先等一会儿，让他自己克服困难解决问题。当他战胜了困难，达到了目的，就会表现出一种经过努力而终于胜利的满足感。

此外，有条件的父母也可以为孩子有意识地设置一些困难。在这一过程中，父母需要教给孩子克服困难的勇气，以及克服困难的办法。父母在给孩子设置困难时，一定要有目的、有计划地组织一些困难及障碍性的活动，既不要超过孩子的心理承受能力，又有利于提高孩子的适应能力，达到增强孩子韧性的目的。

四、自我控制

学前儿童的意志品质是在成人的严格要求下养成的，也是他们在日常生活中经常自我控制的结果。家长应经常启发孩子加强自我控制，自我鼓励、自我禁止、自我命令及自我暗示等都是自我控制的好形式。如当孩子感到很难开始行动时，可以让他自己先数"一、二、三"或自己给自己下命令："大胆些！不要怕！再坚持一下！"

自我控制还应该包括对诱惑的抗拒。面对诱惑可以通过"延迟满足"逐步培养幼儿学会善于控制自己的能力，提高其忍耐性。瓦尔特·米歇尔的"糖果实验"揭示了自我控制对孩子一生的重要影响。

五、鼓励表扬

表扬、鼓励可以鼓舞幼儿的勇气，提高其自信心，有利于幼儿意志力的锻炼。对幼儿在活动中表现出来的意志努力和取得的点滴进步，家长要适时、适度地给予肯定和赞许。当孩子完不成计划时，家长要进行具体分析，切不可说："我就知道你完不成任务，我早就说你没常性"等。否则，只能使孩子一次次增加挫折感，而最终失去自信心。

六、教给技巧

教师应教给幼儿一定的技巧，让幼儿更容易突破困难。在幼儿园，我们经常可以看到：即使幼儿明确了行动的目的，有时也不能坚持把一件事做到底。这是因为幼儿缺乏一定的技巧，遇到了困难自己无力克服。如幼儿本来很想用插片插一架照相机，但插的照相机总不像，幼儿就不愿再插了。因此，除了帮助幼儿明确行动的目的之外，教师还必须注意丰富幼儿的一些基本知识，教给他们一定的技巧。如指导幼儿怎样画吃竹子的大熊猫，怎样用积木搭军舰，怎样玩"开商店"的游戏，怎样把"娃娃家"、玩具柜整理整齐等。这样，幼儿掌握了从事某些活动的必要技巧，再碰到这些困难时，就能够克服了。同时，幼儿又能经常地体验到克服困难后的满足和快乐。于是，下一次再进行这项活动，甚至其他活动时，幼儿便不会半途而废，而是会努力把事情进行到底。

七、防微杜渐

坚强的意志是从小事上培养起来的，意志力的瓦解与破坏也是从细节上开始的。对于有一定自制力的幼儿，如果出现明显不合理、缺乏自制的行为，成人不能一时心软，姑息迁就。在日常生活中，幼儿常常会提出各种各样的愿望和要求，也会表现出各种各样的行为。对于幼儿的这些要求与行为，成人应该分析其是否合理，然后区别对待。合理的要求，尽量给以满足、支持；不合理的要求，则要进行说服、教育，绝不迁就。这一原则，父母与其他照顾者都必须始终如一、协同一致地坚持。只有这样，才能使幼儿懂得要求与行为是有一定的限度的，小朋友可以在这个限度内随意活动，不能逾越这个行为的限度，提出不合理的要求，或者做出无限度的行为。如果已经提出了不合理的要求，或者做出了无限度的行为，则必须在尊重幼儿自尊心的前提下，耐心劝阻，及时纠正。

八、延迟满足

延迟满足小技巧

许多父母总是处在给孩子"即时满足"的状态，实际上这可能会为以后的"百依百顺"埋下伏笔。著名教育家卢梭在《爱弥儿》中对父母们说："你知道用什么办法使你的孩子得到痛苦吗？那就是：百依百顺。"

人类欲望的满足，可以分为延迟满足、适当不满足、超前满足、即时满足、超量满足几种类型。"超前满足"让幼儿不思进取，缺乏目的性；"超量满足"让幼儿心生厌倦，而不知珍惜；"即时满足"让幼儿性格急躁，缺乏耐心，做事容易有始无终；而"延迟满足"和"适当不满足"则能让幼儿产生强烈的动机，并锻炼幼儿的意志力。

活学活用

如何培养孩子的意志力？

亮亮是个4岁的小男孩，活泼好动。喜欢画画，但经常画不了一会儿就不画了，不能长时间坐在那里。爸爸十分生气经常批评、责备说："画得这么难看，还猴子屁股坐不住，你长大了还能干什么！"亮亮被"训"得耷拉着脑袋，画画的兴趣也没有了。但妈妈却对亮亮说："你画得真不错，这朵花多漂亮呀！来，我们一起画，给这朵花涂上好看的颜色好吗？"并邀请亮亮选择自己喜欢的颜色进行涂色。在画画的过程中妈妈不断鼓励亮亮，夸奖他越画越好。亮亮听了很高兴，越画越有趣，越画越来劲，越画时间越长，也越画越好。

亮亮爸爸和妈妈对待亮亮画画行为的不同态度和方法，给家长或幼儿园老师一些什么有益的启示？

分析：学前儿童的意志力薄弱，自觉性、坚持性和自制力都比较差，很难长时间集中注意力做一件事情，正如案例中所说的"猴子屁股坐不住"，行为也经常不受约束，这是儿童正常的心理发展特征。作为家长和老师，我们要在理解儿童心理发展的基础上，通过一些策略培养幼儿的意志力。这些策略包括目标导向、独立活动、克服障碍、自我控制、鼓励表扬、教给技巧、防微杜渐、延迟满足。其中鼓励和表扬尤其重要。案例中，针对亮亮画画时坐不住的现象，亮亮的爸爸采取责备、讥讽的方式，很容易打击孩子的自信心，让孩子怀疑自己。而妈妈却鼓励亮亮，耐心地陪他一起画画，在保护孩子兴趣的基础上加以指导，从而使亮亮发现画画的乐趣，提高了自信心，行动的坚持性也得到了提高。

回溯过往

中国共产党的百年奋斗史

实训实践

实训一　学前儿童的意志发展

1.阅读下面一组课堂实况，分组讨论课堂实况中的老师采用的哪些意志力培养和情感培养的方法。

课堂实况：一名幼儿正在画一幅画，而且需要剪一些胶带出来。但是在剪的过程中遇到了一些挫折，变得有些急躁，于是向老师寻求帮助，希望老师能帮她剪胶带。而老师就使用了意志力培养和情感培养的方法来给予她能够坚持完成的支持。

可采取的办法：

2.请设计一个促进学前儿童意志发展的活动方案或亲子游戏方案。

活动主题＿＿＿＿＿＿

活动目标：

活动准备：

活动过程：

实训二　幼儿园教师资格考试（面试）结构化试题模拟训练

1.贝贝在玩搭高楼的游戏，搭了几次都没有成功，他非常生气，将所有的积木全部推倒，你怎么办？

2.幼儿园教师要注重保教结合，培育幼儿良好的意志品质，你是如何理解的？

✎ 真题汇集

项目十在线测验题

项目十【真题汇集】
（含参考答案）

学前儿童的个性和社会性

浸润国学

论语·先进（节选）

子路、曾皙（xī）、冉有、公西华侍坐。

子曰："以吾一日长（zhǎng）乎尔，毋吾以也。居则曰：'不吾知也'！如或知尔，则何以哉？"

子路率尔而对曰："千乘（shèng）之国，摄乎大国之间，加之以师旅，因之以饥馑；由也为之，比（bì）及三年，可使有勇，且知方也。"

夫子哂（shěn）之。

"求，尔何如？"

对曰："方六七十，如五六十，求也为之，比及三年，可使足民。如其礼乐，以俟（sì）君子。"

"赤，尔何如？"

对曰："非曰能之，愿学焉。宗庙之事，如会同，端章甫，愿为小相焉。"

"点，尔何如？"

鼓瑟希，铿（kēng）尔，舍瑟而作，对曰："异乎三子者之撰（zhuàn）。"

子曰："何伤乎？亦各言其志也！"

曰："莫（mù）春者，春服既成，冠者五六人，童子六七人，浴乎沂（yí），风乎舞雩（yú），咏而归。"

……

译文：

子路、曾皙、冉有、公西华四人在孔子近旁陪坐。

孔子说："因为我年纪比你们大一点，你们不要因为我年长就不敢说话了。你们平日说'（别人）不了解我'！假如有人了解你们，那么（你们）打算怎么做呢？"

子路急遽而不加考虑地回答说："一个拥有一千辆兵车的中等诸侯国，夹在几个大国之间，加上有军队来攻打它，接下来又有饥荒；如果让我治理这个国家，等到三年后，就可以使人有保卫国家的勇气，而且还懂得合乎礼义的行事准则。"

孔子对着他微微一笑。

"冉有，你怎么样？"

冉有回答说："一个纵横六七十里或者五六十里的国家，如果让我去治理，等到三年后，就可以使老百姓富足起来。至于礼乐教化，自己的能力是不够的，那就得等待君子来推行了。"

"公西华，你怎么样？"

公西华回答说："我不敢说我能胜任，但愿意在这方面学习。宗庙祭祀的工作，或者是诸侯会盟及朝见天子的时候，我愿意穿着礼服，戴着礼帽，做一个小相。"

"曾皙，你怎么样？"

曾皙弹瑟的声音渐渐稀疏下来，铿的一声，放下瑟站起身来，回答说："我和他们三人的才能不一样。"

……

简析：《论语》是记录孔子及其弟子言行的一部书，是儒家最重要的一部经典著作。其编纂者，是孔子的弟子和再传弟子，《论语》所记录的内容很广，包括哲学、道德、政治、教育、时事、生活等多方面，是研究孔子生平和思想的主要依据。在上文所选片段中我们可以感受到子路的轻率急躁、冉有的谦虚、公西华的委婉曲致、曾皙的高雅宁静，每个人都是不一样的，有自己的个性。

模块导读

学前儿童个性发展包括气质、性格、自我意识等方面的发展，和幼儿的个性完善有关；学前儿童社会性发展包括人际关系、性别角色、道德等方面的发展，和幼儿的社会化过程有关。本模块内容将重点探讨学前儿童在个性和社会性发展方面的特点，以及如何在幼儿园教学中促进幼儿个性和社会性发展。

本项模块共分为两个项目：项目十一为学前儿童的个性；项目十二为学前儿童的社会性。

项目十一
学前儿童的个性

情景导入

非非，3岁，性格内向，不爱说话，不爱表达，并且不喜欢和其他小朋友在一起玩。和他说话时，他总是把头低得很低很低，一句话也不说，没有任何表情。

针对非非的情况，幼儿教师应该如何正确引导呢？通过学习本项目内容，一起来解决非非的问题吧。

学习目标

▶ 知识目标

1. 了解个性的概念及其特征。
2. 理解学前儿童气质、性格、自我意识发展的特点。
3. 掌握培养学前儿童良好个性的方法。

▶ 能力目标

1. 学会分析学前儿童的个性特点。
2. 学会测评学前儿童个性发展的状况。
3. 能初步设计促进学前儿童个性发展的活动方案。
4. 能运用有效策略促进学前儿童个性的发展。

▶ 素质目标

1. 树立正确的职业理念、科学的儿童观。
2. 养成勤奋好学、积极乐观的人生态度。
3. 坚持社会主义核心价值观，树立正确的人生观、世界观。

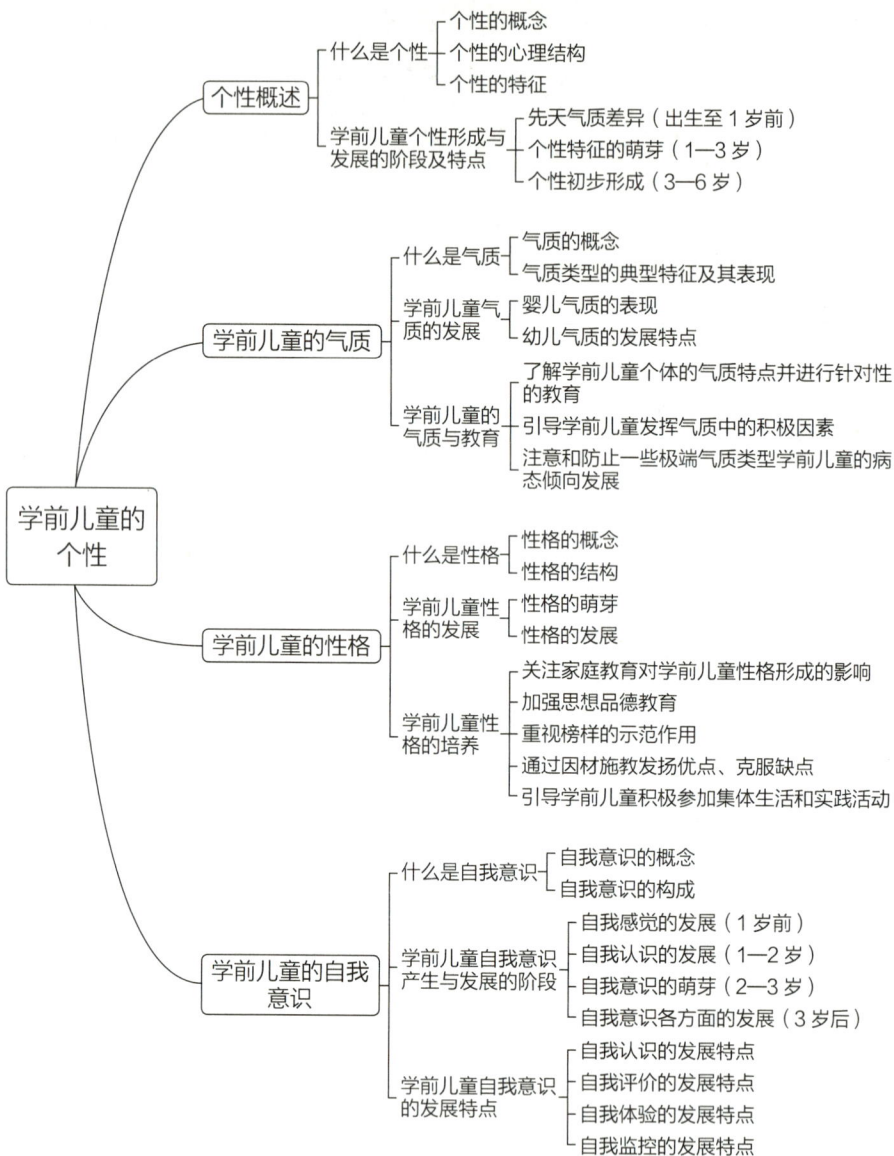

思维导图

学前儿童的个性

- **个性概述**
  - 什么是个性
    - 个性的概念
    - 个性的心理结构
    - 个性的特征
  - 学前儿童个性形成与发展的阶段及特点
    - 先天气质差异（出生至1岁前）
    - 个性特征的萌芽（1—3岁）
    - 个性初步形成（3—6岁）

- **学前儿童的气质**
  - 什么是气质
    - 气质的概念
    - 气质类型的典型特征及其表现
  - 学前儿童气质的发展
    - 婴儿气质的表现
    - 幼儿气质的发展特点
  - 学前儿童的气质与教育
    - 了解学前儿童个体的气质特点并进行针对性的教育
    - 引导学前儿童发挥气质中的积极因素
    - 注意和防止一些极端气质类型学前儿童的病态倾向发展

- **学前儿童的性格**
  - 什么是性格
    - 性格的概念
    - 性格的结构
  - 学前儿童性格的发展
    - 性格的萌芽
    - 性格的发展
  - 学前儿童性格的培养
    - 关注家庭教育对学前儿童性格形成的影响
    - 加强思想品德教育
    - 重视榜样的示范作用
    - 通过因材施教发扬优点、克服缺点
    - 引导学前儿童积极参加集体生活和实践活动

- **学前儿童的自我意识**
  - 什么是自我意识
    - 自我意识的概念
    - 自我意识的构成
  - 学前儿童自我意识产生与发展的阶段
    - 自我感觉的发展（1岁前）
    - 自我认识的发展（1—2岁）
    - 自我意识的萌芽（2—3岁）
    - 自我意识各方面的发展（3岁后）
  - 学前儿童自我意识的发展特点
    - 自我认识的发展特点
    - 自我评价的发展特点
    - 自我体验的发展特点
    - 自我监控的发展特点

任务一　个性概述

一、什么是个性

（一）个性的概念

个性一词源于拉丁语persona，开始是指演员所戴的面具，后来指演员——一个具有特殊性格的人。一般来说，个性就是个性心理的简称。心理学中的个性概念与日常生活中所讲的个性是不同的。日常生活中的"个性"指的是人的个别性、特殊性或个别差异。心理学中的个性是指一个比较稳定的、具有一定倾向性的各种心理特点或品质的独特组合。人与人之间个性的差异主要体现在每个人待人接物的态度和言行举止中，行为表现更能反映一个人真实的个性。俗话说："人心不同，各如其面。"人的个性正像人的面貌一样，有着各自的特点。

（二）个性的心理结构

个性的心理结构包括个性倾向性、个性心理特征及自我意识，这三部分有机结合，使个性成为一个统一的整体结构。

1. 个性倾向性

个性倾向性是人对社会环境的态度和行为的积极特征。它是推动人进行活动的动力系统，是个性结构中最活跃的因素。它不仅制约着人的心理活动方向，而且决定了人的心理活动的动力和积极性。它主要包括需要、动机、兴趣、理想、信念与世界观等心理成分。

2. 个性心理特征

个性心理特征是人的多种心理特点的一种独特结合。所谓个性心理特征，就是个体在其心理活动中经常地、稳定地表现出来的特征，主要是指人的能力、气质和性格。

3. 自我意识

自我意识是个体对自己作为客体存在的各方面的意识。它的主要作用是通过自我认识、自我体验和自我监控对个体进行调控，保证个性的完整、统一、和谐。

（三）个性的特征

1. 独特性与共同性

人与人之间没有完全相同的个性，人的个性千差万别，这就是个性的独特性。如同世界上没有两片完全相同的叶子一样，人们的个性也是千差万别的，世界上没有两个个性完全相同的人。在日常生活中，许多孪生兄弟或姐妹，虽然他们的外貌很相像，但只要细心观察他们的言谈举止，就可以很快看出他们的不同；而他们的父母，更是能根据他们的一个眼神或动作轻易地区分他们。

强调个性的独特性，并不排除个性的共同性。个性的共同性是指某一群体、某个阶级或某个民族在一定的群体环境、生活环境、自然环境中形成的共同的典型的心理特点。虽然每个人的个性都不同于他人，但对同一个民族、同一年龄阶段或同一性别的人来说个性中往往存在着一定的共性。

2. 稳定性与可变性

个性的稳定性是指个体的人格特征具有跨时间和跨空间的一致性。一个人暂时、偶然表现的心理特征，不能认为是这个人的个性特征，一个人经常、一贯表现的心理特征才是他的个性特征。人的个性心理特征是相对稳定的，这样才能表明一个人的个性，把个人同其他人区别开，也才能预测一个人在一定情况下会有什么样的行为举止。

个体在不同的时间、地点和场合的行为都会有非常相似的表现，是比较稳定的。但现实生活非常复杂，随着社会现实和生活条件、教育条件的变化，年龄的增长，主观的努力等，个性也可能会发生某种程度的改变。生活中的重大事件或挫折往往会在个性上留下深刻的烙印，从而影响个性的变化，这就是个性的可变性。当然，个性的变化比较缓慢，不可能立竿见影。由此可见，个性既具有相对的稳定性，又具有一定的可变性，教育工作者在塑造儿童良好个性的工作中要有耐心和信心。

3. 自然性与社会性

人的个性是在先天自然素质的基础上，通过后天的学习、教育与环境的作用逐渐形成起来的。因此，个性首先具有自然性。人们与生俱来的感知器官、运动器官、神经系统和大脑在结构与机能上的一系列特点，是个性形成的物质基础与前提条件。但人的个性并非单纯自然的产物，它总是要深深地打上社会的烙印。初生的婴儿作为一个自然的实体，还谈不上有个性。因为他们既没有表达能力和运动能力，又表现不出勇敢或怯懦、勤劳或懒惰的个性特点，更没有克服困难的坚强意志。个性是在日常生活中逐渐形成的，它在很大程度上受社会文化、教育教养内容和方式的塑造。可以说，每个人的个性都打上了他所处社会的烙印，是个体社会化的结果。由此可见，个性是自然性与社会性的统一。

二、学前儿童个性形成与发展的阶段及特点

人的个性并不是先天带来的，而是出生后，人在与外界环境的相互作用中逐渐形成和发展起来的，学前期是儿童个性初步形成的重要时期。

（一）先天气质差异（出生至 1 岁前）

婴儿从刚刚出生开始，就显示出个人特点的差异。这主要是与生理联系密切的气质类型的差异。这种先天气质类型的差异作为个别差异而存在，同时，又影响着父母对婴儿的抚养方式，并在婴儿与父母的日常交往中，越来越明显地成为个人特点。

（二）个性特征的萌芽（1—3岁）

个性特征萌芽期间的幼儿的各种心理过程包括想象、思维等逐渐发展迅速。3岁左右，在气质类型差异的基础上，以及与父母和周围人的相互作用中，幼儿之间出现较明显的个性特征的差异。

（三）个性初步形成（3—6岁）

幼儿期，幼儿心理发展逐渐向高级发展，特别是随着幼儿心理活动和行为的有意性的发展，幼儿个性的完整性、稳定性、独特性及倾向性各方面都得到了迅速的发展，标志着幼儿个性逐步形成。

笔记栏

任务二　学前儿童的气质

一、什么是气质

（一）气质的概念

气质是指一个人特有的，主要是生物决定的、相对稳定的心理活动的动力特征。气质主要表现在心理活动的强度（反应大小）、速度（反应快慢）、灵活性（转换速度）等方面。气质这一概念与我们常说的"脾气""秉性"或"性情"较为相似。

（二）气质类型的典型特征及其表现

1. 气质的体液说

根据心理活动的速度、强度及灵活性的不同，在日常生活中，一般将人的气质划分为四种类型：胆汁质、多血质、黏液质及抑郁质，每种类型的人都有其各自的典型特征。

（1）胆汁质

这种人精力旺盛，活动迅速，不易疲劳；情感发生迅速、强烈、明显，心境变化剧烈，热情、坦率，语言明朗，埋头工作，待人真挚，具有外向性；但性情暴躁，易于冲动，自制力差，一旦精力耗尽，情绪一落千丈。

（2）多血质

这种人动作迅速、敏捷，说话语速快，热情、活泼，表情丰富，精神振奋；待人热情、亲切，善于交际，易于适应不断变化的新环境，具有外向性；机智、敏感，能迅速把握新事物；但注意力、情感、兴趣容易转移和变换，不愿做耐心、细致的工作。一旦事业失去新异性或遭到挫折，就感到悲观、厌倦、消极。

（3）黏液质

这种人行动稳定、迟缓，沉默寡言，安静、稳重，善于克制、忍让；情绪微弱，持重，不易激动和外露；交际适度，不尚空谈，善于保持心理平衡，具有内向性；注意力、情感、兴趣稳定难于转移；对新事物不敏感，缺乏热情，表现出过分刻板和惰性特质。

（4）抑郁质

这种人言语、行为迟缓，不强烈，不活泼，易疲劳且不易恢复；情绪脆弱，体验深刻，稳重且不外露，不能接受强烈刺激；对人与事观察得比较细腻，思维敏锐，想象力丰富，处事谨小慎微、稳重，能与人友好相处；易多虑、易挫折，缺乏自信心，不果断，常有孤独、胆怯的表现。

在现实生活中，单纯的四种气质类型的人是极少的，中间型或混合型的人占绝大多数。

活学活用

安静的兰兰

兰兰，4岁，安静、稳重、不爱说话，教学活动中极少举手回答问题。老师叫她，她慢条斯理地回答；和小朋友相处，很少有冲突；不爱告状，不爱表现自己；受表扬只是抿嘴一笑，如果受了委屈，整个半天情绪都不好；不轻易发脾气，也很少大笑。

兰兰最可能属于哪种气质类型？

分析：兰兰的气质类型倾向于黏液质。兰兰在平日里行为迟缓，沉默寡言，安静、稳重。在受表扬时候，只是抿嘴一笑，不轻易发脾气，也很少大笑，表现出情绪不易激动和外露，由一种状态转换到另一种状态相对缓慢，比较安静，善于克制等特征，这些都是黏液质类型的典型特征。

2. 气质的高级神经活动类型说

巴甫洛夫根据高级神经活动过程的三种基本特性（强度、平衡性和灵活性）的不同结合，将气质划分为四种典型的类型（见表11-1）。

表11-1 高级神经活动类型与气质类型对照表

神经系统的基本特点	高级神经活动类型	气质类型	心理表现
强、不平衡	胆汁质	胆汁质	反应快、易冲动、难约束
强、平衡、灵活	活泼型	多血质	活泼、灵活、好交际
强、平衡、不灵活	安静型	黏液质	安静、迟缓、有耐性
弱	弱型	抑郁质	敏感、畏缩、孤僻

拓展阅读

气质与身心健康

早在我国先秦时期，医学典籍《黄帝内经》中就有许多有关身心健康的理论。该书指出人的脾气禀性会影响人的身心健康。例如，"内伤七情"就是指人的某情绪发作到极点，有损于五脏甚至诱发疾病。例如，"怒则气上""大怒伤阴"，谓之"怒伤肝"；"喜则气缓""大喜伤心"，是指喜本能缓和精神紧张，使心情舒畅，但狂喜过度，则心气涣散，神不守舍，易失神狂乱；"恐则气下"，恐惧可导致小便失禁，故"恐伤肾"；"惊则气乱"，是指突然到来的意外刺激，会使心胆气乱，轻则心悸惕惕，重则神昏失志，甚至精神错乱，会对胆、肝、心脏等器官造成伤害；"悲则气消"，悲哀太过，则伤肺气，而至气短，气机不畅，以致意志消沉，萎靡不振，故"大悲伤肺"；"思则气结"，即思虑伤脾，脾气郁结，不思饮食，故"思伤脾"。可见人的多种疾病皆与人的情绪直接相关。"百病生于气"，喜怒之情不加调节，不会控制，则易得神经性呕吐、癔症等疾病。

人的脾气禀性会影响人的身心健康。从各种气质类型的心理特征看，那些极端典型的某种气质类型的人，在他们的心理过程和行为活动中容易出现"七情致病"现象。胆汁质的人，易激怒，控制不了自己的情绪发作，易"怒伤肝"；多血质的人，容易为一件事而喜不自禁，发作起来强度极高，易"喜伤心"；黏液质的人，情绪一般比较平衡，但一旦被激发，又难以平静下来，容易出现郁闷，由于延续时间较长，则易出现多方面的身心疾病；抑郁质的人，心情比较低沉、多疑，易焦虑，所以最易患身心疾病。

不论哪一种气质类型的人，都应该调节自己的情绪，使心情经常处在"平衡"状态，以减少身心疾病。

二、学前儿童气质的发展

（一）婴儿气质的表现

气质是婴儿最早表现出来的一种较为明显而稳定的个性特征，是任何社会文化背景的父母都能最先观察到的婴儿的个性特点，是婴儿未来个性发展的基础。有的婴儿一出生就爱哭，有的婴儿则爱笑；有的婴儿好动，有的婴儿喜静；有的婴儿大方，有的婴儿胆小，这些独特的行为就是婴儿的气质。

1. 托马斯和切斯对婴儿气质的分类

心理学家托马斯（A. Thomas）和切斯（S. Chese）根据婴儿的活动水平、节律性、主动或退缩、适应性、反应阈限、反应强度、情绪质量、分心程度、注意广度和持久性等九个维度对婴儿的气质类型进行了划分。

（1）容易型（约占40%）

这类婴儿吃、喝、睡、大小便等生理机能活动有规律，节奏明显，容易适应新环境，也容易接受新事物和不熟悉的人。他们的情绪一般积极、愉快，对成人的交流行为反应适度。

大多数婴儿都属于这一类型。由于他们生活规律、情绪愉快，且会对成人的抚养活动提供大量的积极反馈，因而容易受到成人的关怀和喜爱。

（2）困难型（约占10%）

这类婴儿的人数较少，他们时常大声哭闹、烦躁易怒、爱发脾气、不易安抚。在饮食、睡眠等生理机能活动方面缺乏规律性，对新食物、新事物、新环境的接受很慢，需要很长的时间适应新的安排和活动。他们的情绪总是不好，在游戏中也不愉快。成人需要花费很大的力气才能使他们接受抚爱，而且很难得到他们的正面反馈，因此在哺育这类婴儿的过程中需要成人极大的耐心和宽容。

（3）迟缓型（约占15%）

这类婴儿的活动水平很低，行为反应强度很弱，情绪总是消极，但也不像困难型婴儿那样总是大声哭闹，而是常常安静地退缩，情绪低落，逃避新刺激、新事物，对外界环境、新事物、生活变化适应缓慢。在没有压力的情况下，他们会对新刺激缓慢地发生兴趣，在新情境中能逐渐活跃起来。随着年龄的增长，婴儿会因成人抚爱和教育情况的不同而发生分化。

（4）混合型（约占35%）

这类婴儿不能简单地划归到上述任何一种气质类型中。他们往往具有上述两种或三种气质类型的混合的特点，情绪、行为倾向性和个人特点不明显，属于上述类型的中间型或过渡型。

2. 布拉泽尔顿对婴儿气质的分类

贝利·布拉泽尔顿（Berry Brazelton）将婴儿气质划分为三种类型：活泼型、安静型和一般型。

（1）活泼型

这类婴儿是名副其实地"连哭带闹"来到人世的。他们不需要借助外力，等不及任何外界刺激就开始呼吸和哭喊。他们睡醒后便立即哭，从深睡到大哭之间似乎没有较长的过渡阶段，每次喂奶对母亲来说都是一场战斗。

（2）安静型

这类婴儿出生时就不活跃。出生后，他们安静地躺在小床上，很少哭，眼睛睁得大大的，四处环视，动作柔和、缓慢。第一次洗澡时，他们也只是睁大眼睛、皱皱眉，没有惊跳也没有哭，甚至打针时也很安静。

（3）一般型

一般型婴儿介于前两者之间，大多数婴儿都属于这一类。

（二）幼儿气质的发展特点

1. 个别差异性

婴儿出生后即表现出气质的差异。随着年龄的增长，幼儿的个性初步形成，个性的个别差异在气质方面表现出来。有经验的教师和细心的家长很容易发现幼儿的气质特征，辨别出具有不同气质类型的幼儿。

2. 相对稳定性

在人的各种个性心理特征中，气质是最早出现的，也是变化最为缓慢的。婴儿出生时就已经具备了一定的气质特点，在整个幼儿期内会保持相对稳定。曾有人对138名幼儿从出生到小学的气质发展进行了长达10年的追踪研究。结果发现，在大多数幼儿身上，早期的气质特征一直保持稳定不变。

3. 一定的可变性

幼儿的气质类型具有相对稳定的特点，但并不是一成不变的。幼儿的气质在后天的生活环境与教育影响下可以逐渐改变。这种改变包括两个方面：一方面，幼儿气质中的积极特征，如行动的敏捷性、注意的稳定性、乐于交往等，会因成人的积极引导和鼓励、表扬而得到巩固和发展；另一方面，幼儿气质中的消极特征，如胆汁质幼儿的急躁、任性，抑郁质幼儿的孤僻、害羞，在教师的指导和集体生活的影响下可以逐渐得到改正，甚至完全消除。

幼儿的气质也可能会受生活环境与教育的影响而发生"掩蔽"现象。气质的"掩蔽"现象是指一个人的气质类型并没有改变，但是形成了一种新的行为模式，表现出一种不同于原来类型的气质外貌。例如，一名幼儿的行为表现明显属于抑郁质，神经类型的检查结果却是"强、平衡、灵活型"。究其原因，研究者发现这个幼儿长期处于十分压抑的生活条件下，在这种生活条件下形成的特定行为方式掩盖了其原有的气质类型，出现了委顿、畏缩和缺乏生气等表现状态。

拓展阅读

幼儿的气质类型受父母的教养方式影响

研究发现，幼儿的气质类型与父母的教养方式有较大联系。权威型父母教养的幼儿适应性、趋近性和坚持度都较高，活动量低和情绪强度较弱；而专制型和忽略型父母教养的幼儿活动量大和情绪强度较激烈，趋近性较低，其中专制型父母养育的幼儿适应性较低。这是由于权威型父母大多采取"有功奖，有过罚"的方式教育幼儿，态度较开放，因此幼儿的气质比较平和，面对新事物时较容易适应。由于幼儿性格较开朗，因此面对事物的变化，能轻易接受，而父母给予幼儿较多的自主权，培养幼儿的独立性，所以幼儿做事较能坚持到底。而专制型父母对幼儿要求较高，每件事情都必须符合父母的高标准，幼儿未能按自己意愿去做事，较少机会表达自己需求，因此面对父母强烈的情绪表达，幼儿亦会相对地模仿；专制型父母的幼儿自信心亦较弱，面对新环境和新事物时都必须先行察看父母的脸色，才敢尝试，因此幼儿的适应性较低。基于父母对子女过分的要求和较少的温暖话语，幼儿性格会较为孤僻和消极，容易产生不安的情绪，因此幼儿会有较多、较强烈的情绪表现。而且这类型的父母经常控制幼儿的活动量，常常认为幼儿活动量大，因此只要幼儿稍稍多一点动作行为，都会被父母认为幼儿的活动量大。由于忽略型的父母对幼儿的关注度较少，甚少关注幼儿的心理需要和管教幼儿行为，幼儿有不良行为时亦视若无睹，因此幼儿会通过大量的行为表现和激烈的情绪表达来吸引父母的注意力，以求得到父母的关注。

因此，父母和教师平时要注意幼儿的气质特点，按其个性特点进行教育。

三、学前儿童的气质与教育

（一）了解学前儿童个体的气质特点并进行针对性的教育

1. 了解和接受学前儿童不同的气质类型

学前儿童的气质与教育

每位学前儿童的气质特点各不相同，教师和父母应仔细观察学前儿童在游戏、生活、学习、劳动等活动中的情感表现和行为态度，了解学前儿童个体的气质特点，同时注意引导学前儿童的行为向社会所要求的方向发展，有助于学前儿童形成良好的个性。

要明确气质无好坏之分。任何一种气质类型既有积极的一面，又有消极的一面。胆汁质的人热情开朗、精力旺盛，但任性、脾气暴躁、易冲动；多血质的人反应灵敏，易适应新环境，但注意力不稳定；黏液质的人沉着、稳重、自制、冷静、踏实，但反应缓慢、为人淡漠；抑郁质的人在工作中耐受力差、易疲劳，但感情细腻、谨慎小心、观察力敏锐。

2. 对不同气质类型的学前儿童有针对性地教育

教师要了解学前儿童的气质类型和气质特征，做到"一把钥匙开一把锁"，提高教育效果。对多血质的儿童不能放松对他们的要求或使他们感到无事可做，反之，对黏液质的儿童要热情，不能操之过急，引导他们积极探索新问题，多给予儿童参加集体活动的机会，引导他们机敏地投入工作；对胆汁质的儿童要有耐心，培养他们自制、坚忍、镇定的品质；对抑郁质的儿童要多加以关怀和帮助，不要在公开场合对其指责、严厉批评，要鼓励他们前进，引导他们多参加集体活动，消除顾虑，培养自信心。

（二）引导学前儿童发挥气质中的积极因素

气质无好坏之分，每一种气质类型都不影响一个人最终成就的大小。了解学前儿童的气质类型及特点，就是要发挥气质中的积极因素，做到扬长避短。针对不同气质类型的学前儿童，教师不仅要引导他们发挥自己的长处，同时对于他们气质品质中存在的不足，要表示充分理解，并采用更为适宜的策略和方法来进行教育。

对胆汁质的学前儿童，要培养他们勇于进取、豪放的品质，防止任性、粗暴；对多血质的学前儿童，要培养他们热情开朗的性格及稳定的兴趣，防止粗枝大叶、虎头蛇尾；对黏液质的学前儿童，要培养他们积极探索的精神，以及踏实、认真的特点，防止墨守成规、谨小慎微；对抑郁质的学前儿童，要培养他们的机智、敏锐和自信心，防止疑虑、孤独。

（三）注意和防止一些极端气质类型学前儿童的病态倾向发展

抑郁质和胆汁质的学前儿童，如果稳定性发展过差，不能很好地控制自己，就有可能会表现出一些病态倾向。例如，抑郁质儿童在极不稳定的情况下，易发生紧张、恐惧、强迫等具有神经焦虑倾向的障碍；胆汁质学前儿童如果极端化发展，可能会产生攻击和破坏性行为。教师要学会分辨一些基本的心理障碍倾向，采取科学的态度谨慎对待。

👣 活学活用

精力旺盛的小虎

小虎精力旺盛，爱打抱不平，做事急躁马虎爱指挥人，稍有不如意便大发脾气动手打人，事后也后悔，但难克制。

问题：

1.你认为小虎的气质属于什么类型？为什么？

2.如果你是小虎的老师，你准备如何根据气质类型的特征实施教育？

分析：小虎的气质类型属于胆汁质。因为胆汁质的人的特点是情感发生迅速、强烈、持久，动作的发生也是迅速、强烈、有力。属于这一类型的人都热情、直爽，精力旺盛、脾气急躁，心境变化剧烈、易动感情，具有外倾性。小虎精力旺盛，做事急躁、马虎，不如意便大发脾气，随意动手打人，这都是胆汁质类型表现的主要特征。

针对胆汁质的小虎，作为一名教师，应该采用因材施教的方法，切记不可过于急躁，对待小虎要有耐心。要注意培养小虎气质特点中优秀的一面，鼓励小虎发扬勇于进取、豪放的品质。如果小虎出现暴力、没有耐心的情况，要及时予以引导，防止任性、粗暴。材料中小虎发脾气后也非常后悔，教师应该抓住这一点循循善诱，平时给予小虎更多关注，与家长及时沟通，保证家园教育的一致性。在园教育时，注意培养小虎的创造力、韧性、决断力、行动力和表现力等多种优良的品质特征。

◆ **笔记栏**

任务三 学前儿童的性格

一、什么是性格

（一）性格的概念

性格是表现在人对现实的态度和惯常的行为方式中比较稳定的个性心理特征。具体可以从以下几个方面理解。

1. 性格是对现实稳定的态度

性格是在社会实践活动中，在与客观环境作用的过程中形成的。当客观事物作用于个体时，人们往往会对它抱有一种态度，这种态度通过不断地重复得以保存和巩固下来，构成了个体特有的、稳定的行为方式。

2. 性格是一种惯常的行为方式

惯常的行为方式就是区别于一时的、偶然的行为方式。如一个人勇敢、坚强，在一次偶然的场合中表现出胆怯的行为，不能据此就认为这个人具有怯懦的性格特征；又如一个人在某种特殊状态下，忍无可忍发了脾气，也不能据此认为这个人具有暴躁的性格特征。只有那些经常的、一贯的行为表现才会被认为是个体的性格特征。

3. 性格是人格的核心成分

性格是后天获得的思想意识及行为习惯的表现，是客观的生活关系在人脑中的反映。所以，性格有好坏之分，具有道德评价的意义。也正因为如此，在各种人格特征中，性格最能够表现个别差异。它是人格中最具核心意义的部分，直接影响着气质和能力的表现特点与发展方向。

（二）性格的结构

性格是由各种各样的性格特征有机结合组成的统一体，具体包括性格的态度特征、意志特征、情绪特征和理智特征四个方面。

1. 性格的态度特征

性格的态度特征是指个体在对现实生活各个方面的态度中表现出来的一般特征，即对社会、对集体、对工作、对劳动、对他人及对待自己的态度等性格特征。例如，谦虚或自负、利己或利他、粗心或细心。性格的态度特征在性格结构中具有核心意义。

2. 性格的意志特征

性格的意志特征是指个体在调节自己的心理活动时表现出来的心理特征。例如，恒心、坚韧性、顽固性等。

3. 性格的情绪特征

性格的情绪特征是指个体受情绪影响的程度和情绪受意志控制的程度。例如，情绪的强度、稳定性、持久性、主导心境等。

4. 性格的理智特征

性格的理智特征是指个体在认知活动中表现出来的心理特征，也称"人的认知风格"，是在感知、想象、记忆、思维等认知过程中表现出来的认知特点。例如，主动感知或被动感知，习惯于看到细节还是轮廓。

> **拓展阅读**
>
> **性格与气质的关系**
>
> 性格和气质都是人的个性心理特征，都体现了个体之间的差异，但仍必须区分二者的不同。气质是个体心理活动的动力特征，与性格相比较，气质受先天因素影响大，并且变化比较难、比较慢；性格主要是在后天形成的，具有社会性，变化比较容易、比较快。气质是行为的动力特征，与行为的内容无关，因此气质无好坏善恶之分；性格涉及行为的内容，表现个体与社会的关系，因而有好坏善恶之分。
>
> 一方面，性格与气质相互区别，而另一方面性格和气质相互渗透、彼此制约。首先，气质影响性格，使性格"涂上"一种独特的色彩，比较明显的是在性格的情绪性和表现的速度方面。例如，多血质的人表现为情绪饱满、情绪充沛；黏液质的人表现为操作精细、踏实肯干，等等。气质还影响性格形成和发展的速度及动态。例如，黏液质和抑郁质的人比多血质和胆汁质的人更容易形成具有自制力的性格特征。其次，性格可以在一定程度上掩盖或改造气质。例如，从事精细操作的外科医生应该具有冷静沉着的性格特征，在职业训练过程中有可能掩盖或改造容易冲动和不可遏止的胆汁质的气质特征。
>
> 正是因为性格与气质之间复杂的联系，所以具有不同气质类型的人可以形成同样的性格特征，而具有同一气质类型的人也可以形成不同的性格特征。

二、学前儿童性格的发展

（一）性格的萌芽

学前儿童的性格是在先天气质类型的基础上，在和周围环境的相互作用中逐渐形成的。一般来说，母子关系在儿童性格的萌芽过程中起着重要作用，母亲的良好照顾，会使儿童从小得到安全感，形成对母亲的信任和依恋，为其以后良好性格的形成打下基础。

2岁左右，随着心理过程、心理状态和自我意识的发展，儿童出现了性格的萌芽。3岁左右，儿童出现了最初的性格差异，主要表现在以下几个方面。

1. 合群性

在儿童进行同伴交往和处理人际冲突方面，可以看出比较明显的区别。如有的主动，有的被动；有的随和、富于同情心，有的则存在明显的攻击性、爱打人；在发生争执时，有的比较容易让步，有的则坚持己见。

2. 独立性

独立性是儿童发展较快的一种性格特征，大多数儿童在2—3岁时都不同程度地表现出独立性的特点，更愿意独立、自主地完成一些事情。儿童的独立性存在着明显的个体差异。如有的在2岁多时就可以自己用筷子吃饭、自己洗手等，而有些则需要成人追着喂饭，表现出很强的依赖性。

3. 自制力

到了3岁左右，在正确的教育下，有些儿童已经掌握了初步的行为规范，并学会了自我控制，如不随便要东西、不抢别人的玩具等。而有些则不能控制自己，当要求得不到满足时，就以哭闹为手段要挟父母。

4. 活动性

有的儿童活泼好动，手脚不停，对任何事物都表现出很强的兴趣，且精力充沛；而有的则好静，喜欢做安静的游戏，喜欢一个人看书或看电视等。

（二）性格的发展

在原有性格差异的基础上，幼儿性格差异更加明显，并越来越趋向于稳定，逐渐成为幼儿稳定的个人特点，具体表现在以下几个方面。

1. 活泼好动

学前儿童的
性格特征

活泼好动是幼儿的天性，也是幼儿性格最明显的特征之一，无论是何种类型的幼儿都有此共性。他们总是不停地做各种动作，看、听、摸、动，见到新奇的东西总爱伸手去拿、摸，放在耳朵边听听，凑到鼻子前闻闻，甚至放在嘴里咬咬。幼儿活泼好动的性格特征，有助于他们形成勤快、热爱劳动的良好品质。

> **活学活用**
>
> **爱搞破坏的舟舟**
>
> 3岁的舟舟令妈妈感到"恐怖"，一刻也闲不下来，把生活搞得一团糟。刚刚收拾好的房间，一会儿的工夫就像被打劫了一样，玩具搞得满地都是。舟舟开着小车到处乱窜，脸上堆满了笑容。
>
> 分析：舟舟十分活泼好动，这是他所有性格特征中最典型的表现，也是幼儿期最明显的特征之一。他不知道疲惫，把生活搞得一团糟，令大人头疼，他的情绪却总是很愉快。因此教师和家长应正确看待幼儿的这一特点，尽量为他们创设适宜的游戏材料及活动场地，促进其良好性格品质的形成和发展。

2. 喜欢交往

幼儿在行为方面最明显的特征之一是喜欢和同龄或年龄相近的小伙伴交往。3岁以后，幼儿游戏中的社会性成分逐渐加强，表现为个体游戏减少，与同伴一起的联合性、合作性游戏增多。他们觉得一个人玩没有什么意思，喜欢和其他小朋友一起做游戏，并能通过有效沟通保证游戏的顺利进行。可见，与同龄人的交往是幼儿期的一个明显需要。

3. 好奇、好问

幼儿有着强烈的好奇心和求知欲，主要表现在探索行为和好奇、好问两个方面。他们对周围世界充满了浓厚的兴趣，积极地运用感官探索新鲜事物，喜欢向成人提出各种各样的问题，并且喜欢刨根究底，有些问题甚至难住了成人。虽然幼儿的提问在多数情况下肤浅、幼稚，但对他们理智感、求知欲的发展有着极大的启迪作用。

4. 模仿性强

模仿性强是幼儿期的典型特点，小班幼儿表现得尤为突出。因为这一年龄阶段的幼儿往往没有主见，随外界环境影响而改变自己的意见，受暗示性强。他们喜欢模仿别人的言语、动作和行为，其模仿的对象可以是成人，也可以是幼儿。他们更多是对教师和父母的行为进行模仿，这是由于这些人是幼儿心目中的"偶像"。另外，他们也喜欢对知识的学习进行模仿，如一个幼儿看到或听到另一个幼儿在做一件事或背一首儿歌，他也会有意无意地模仿。幼儿的模仿方式有即时模仿（马上照着做），也有延迟模仿（过一段时间后的模仿）。

5. 好冲动

幼儿性格在情绪方面的表现是不稳定、好冲动，受外界刺激和自身主观情绪的支配性很大，自我控制能力较差。这是幼儿性格中一个非常突出的特点。

总的来说，学前儿童的性格发展相对于学龄后的儿童更具有明显的受情境制约的特点，家庭教育、幼儿园教育对学前儿童的性格发展有着至关重要的影响。同时，学前儿童的性格具有很大的可塑性，行为容易得到改造。

三、学前儿童性格的培养

学前期正是儿童性格初步形成的时期。这一时期儿童的性格还未定型，可塑性极强，因此成人要特别重视学前儿童的性格教育，塑造其良好的性格。

（一）关注家庭教育对学前儿童性格形成的影响

家庭教育奠定了儿童性格形成的基础。有研究表明，父母尤其是母亲对儿童性格的影响极大。父亲对儿童自制力、灵活性产生明显影响，而母亲对儿童果断性、思维水平、求知欲等思想和行为特征产生明显影响。父亲的影响多体现在意志品质方面，而母亲除对情绪有影响外，还对儿童的认知风格有很大影响。因此，一定要重视家庭教育在儿童性格形成中的作用，使学校教育与家庭教育相结合，这样才能在更大的社会背景中培养儿童良好的性格。

（二）加强思想品德教育

良好的思想品德是坚毅性格的基础。教师应根据学前儿童的特点，采取生动、有效的方法，使他们掌握一些行为规则，懂得使用正确的态度和行为方式对待周围的人和事，培养他们从小爱探索、自己动脑、自己动手的习惯，让他们懂得热爱祖国和集体，关心同伴，勇敢、诚实，逐步形成良好的性格。

（三）重视榜样的示范作用

学前儿童模仿性很强，而榜样的性格特征具体、生动、形象，对儿童有着巨大的感染力和说服力，易于促进儿童的模仿。因此，在生活中帮助学前儿童树立可敬、可爱的模范人物，并促使他们模仿和学习，具有较强的教育意义。对于学前儿童来说，教师和家长往往是其模仿对象的直接人选，所以教师和家长要不断提高自身修养，形成良好的性格特征，为儿童做好榜样。

> **活学活用**
>
> **让座的豆豆**
>
> 妈妈和豆豆坐在公交车上，途中上来一位老爷爷，妈妈连忙起身让座。过了一会儿，一位抱着婴儿的阿姨上车了。还没等大家反应过来，豆豆跳下座位说："阿姨，您坐这儿吧。"看着小婴儿扑闪的眼睛，母子俩会心地笑了。
>
> **分析**：豆豆看到妈妈让座，继而自己也产生了让座的行为，体现了榜样的作用。父母榜样作为一种具体的形象，具有强烈的暗示和感染力量。父母的表现在很多情况下会成为孩子的参照。教育好孩子，重要的不是讲大道理，而是为孩子做榜样，让孩子跟着你做。身教重于言教，要求在孩子身上形成的品质和良好习惯，父母都应具备。

（四）通过因材施教发扬优点、克服缺点

每个儿童都有其独特的性格特点。因此，在平时的教育教学活动中，教师要采取灵活而有原则的方法，耐心、细致地帮助儿童克服不良的性格特征，发扬优良的性格品质。如在集体面前赞扬，或用"小红花""聪明豆"等形式表扬儿童，使儿童产生荣誉感，明确这是良好的性格和行为，从而使它们反复发生，逐步巩固。对于儿童表现出来的不良性格，教师和家长首先要了解这种性格形成的原因，采用个别教育、启发诱导的方法，指出缺点，提出明确要求，大力奖励和表扬儿童的点滴进步，鼓励他们继续努力，并持之以恒。

（五）引导学前儿童积极参加集体生活和实践活动

集体生活和实践活动是塑造性格的重要条件，对儿童的性格发展有着积极意

义。在集体生活和实践活动中，儿童通过游戏、学习和劳动掌握行为准则，并用这些准则约束自己的行为。通过集体生活和实践活动的相互作用，形成儿童新的态度和行为方式，巩固良好的性格特征、纠正不良的性格特征，使他们的性格趋于完善。

回溯过往

口罩下中国人的性格

任务四　学前儿童的自我意识

一、什么是自我意识

（一）自我意识的概念

自我意识是个体对自己作为客体存在的各方面的意识。自我意识是人类特有的反映形式，是人的心理区别于动物心理的一大特征。

自我意识作为主观自我对客观自我的意识，是个性系统中最重要的组成部分，制约着个性的发展。自我意识的发展水平直接影响着个性的发展水平，自我意识发展水平越高，个性也就越成熟和稳定。自我意识的成熟标志着个性的成熟。

（二）自我意识的构成

1. 自我认识

自我认识是指个体对自己的身心状态和活动的认知和评价。自我认识是自我意识的认知成分，也是自我意识的首要成分，关系到自我的调节和控制。它包括自我观察、自我分析（自我知觉、自我概念）和自我评价等。

2. 自我体验

自我体验是指主观的我对客观的我所持有的情绪体验，是自我意识的情感成分。自尊心和自信心是自我体验的具体内容。自我体验可以使自我认识转化为信念，进而指导一个人的言行。自我体验还能伴随自我评价，激励适当的行为，抑制不适当的行为，如儿童在认识到自己不适当行为的后果时，会产生内疚、羞愧的情绪，进而会制止这种行为的再次发生。

3. 自我监控

自我监控是指个体对自己的行为、活动和态度的调节、监督和控制，是自我意识的意志成分。自我监控直接作用于个体行为，是个体自我教育、自我发展的重要机制。它包括自我检查、自我监督、自我控制等成分。自我检查是指个体在头脑中将自己的活动结果与活动目的加以比较、对照的过程，如儿童根据一定的情境，恰当地表现某种动作。自我监督是指个体以其良心和内在的行为准则对自己的言行实行监督的过程，如儿童抗拒外界的诱惑和干扰，专注于当前的活动。自我控制是指个体对自身心理与行为主动地掌握，如儿童采取一些方法调节自己的不良情绪，继续和同伴一起做游戏。自我监控是个体自我教育、自我发展的重要机制。自我监控的表现是自我意识能动性的表现。

二、学前儿童自我意识产生与发展的阶段

儿童对自己的意识不是生来就有的，而是在其发展过程中逐步形成的。人首先产生对外部世界、对他人的认识，然后才认识自己。自我意识是在与他人交往的过程中，根据他人对自己的看法和评价而发展起来的。

（一）自我感觉的发展（1岁前）

1岁前的婴儿没有自我意识，不能将自己作为一个主体同周围的客体区别开，甚至不知道手、脚是自己身体的一部分。七八个月大的婴儿常常咬自己的手指、脚趾，有时会把自己咬疼而哭起来。就是通过这样的形式，婴儿逐渐知道哪些是自己身体的一部分，哪些不是，这就是自我意识的最初形式（自我感觉）或准备阶段。

（二）自我认识的发展（1—2岁）

自我意识的发展是以动作的发展为前提的。通过动作，1岁左右的儿童开始把自己的动作和动作的对象区分开来，这是自我意识的最初表现。例如，有的儿童开始知道由于自己扔皮球，皮球就滚了，由此进一步把自己这个主体和动作区分开来。

（三）自我意识的萌芽（2—3岁）

自我意识的真正出现是和言语的发展相联系的。2岁左右的儿童开始知道自己的名字，这时儿童只是把名字理解为自己的代号，是自己独有的，遇到周围同名的儿童时，他会感到很困惑。之后，随着语言系统的逐步完善，儿童逐步建立起关于"我"的概念系统。掌握代名词"我"是自我意识萌芽的最重要标志。准确使用"我"来表达愿望，这标志着儿童的自我意识产生。

（四）自我意识各方面的发展（3岁后）

到了3岁左右，当幼儿能以"我"称呼自己，用别的词表示其他事物时，说明他开始从把自己当作客体转化为把自己当成主体认识了。这是自我意识的萌芽，也是自我意识发展中的一次质的飞跃。幼儿逐渐会准确地使用"我"这个词表达自己的愿望，如"我要……我自己来"。这说明自我意识产生了，知道自己是独立个体

的基础上逐渐开始了对自己的简单的评价。进入幼儿期，幼儿的自我评价逐渐发展起来，同时，自我体验、自我控制也开始发展。

拓展阅读

自我意识的诞生——阿姆斯特丹等人的点红实验

1972 年，阿姆斯特丹（B. Amsterdam）借用在黑猩猩研究中使用的点红测验（以测定黑猩猩是否知觉"自我"这个客体），从而使有关儿童自我觉知的研究取得了突破性进展。实验的被试者是 88 名 3—24 个月大小的儿童。实验开始，在儿童毫无察觉的情况下，主试人在其鼻子上涂一个无刺激红点，然后观察其照镜子时的反应。研究者假设，如果儿童在镜子里能立即发现自己鼻子上的红点，并用手去摸它或试图抹掉，表明儿童已能区分自己的形象和加在自己形象上的东西，这种行为可作为自我认识出现的标志。

阿姆斯特丹对研究结果经过总结得出，儿童对自我形象的认识要经历三个发展阶段。

第一个是游戏伙伴阶段：6—10 个月。此阶段儿童对镜中自我的映像很感兴趣，但认不出他自己。

第二个是退缩阶段：13—20 个月。此时儿童特别注意镜子里的映像与镜子外的东西的对应关系，对镜中映像的动作伴随自己的动作更是显得好奇，但似乎不愿与"他"交往。

第三个是自我意识出现阶段：20—24 个月。这是儿童在有无自我意识问题上的质的飞跃阶段，这时儿童能明确意识到自己鼻子上的红点并立刻用手去摸。

阿姆斯特丹的点红实验证明 24 个月的儿童已经具有了自我意识，因而在儿童小的时候，家长和老师就要注重引导，培养他们良好的自我意识，以形成健康的个性和优良的品质。

三、学前儿童自我意识的发展特点

（一）自我认识的发展特点

1. 对自己身体的认识

随着认识能力的发展和成人的教育，1 岁左右的儿童逐渐开始认识自己身体的各个部分。如成人指着身体的某部分教儿童，儿童通过触摸能够逐步认识。但是，1 岁的儿童还不能明确地区分自己身体的各种器官和别人身体的器官。当妈妈抱着他问他的耳朵在哪儿，他会用手去摸摸自己的耳朵，又立即去摸妈妈的耳朵，然后把妈妈的头推向另一边，摸另一只耳朵。

儿童对自己的面貌和整个形象的认识要更晚一些，儿童最初在镜子里发现自己时，总是把镜子中的形象作为别的孩子认识。他常常指着自己的影子叫"小孩"，追着影子试图用脚踩。大约 2 岁，儿童开始意识到自己身体的内部状态，如会说"肚肚饿""要尿尿"。

2.对自己行为的认识

1 岁左右的儿童开始把自己的动作和动作的对象加以区别，动作的发展是儿童对自己行动意识的前提条件。如儿童无意中碰到了小车，小车就向前移动，儿童从这里似乎感受到了自己的存在和力量。以后，儿童便主动去推车，用手去拍打东西。独立性也同时产生了，儿童开始在许多场合拒绝成人的帮助，如抢着自己吃饭、自己穿衣服。两三岁的儿童，独立性的表现更加突出，成人喂他们吃药，他们紧闭着嘴，不断摇头。但是，如果让他们自己吃药，他们果真吃下去了。

3.对自己心理活动的认识

学前儿童对自己内心活动的意识，比对自己的身体和动作的意识更为困难。因为自己的身体是看得见、摸得着的，自己的行动也是具体可见的，而内心活动则是看不见的。对内心活动的意识是更高的思维发展水平。从 3 岁开始，幼儿出现了对自己内心活动的意识，如幼儿开始意识到"愿意"和"应该"的区别；开始懂得什么是"应该的"，"愿意"要服从"应该"，其行动有了一定的目的性和自觉性。

4 岁以后，幼儿开始比较清楚地意识到自己的认识活动、语言、情感和行为。他们开始知道怎样去注意、观察、记忆和思维，如上课时老师说"小朋友们请注意"，幼儿会停止活动，眼睛看着老师。这时幼儿开始有了认知的方法。他们能比较清楚地意识到假想和真实的区别，意识到正确与错误的思想和行为的区别。但是，学前儿童往往仍停留在对心理活动结果的意识上，还未意识到心理活动的过程。

（二）自我评价的发展特点

自我评价在 2—3 岁开始出现。学前儿童自我评价的发展与他们认知和情感的发展密切相连，其特点如下。

学前儿童自我
评价的发展

1. 从依从性发展为独立性

幼儿初期对自己或别人的评价带有依从性，往往都是成人（家长、老师等）评价的简单复述。比如，要幼儿评价他是好孩子时，他会说："妈妈说我是好孩子""老师说我乖"。这种自我评价还不是真正的自我评价，只能算作"前自我评价"。随着年龄的增长，自己独立评价开始出现。

2. 从片面、表面性发展为全面、深刻性

4 岁的幼儿可以进行自我评价，但主要是个别方面或局部的自我评价。比如，问幼儿为什么说自己是好孩子时，他会说："我不骂人""我帮助老师收玩具"。6 岁的幼儿则不仅能从个别方面进行自我评价，而且已能从几个方面进行自我评价，表现出自我评价的多向性。比如，要 6 岁幼儿回答他是好孩子的理由时，他会说："我对人有礼貌，上课认真，大声发言，还帮助老师收小朋友的作业"等。

3.从情绪性、不确定性的主观评价发展为客观性评价

幼儿的自我评价常常不从具体事实出发，而是从情绪出发，带有主观片面性。比如，幼儿对美工作品进行比较评价，当幼儿知道是老师的作品时，即便老师的作品质量比自己的差（这是有意设计的），幼儿也总是评价老师的作品好；幼儿对自己的作品和小朋友的作品进行比较时总是评价自己的作品好。在一般情况下，幼儿总倾向于过高评价自己。而在成人正确的教育下，到幼儿晚期，儿童已逐渐能够对自己做出客观、正确的评价。

总的来说，幼儿自我评价能力还很差，成人对幼儿的评价在其个性发展中起着重要作用。因此，成人必须对幼儿做出适当的评价，过高或过低的评价对幼儿都是有害的。

活学活用

我是好宝宝

中一班教室后面的墙上有一块"我是好宝宝"的展示区，上面有各个小朋友的照片和名字。每周结束时，张老师都会问每个小朋友："你这周表现得好不好？"大部分小朋友都回答："好。"但是张老师只发小红花给她认为表现好的小朋友，让他们贴在自己的照片旁边。

你是否认同张老师的做法，根据幼儿自我评价的发展特点进行分析和评价。

分析：材料中张老师做法欠妥，不利于幼儿自我评价的发展。

1.幼儿初期对自己或别人的评价带有依从性，往往都是成人（家长、老师等）评价的简单复述。所以应在平时生活中给幼儿自己独立评价的机会，发展幼儿的独立性。材料中张老师实际上没有给幼儿独立评价的机会，按照自己的评价只给她认为表现好的幼儿，不利于儿童自我评价的发展。

2.幼儿的自我评价常常不从具体事实出发，而是从情绪出发，带有主观片面性。在一般情况下，幼儿总倾向于过高评价自己。材料中张老师发放小红花时，评价不具体，且没有说出评价的依据，同时，也没有引导幼儿做到有理有据。这造成幼儿的评价带有主观色彩，过高评价自己。而且，张老师没有很好地引导幼儿理智评价。

3.张老师简单地把幼儿划分为"表现好"和"表现不好或不够好"，没有引导幼儿进行多方面的思考，认识到自己既有做得好的地方，也有做得不好的地方。

（三）自我体验的发展特点

1.从初步的内心体验发展到较强烈的内心体验

自我体验的发展始于幼儿期，3岁左右的幼儿基本上不会用语言表达自己的内心体验；到4岁以后开始用语言表达自己的内心体验，如"我不高兴，我生气"等。

5—6 岁的幼儿开始用修饰词"很""太""非常"等表达自己的内心体验，如"我很生气，我非常高兴"等。

2. 从受暗示性的体验发展到独立性的体验

成人的暗示对幼儿自我体验的产生起着重要作用，年龄越小，表现得越明显。如 2—3 岁的幼儿，当妈妈暂时离开时，老师如果说"妈妈走了，不会来接你了"，他很有可能受到老师的暗示大哭起来；如果对 5—6 岁的幼儿这样说，他就很难相信。所以，随着年龄的增长，幼儿自我体验的受暗示性会逐步降低。

3. 从与生理相关的体验发展到社会性体验

幼儿的自我体验随着年龄的增长而逐渐丰富，其中愉快感和愤怒感等社会性体验发生得较早，自尊感和委屈感发生得较晚。幼儿体验中最为重要的是自尊，它与自信心直接相关。6 岁以下的幼儿自我评价浅且不稳定，往往从属于成人的评价，有时会表现出自信心不足或者盲目自信等倾向。因此，家长和教师应及早观察和发现幼儿自信心形成的趋向，注意引导，防止骄傲、固执、退缩、自卑等性格的发展及不良影响的侵袭。

（四）自我监控的发展特点

幼儿的自我监控能力是逐渐产生和发展的，表现为幼儿开始完全不能自觉地调控自己的心理与行为，其心理活动在很大程度上受外界刺激与情境的直接制约。随着生理的发育成熟，在环境和教育的作用下，幼儿能够逐渐按照成人的指导和要求调节自己的行为，并且进一步（一般在幼儿晚期）能够自觉地调整自己的行为。

自我意识的发展必须体现在自我控制或监督上，因为个性发展的核心问题是自觉掌握自己的心理活动和行为。幼儿自我控制能力的发展主要表现在独立性、坚持性和自制力方面。3 岁左右，幼儿开始"闹独立"，什么事都想自己来，这是独立性发展的表现。随着年龄的增长，幼儿的独立性越来越强，会自己做很多事情。3—4 岁幼儿的坚持性和自制力都很差，5—6 岁时才有一定的发展。

总的来说，学前儿童自我意识的发展，表现在能够意识到自己的外部行为和内心活动，并且能够恰当地评价和支配自己的认识活动、情感态度和动作行为，由此逐渐形成自尊心、自信心等性格特征。

活学活用

赖皮的小宝

4 岁的小宝专心地玩着他的小汽车，在屋子里跑来跑去，妈妈大声地喊："小宝，快点，别玩了，要上幼儿园了，我们要迟到了。"只听小宝赖皮地说："你不给我买奥特曼，我就不上幼儿园。"妈妈说："走吧，妈妈这就给你买，之后我们再上幼儿园。"小宝的要求得逞了。

分析：4 岁正是孩子形成自我控制的关键时期。小宝妈妈惯用的方法就是不假思索地满足他的要求，这不利于小宝自我控制能力的形成。面对小宝的无理要求，妈妈要讲原则，可以告诉小宝，如果接连几天去幼儿园都表现得很积极，就可以买奥特曼，或者提供其他替代方案，让他放弃自身的欲望。例如，妈妈可以告诉小宝，今天在幼儿园要是和小朋友玩得很好，妈妈就买奥特曼。另外，妈妈要在教师面前经常表扬小宝，"今天小宝来这里表现得很好，比我收拾得都快"等鼓励性语言可以激励小宝。切忌一味地说"不行"，这样会伤害孩子的自尊，更不能用打孩子的方式来解决。

笔记栏

回溯过往

周恩来总理的人格魅力

实训实践

实训一　学前儿童的个性

1.阅读下文小宝的上课情况，分组讨论小宝的个性特点并给出建议。

课堂上小宝总是很快就能完成学习的任务。今天课堂上老师让小朋友剪树叶，小宝很快就剪好了，为了充分调动小宝的积极性，老师让小宝收拾其他小朋友剪下的废纸，小宝非常认真地一桌桌地收。可是收着收着，就和小朋友发生了争执，原来，另外一桌有好几个小朋友的树叶还没剪下来呢，小宝硬是把边给拽下来了，结果就把人家的树叶给拽坏了，弄得几个小朋友很不高兴，自己也哭了起来。

小宝的个性特点：

建议：

2.设计一个促进学前儿童自我意识发展的活动方案。

活动主题_____

活动目标：

活动准备：

活动过程：

实训二　幼儿园教师资格考试（面试）结构化试题模拟训练

1.幼儿阶段是一个人自信建立的重要时期，你如何理解？

2.班上有个小朋友性格孤僻，不愿和其他小朋友玩。对此，你会如何解决？

3.磊磊爱表现，总是喜欢给小朋友讲故事，上课总是抢着回答问题，你怎么办？

4.有人说："人格培养，应从学前期开始"，你如何理解这个观点？

真题汇集

项目十一在线测验题　　　　项目十一【真题汇集】
（含参考答案）

项目十二
学前儿童的社会性

情景导入

5 岁的军军是一个聪明、活泼的孩子。可是最近爸爸妈妈突然发现军军说脏话、打人，原来是跟其他小朋友一起玩的时候学的。为此，爸爸妈妈很生气，就禁止他和其他小朋友交往。渐渐地，爸爸妈妈发现军军越来越沉默，有时又非常地任性，不懂得怎么与人交往。

你觉得军军的爸爸妈妈做得对吗？应该怎样来引导和教育军军呢？

学习目标

▶ **知识目标**

1. 了解社会性及社会性发展的概念。
2. 了解学前儿童道德发展的相关理论和特点。
3. 掌握亲子关系、师幼关系、同伴关系、学前儿童性别行为的发展特点。
4. 掌握学前儿童亲社会行为、攻击性行为的特点及其影响因素。

▶ **能力目标**

1. 能运用相关知识分析学前儿童人际关系和社会行为的表现。
2. 能初步评价学前儿童人际关系和社会行为的发展状况。
3. 学会初步设计促进学前儿童人际关系和社会行为发展的活动方案。
4. 学会运用有效策略促进学前儿童人际关系和社会行为的发展。

▶ **素质目标**

1. 树立自主学习、终身学习的理念。
2. 具有高尚的职业道德，热爱幼儿，热爱幼教事业。
3. 提高职业认知，增强责任感与使命感。

学前儿童的社会性
- 社会性概述
  - 什么是社会性与社会性发展
  - 学前儿童社会性发展的内容
    - 人际关系的建立
    - 性别角色的获得
    - 道德的发展
- 学前儿童的人际关系
  - 亲子关系
    - 依恋关系
    - 亲子关系类型
    - 良好亲子关系的指导
  - 师幼关系
    - 师幼关系的特点
    - 建立良好的师幼关系
  - 同伴关系
    - 同伴关系的发展
    - 同伴交往的类型
    - 同伴交往的影响因素
    - 良好同伴关系的指导
- 学前儿童的性别角色
  - 什么是性别角色与性别化
  - 性别角色的影响因素
    - 生物因素
    - 社会文化因素
    - 认知因素
  - 性别角色的认知发展
    - 知道自己的性别，并初步掌握性别角色的知识（2—3岁）
    - 自我中心地认识性别角色（3—4岁）
    - 刻板地认识性别角色（5—7岁）
  - 学前儿童性别行为的发展
    - 性别行为的产生（2岁左右）
    - 性别行为的发展（3—7岁）
  - 学前儿童性别角色的教育
- 学前儿童的道德发展
  - 学前儿童道德认知的发展
    - 皮亚杰的儿童道德认知发展理论
    - 科尔伯格的道德发展阶段理论
  - 学前儿童道德情感的发展
    - 同理心：感受他人的感受
    - 良心：起源于约束性顺从
    - 内疚与羞愧
  - 学前儿童道德行为的发展
    - 学前儿童亲社会行为
    - 学前儿童攻击性行为

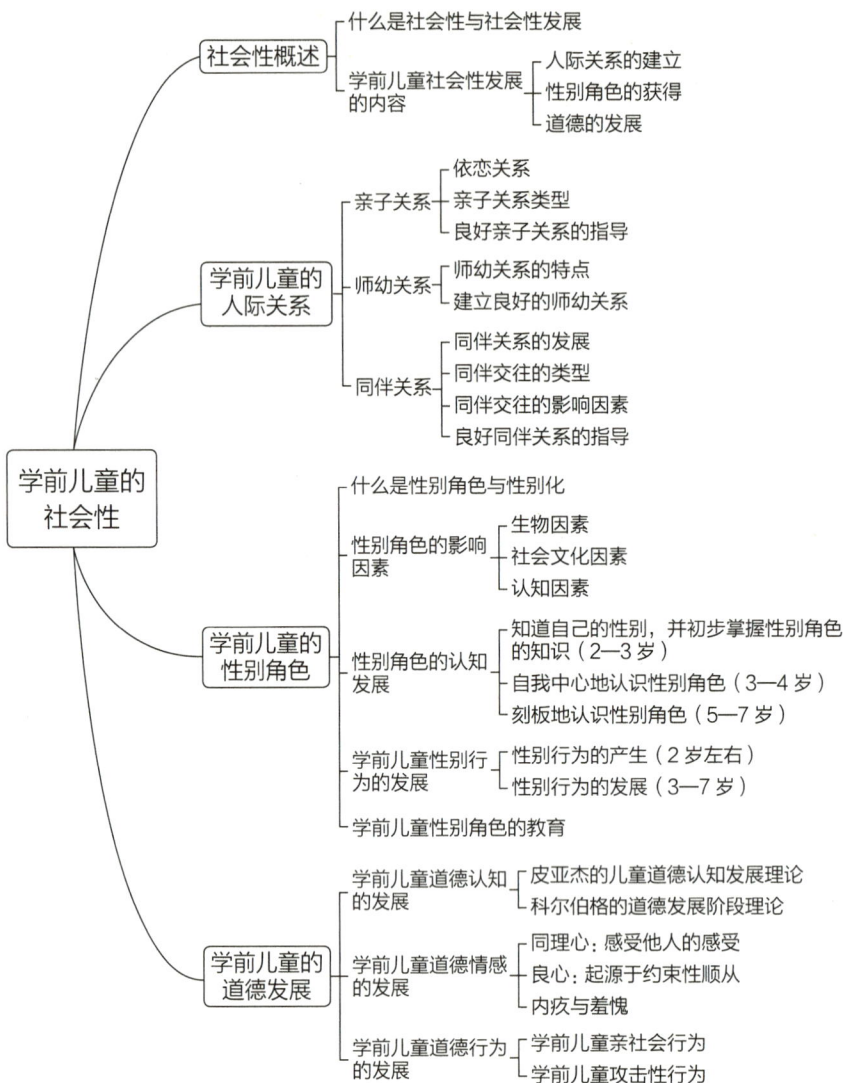

任务一　社会性概述

一、什么是社会性与社会性发展

　　社会性是指作为社会成员的个体为适应社会生活所表现出来的心理和行为特征。也就是人们为了适应社会生活所形成的符合社会传统习俗的行为方式，如对传统价值观的接受、对社会伦理道德的遵从、对文化习俗的尊重，以及对各种社会关系的处理等。

社会性发展（也称儿童的社会化）是指儿童从一个自然人，逐渐掌握社会的道德行为规范与社会行为技能，成长为一个社会人，逐渐步入社会的过程。它是在个体与社会群体、儿童集体及同伴的相互作用、相互影响的过程中实现的。社会性发展是学前儿童心理全面发展的重要组成部分，是学前儿童未来发展的重要基础。学前期是社会性发展的关键时期，社会认知、社会情感及社会行为在此阶段发展迅速，并开始逐渐表现出明显的个人特点。学前儿童社会性发展的好坏，直接关系他们未来人格发展的方向和水平，并会对他们入学后的学习、交往产生重要影响。

社会性是一种静态形式，而社会性发展则是一种动态的、逐渐建构的过程。儿童的社会性发展是在同外界环境相互作用的过程中逐渐实现的。例如，几个月大的婴儿在妈妈的精心照料下，他们逐渐熟悉了妈妈的声音、妈妈的脸，见到妈妈就高兴，从而出现"认生"现象，陌生人要抱时就会哭闹；随着年龄的增长，父母在日常生活中逐渐教给孩子各种行为规则，他们开始一天天变得"懂事"，并能够逐渐"管住"自己；上幼儿园、小学、中学以后，他们逐渐接受社会的各种道德行为规范，并作为自己行为的标准自觉遵守。这就是一个生物人逐渐发展为社会人的过程，即儿童社会性发展的过程。

二、学前儿童社会性发展的内容

人际交往和社会适应是学前儿童社会学习的主要内容，也是其社会性发展的基本途径。儿童在与成人、同伴交往的过程中，既要学习如何与人友好相处，又要学习如何看待自己、对待他人，从而不断发展其适应社会生活的能力。良好的社会性发展对儿童的身心健康和其他各方面的发展都具有重要影响。

（一）人际关系的建立

学前儿童社会性发展的核心内容是人际关系的建立。一般来说，学前儿童的人际关系，从交往的对象看，可以概括为两大方面：一方面是与成人的交往，主要包括与父母和老师的交往；另一方面是与儿童的交往，主要是指同龄伙伴之间的交往。

（二）性别角色的获得

性别既反映一个人的生物学上的特征，又负载着社会文化方面的意义。所有社会都期待男女扮演不同的角色，具有不同的行为方式。性别角色的获得就是人在特定的社会文化环境中，获得适合自己生物性别的价值观、动机和行为等的过程。

（三）道德的发展

道德的发展是个人品德的形成和发展，包括对各种是非标准的掌握，即道德认知、道德情感、道德行为的发展。道德行为主要表现为亲社会行为和攻击性行为。亲社会行为是指个体帮助或打算帮助他人的行为及倾向，具体包括分享、合作、谦让、援助等。亲社会行为的发展是儿童道德发展的核心问题。攻击性行为，也称侵犯行为，就是伤害他人或物的行为，如打人、咬人、故意损坏东西（不是出于好奇）、向他人挑衅、引起事端等。

> **回溯过往**
>
> 如果信念有颜色，那一定是中国红！
>
>

任务二 学前儿童的人际关系

一、亲子关系

亲子关系是儿童与其主要抚养人（主要是父母）之间的关系。狭义的亲子关系是指儿童早期与父母的情感关系，即依恋；广义的亲子关系是指父母与子女的相互作用方式，即父母的教养态度与方式。

亲子关系是儿童早期生活中最主要的社会关系，是儿童以后建立同他人关系的基础。儿童早期亲子关系好，就比较容易跟他人建立较好的关系。亲子关系还直接影响儿童个性品质的形成，是儿童人格发展最重要的影响因素。父母专制，孩子容易懦弱、顺从；父母溺爱，则导致孩子任性。

（一）依恋关系

依恋是指儿童寻求并企图保持与另一人亲密的身体和情感联系的一种倾向。一般认为，婴儿与主要照料者（母亲）的依恋在出生后六七个月内形成；与此同时，婴儿对陌生人开始出现害怕的表现，即俗话说的"认生"。

1. 依恋发展的阶段

第一阶段（0—3 个月）：无差别的社会反应阶段。在此期间，婴儿对所有人的反应几乎都是一样的，哪怕是对着一个精致的面具也会微笑。他们喜欢所有的人，最喜欢注视人脸，见到人的面孔或听到人的声音就会微笑，还会咿呀"说话"。

第二阶段（3—6 个月）：有差别的社会反应阶段。这一时期婴儿对母亲和熟悉的人的反应与对陌生人的反应有了区别。在熟悉的人面前表现出更多的微笑、啼哭

笔记栏

和咿咿呀呀；对陌生人的反应明显减少，但依然有这些反应。

第三阶段（6个月—3岁）：特殊的情感联结阶段。儿童从六七个月开始，对依恋对象的存在表示深深的关注。当依恋对象离开时，他会哭喊，不让离开；当依恋对象回来时，他会显得十分高兴。

第四阶段（3岁以后）：互惠关系形成阶段。此时的儿童能理解照料者的情感、需要、愿望，学会调整自己的行为，开始建立起更复杂的、双向的人际关系。儿童会为了达到特定目标而进行有意的行动，能考虑他人的情感和目标。儿童会与照料者协商，使用请求和劝说改变对方的目的，分离抗拒下降。儿童开始考虑母亲的愿望、需要和情感，认识到母亲的离开是暂时的，并不是抛弃他，母亲是爱他的。

2. 依恋的类型

1969年，美国心理学家玛丽·安斯沃斯（Mary Ainsworth）依据"陌生情境"实验研究，将儿童的依恋模式分为安全型依恋、回避型依恋和反抗型依恋。

学前儿童依恋
的类型

拓展阅读

"陌生情境"实验

陌生情境实验是一种基于实验室技术来评估儿童和成人之间的依恋模式的经典范式。研究中的成人为母亲（虽然其他成人也参加），儿童的年龄在10—24个月之间。

陌生情境实验由八个连续的事件组成，完成实验所需时间不超过半小时。在这个过程中，母亲两次把儿童留在陌生的房间里：第一次把母亲、婴儿和陌生人一起留在房间里，第二次把儿童单独留在房间里，并且陌生人要先于母亲回来。这个环境是一间观察室，室内划分为三块（品字形），分别为儿童、母亲和陌生人。摆放一把椅子，在儿童的椅子周围摆一些玩具。然后母亲鼓励儿童探索和玩耍，如果儿童需要，就给予安慰。研究者观察记录儿童的行为包括：操纵玩具似的活动方式；啼哭与紧张表情；因其母亲注意的尝试；尝试与陌生人接近的倾向。实验者特别关注母亲每次回来时婴儿的反应。

安斯沃斯和同事根据陌生情境实验和在婴儿家中观察1岁婴儿，发现了三种主要的依恋模式。

（1）安全型依恋

这类儿童与母亲在一起时，能安逸地玩玩具，并不总是依偎在母亲身旁，只是偶尔需要靠近或接触母亲，更多的是用眼睛看母亲、对母亲微笑或与母亲有距离地交谈。母亲在场能使儿童感到足够的安全，能够在陌生的环境中进行积极的探索和操作，对陌生人的反应也比较积极。当母亲离开时，儿童的操作、探索行为会受到影响，明显地表现出苦恼、不安，想寻找母亲回来；当母亲回来时，儿童会立即寻求与母亲的接触，并很容易平静下来，继续做游戏。这类儿童约占65%—70%。

（2）回避型依恋

这类儿童对母亲在不在场都无所谓。当母亲离开时，他们并不表示反抗，很少有紧张、不安的表现；当母亲回来时，他们也往往不予理会，表示忽略而不是高兴，还是自己玩自己的。有时也会欢迎母亲回来，但是非常短暂的，接近一下就走开了。这种儿童接受陌生人的安慰和接受母亲的安慰是一样的。实际上，这类儿童对母亲并没有形成特别密切的情感联结，所以，有人也把这类儿童称为无依恋的儿童。这类儿童约占20%。

（3）反抗型依恋

每当母亲将要离开时这类儿童就显得很警惕，母亲离开时，他会表现得非常苦恼、极度反抗，任何一次短暂的分离都会引起他大喊大叫。当母亲回来时，他对母亲的态度又是矛盾的，既寻求与母亲的接触，但同时又反抗与母亲的接触；当母亲亲近他、抱他时，他会生气地拒绝、推开。但是要他重新回去做游戏似乎不太容易，他不时地朝母亲那里看。所以，这种类型的依恋又常被称为矛盾型依恋。这类儿童占10%—15%。

在上述三种类型中，安全型依恋为良好、积极的依恋，不仅有助于儿童积极地探索，还会影响儿童的同伴关系及个性的发展。而回避型依恋和反抗型依恋又称为不安全型依恋，是消极、不良的依恋。

（二）亲子关系类型

不同父母在教养儿童的具体方式上存在诸多差异，不同的教养方式会形成不同的亲子关系类型。教养方式是指家庭中的父母在教育抚养孩子的日常生活中所表现出来的教养观念、教养行为，以及其在教养孩子的过程中教养情感与态度的综合体现。最早研究父母教养方式的是美国心理学家戴安娜·鲍姆林德（Diana Baumrind）。美国儿童心理学家麦考比（M. Maccoby）和马丁（J. Martin）在鲍姆林德及其他研究的基础上提出了父母教养方式的四种类型：权威型、专断型、溺爱型和忽视型。不同教养方式下成长的孩子，其心理行为特点也不同（见表12-1）。

家庭教养方式

表12-1　不同类型教养方式对孩子的影响

类型	父母的表现	孩子的心理行为特点
权威型	父母对孩子的态度积极肯定，对孩子的要求、愿望和行为有积极的反应，并坚定地实施规则；对孩子不良的行为表现表示不快，而对其良好的行为表现表示支持和肯定	在这种教养方式下成长的孩子独立性强，善于自我控制和解决问题，自尊感和自信心较强，喜欢与人交往，对人友好

204

◆笔记栏

类型	父母的表现	孩子的心理行为特点
专断型	父母对孩子时常表现出缺乏热情的、否定的情感反应，要求孩子无条件地遵守有关规则，但又缺少对规则的解释，且常常对孩子违反规则的行为表示愤懑，甚至采用严厉的惩罚措施	在这种教养方式下成长的孩子缺乏主动性、胆小、怯弱、畏缩、抑郁，自尊感与自信心较低，不善于与人交往
溺爱型	父母对孩子充满积极肯定的情感，但缺乏控制，他们很少对孩子提出要求，对孩子违反要求的做法采取忽视或接受的态度	在这种教养方式下成长的孩子表现得很不成熟，自我控制能力尤其差
忽视型	父母对孩子的成长表现出漠不关心的态度，缺少对孩子行为的要求和控制，亲子交往很少	在这种教养方式下成长的孩子具有较强的冲动性和攻击性，不顺从，很少替别人考虑，对人缺乏热情与关心

（三）良好亲子关系的指导

1.端正自身教养态度与方式，提高抚养质量

父母要注意接受儿童的个体特点，积极地充当儿童社会化的负责人。对儿童既要有合适的要求，又要给予宠爱、关心与交流，在家庭中创建一个和谐、积极的家庭环境，与孩子建立起民主型的亲子关系。

2.主动关心、爱护儿童，建立良好的亲子依恋关系

儿童的母亲（或主要照料者）要注意利用"母性敏感期"的亲子接触，尽量避免父母亲与孩子长期分离。对于孩子发出的信号要及时做出正确的反应，对孩子多主动关心和爱护，让儿童建立起安全的依恋。

3.尊重儿童成长规律，科学有效育儿

儿童的成长有其自身成长的规律，每个孩子从新生儿时期开始也都表现出其独特的"个性"。作为孩子的父母，要尊重儿童的成长规律，也要正视儿童的独特"个性"，树立科学的育儿观。

🐦 活学活用

曼曼的请求

晚上，2岁半的曼曼独自玩自己的芭比娃娃，妈妈则坐在旁边玩手机。一会儿曼曼给芭比娃娃"梳理头发"，一会儿又给她穿脱衣服，玩得很开心。当她给芭比娃娃穿上白色纱裙时，对妈妈说："妈妈，你看她像不像白雪公主呀？"妈妈眼睛盯着手机头也不抬地说："像！""那你给我讲白雪公主的故事吧？""一会儿。"妈妈的眼睛仍然没有离开手机。"不行，这会儿讲。""我说你这孩子怎么不听话呀，自己玩。"妈妈生气地说……

请对曼曼妈妈的行为进行分析，并提出合理化建议。

分析：亲子交往对学前儿童认知、情感、个性及社会性等方面的发展都有促进作用。上述案例中，曼曼的妈妈忽视了和孩子的互动。正确做法是满足孩子此时的需求，给孩子讲白雪公主的故事，这样做一方面可以增长孩子的知识，

满足其求知欲；另一方面也可以促进孩子与母亲之间的情感交流。因此，母亲要重视亲子之间的交往活动，促进学前儿童健康成长。

二、师幼关系

师幼关系是教育过程中最基本、最重要的人际关系。师幼关系是教师与幼儿在共同的教学活动中，通过相互的认知、情感和交往而形成的一种人际关系。在这种关系中，既体现出师幼各自的地位和作用，又体现出二者之间互动联系的方式与性质。师幼关系在某种程度上代表着幼儿教育的方式，反映着教师以何种身份面对幼儿，体现着幼儿的主体性是否得到了尊重等。因而，师幼关系是幼儿园中最重要的一种关系，是幼儿园教育内部的主要动因之一。

师幼关系对幼儿的发展具有重要影响。和谐的师幼关系有利于更好地了解与尊重幼儿、关爱幼儿、宽容和欣赏幼儿，有利于学生的"学"与教师的"教"进行互动，有利于教师与幼儿的心理健康发展，对幼儿建立良好的同伴关系也有重要的意义。

师幼关系对教师的发展同样具有重要影响。良好的师幼关系能增加教师的自我效能感，提高教师的自信心，从而为教师个人的专业成长提供动力，使教师以饱满的热情、积极的心态投入教育中，促进教育的良性发展。

（一）师幼关系的特点

1. 师幼互动中，教师与幼儿在人格上是平等的

教师与幼儿虽然角色不同，但他们在人格上是平等的。在这种民主、平等的关系中，教师对幼儿发出的信息，首先要以宽松、开放的心态接纳，"接住孩子抛过来的球"，从而使幼儿处在一种相对宽松、充满安全感的教育环境中。当教师向幼儿传递知识与技能时，幼儿心情愉快、情绪饱满，学习的积极性高，乐于接受教师教给的各种知识，努力解决生活中遇到的各种问题，积极地探索和注意身边的事物。

2. 教师是幼儿学习社会知识和社会行为的传递者和指导者

在平等、和谐、积极的师幼交往中，幼儿能够从中拓展社会知识，学习一定的行为规范和价值准则。在教师的示范指导下和对教师的观察模仿中，幼儿能习得分享、合作、同情、谦让等亲社会行为。同时，由于教师在幼儿心目中具有重要地位，教师对幼儿的情感、态度和评价对幼儿自我意识和社会性情感的发展也具有重要影响。

3. 师幼互动中，教师发起的互动明显多于幼儿发起的互动

相关研究表明，发生在幼儿园一日生活中教师与幼儿之间的互动行为事件绝大多数是由教师开启的，占师幼互动行为总量的69.1%，而由幼儿开启的互动行为事件只占总量的30.9%。由此可见，教师是教育活动的"王者"，操纵、控制着绝大部分教育活动，左右着幼儿的行为，使幼儿处于服从、依赖的被动地位，师幼之间的

关系处于一种严重的倾斜状态。

（二）建立良好的师幼关系

1. 正确的认知关系

认知关系是师幼交往的前提条件，具有相互反馈的特点。教师对幼儿的认知，直接影响着幼儿对教师的认知。师幼之间的正确认知，有利于交往活动的深化、教育目标的实现；而错误认知，会导致师幼关系恶化，致使交往活动中断，产生不良的教育效果。著名的"罗森塔尔效应"就向我们揭示了这样一条规律：教师对幼儿的热爱、信任可以产生教师期待的效果。所以，教师要正确认识、了解幼儿，不对任何一个幼儿抱有成见、偏见。

拓展阅读

罗森塔尔效应

1968 年，美国心理学家罗伯特·罗森塔尔（Robert Rosenthal）等人到一所小学，进行了 7 项实验。他们从一至六年级各选了 3 个班，对这 18 个班的学生进行了"未来发展趋势测验"。之后，罗森塔尔以赞许的口吻将一份"最有发展前途者"的名单交给了校长和相关老师，并叮嘱他们务必要保密，以免影响实验的正确性。其实，罗森塔尔名单上的学生是随便挑选出来的。8 个月后，罗森塔尔和助手们对那 18 个班级的学生进行复试，结果让人意外，因为凡是上了名单的学生，每一个成绩都有了较大的进步，而且性格活泼开朗，自信心强，求知欲旺盛，更乐于和别人打交道。

研究者认为，这是由于教师期望的影响。由于教师认为这个学生是天才，因此寄予他更大的期望，在上课时给予他更多的关注，通过各种方式向他传达"你很优秀"的信息，学生感受到教师的关注，产生了一种激励作用，学习时加倍努力，从而取得了好成绩。

这种现象说明教师的期待不同，对儿童施加影响的方法不同，儿童受到的影响效果也不同。这个研究告诉我们：对一个人传递积极的期望，就会使他进步得更快、发展得更好；反之，向一个人传递消极的期望则会使他自暴自弃、放弃努力。

2. 融洽、亲密的情感关系

情感关系是师幼交往的心理基础。幼儿园的教育教学活动，并不是教师机械地把知识从一个人的头脑转移到另一个人的头脑中去，而是师幼之间时时处处都在进行心灵的接触与碰撞。融洽、亲密的情感关系可以促进幼儿人际交往能力的发展，有助于幼儿形成安全和积极的自我意识，减少幼儿的恐惧感、焦虑感，促进幼儿心理的健康发展。

3. 合理的保育关系

保育关系是师幼交往中的一种独特关系。幼儿生活能力较差，他们的健康、安全都依赖于教师。教师必须执行保育与教育相结合的原则，克服重教轻保的错误倾向，细致地关心、照顾幼儿，为幼儿提供生存所必需的环境和物质条件，以帮助幼儿获得良好的发展，培养其独立性，提高幼儿的健康水平。

活学活用

老师的漠然

某老师带着孩子们在户外散步，突然一个孩子大叫："看，飞机。"原来天空中正有一架飞机飞过，另外几个孩子一起兴奋地尖叫着，还有个孩子说："我还坐过飞机呢！"老师扭头看了看，没有吭声，继续向前走去……

请对老师的行为进行分析，并提出合理化建议。

分析： 案例中，对于孩子的尖叫、孩子们的议论，教师采取了漠然的态度。其实，孩子是认知的主体，他们对周围的一切都充满了好奇和疑问，也有自己的看法。教师要善于捕捉教育的时机，及时给予孩子积极的支持和鼓励，促进其认知等方面的发展，并培养起良好的个性品质。

三、同伴关系

同伴关系为儿童提供了与众多同龄伙伴平等和自由交流的机会，对于学前儿童社会价值的获得、社会能力的培养，以及认知和健康人格的发展，具有无法替代的独特作用。

（一）同伴关系的发展

1. 2 岁前同伴关系的发展

同伴交往最早可以在 6 个月大的婴儿身上看到，这时的婴儿可以互相触摸和观望，甚至以哭泣对其他婴儿的哭泣做出反应。6 个月以后，婴儿之间交往的社会性逐渐加强。2 岁前的同伴交往可分为三个阶段。

第一阶段：物体中心阶段。这时儿童之间虽有相互作用，但他们把大部分注意都指向玩具或物体，而不是指向其他儿童。

第二阶段：简单相互作用阶段。儿童对同伴的行为能做出反应，并常常试图支配其他儿童的行为。如一位儿童坐在地上，另一位儿童转过头来看了他一下，并挥挥手说声"哒"，这样重复了 3 次，直到那个孩子笑了，接下来，每说一声"哒"，那个孩子就笑一次，此行为共重复了 12 次。这个孩子的重复就是一种指向其他儿童的社会性交往行为。

第三阶段：互补的相互作用阶段。在这一阶段出现了一些更加复杂的社会性互动行为，对他人行为的模仿更为常见，出现了互动的或互补的角色关系，如"追赶者"和"逃跑者"、"躲藏者"和"寻找者"、"给予者"和"接受者"。这一阶段，当积极性的社会交往发生时，儿童常伴有微笑、出声或其他恰当的积极性表情。

儿童早期的社会性交往通常是积极的，到 1 岁左右则有近半数的同伴交往是攻击性、冲突性行为，如打架、揪头发、推人等。

2. 幼儿游戏中同伴关系的发展

儿童之间绝大多数的社会性交往是在游戏情境中发生的。幼儿在游戏中的交往是从 3 岁左右开始的，表现出以下发展特点。

（1）3 岁左右，幼儿游戏中的交往主要是非社会性的，幼儿以独自游戏或平行游戏为主。幼儿彼此之间没有联系，各玩各的。

（2）4 岁左右，社会性游戏增多，并逐渐成为幼儿主要的游戏形式。在游戏中，幼儿彼此之间有一定的联系，说笑或互借玩具，但这种联系是偶然的、没有组织的，彼此之间的交往也不密切。这是幼儿游戏中社会性交往发展的初级阶段。

（3）5 岁以后，合作性游戏开始发展，这是社会性交往水平最高的游戏阶段。在游戏中，幼儿分工合作，有共同的目的、计划，服从一定的指挥，遵守共同的规则，互相协作、尊重、关心与帮助别人，大家一起为玩好游戏而努力。

（4）幼儿期同伴交往主要是与同性别的幼儿的交往。这种倾向随着年龄的增长，越来越明显。女孩更明显地表现出交往的选择性，偏好更加固定；女孩游戏中的交往水平高于男孩，表现在女孩的合作游戏明显多于男孩，男孩对同伴的消极反应明显多于女孩。

🐤 活学活用

晨晨"借"玩具

晨晨伸手去抢帅帅手里的玩具，帅帅不想给，说："我还没玩呢！"晨晨没有得到玩具，马上将身体侧过去，脸冲着帅帅，将声音放低，语速放慢，温柔地对帅帅说："你得给我玩一下。"帅帅仍旧不理。晨晨这时走过去向帅帅要玩具，声音很低："你这个玩具让我玩一会儿，行吗？"帅帅没有反对，晨晨拿到了玩具。

请从同伴交往的角度分析该案例中晨晨的行为。

分析：案例中的晨晨应该是在 4 岁左右。这个时期的儿童表现出社会性游戏增多，处于幼儿社会性交往发展的初级阶段，开始与其他同伴进行交流，偶尔会有说笑、互借玩具的行为。晨晨已经知道要向帅帅借玩具，但是在帅帅说"我还没玩呢"的时候，并没有提出说跟帅帅一起玩。这说明晨晨还没有进入到合作游戏发展的阶段。在向帅帅借玩具的过程中，晨晨学会了如何与同伴沟通交流：从最开始的直接抢玩具，到命令语言"你得给我玩一下"，到最后知道征求帅帅的意见。相信在以后晨晨想要玩别人的玩具的时候，会更倾向于采用最后一种方式。

（二）同伴交往的类型

庞丽娟采用"现场提名法"，对4—6岁儿童同伴交往的类型进行研究。结果表明，儿童的社交地位已经分化，主要有受欢迎型、被拒绝型、被忽视型和一般型四种基本类型。

1. 受欢迎型

该类型儿童喜欢与人交往，在交往中积极主动，且常常表现出友好、积极的交往行为，因而受到大多数同伴的接纳、喜爱，在同伴中享有较高的地位，具有较强的影响力。

2. 被拒绝型

该类型儿童和受欢迎型儿童一样，喜欢交往，在交往中活跃、主动，但常常采取不友好的交往方式，如强行加入其他小朋友的活动、抢夺玩具、推打小朋友等。攻击性行为较多，友好行为较少，因而常常被多数儿童排斥、拒绝，在同伴中地位低，与同伴关系紧张。

3. 被忽视型

该类型儿童不喜欢交往，他们常常独处或一个人活动，在交往中表现得退缩或畏缩，既很少对同伴做出友好、合作的行为，又很少表现出不友好、攻击性行为。因此，既没有多少同伴主动喜欢他们，又没有多少同伴主动排斥他们，他们在同伴心目中似乎是不存在的，容易被大多数同伴忽视和冷落。

4. 一般型

该类型儿童在同伴交往中的行为表现一般，既不是特别主动友好，又不是不主动、不友好，同伴有的喜欢他们，也有的不喜欢他们。他们既非被同伴特别地喜爱、接纳，又非特别地忽视、拒绝，因此在同伴心目中的地位一般。

上述四种同伴交往的类型，受欢迎型约占13.33%，被拒绝型约占14.31%，被忽视型约占19.41%，一般型约占52.95%。

从发展的角度看，在4—6岁范围内，随着年龄的增长，受欢迎型儿童的人数呈增多趋势，而被拒绝型、被忽视型儿童的人数呈减少趋势。但需要注意的是，在四种同伴交往类型中，被拒绝和被忽视的儿童占有一定的比例，相对处于不利的社交地位，很少得到同伴的接纳和喜爱，难以与同伴进行合作、交流，这对他们的社会性和整个身心发展都不利。

（三）同伴交往的影响因素

1. 家庭因素

家庭因素主要是家庭中早期亲子交往的经验、父母的鼓励与教养方式、幼儿的家庭居住条件、家庭教育条件等，这些都在不同程度上影响着幼儿的同伴交往。

2. 托幼机构因素

托幼机构的因素主要是教师的影响，教师对幼儿的评价直接影响到同伴对这个幼儿的评价。活动材料和活动性质也是幼儿同伴交往中不可忽视的影响因素。

3. 幼儿自身的特征

幼儿的性别、长相、年龄、气质、情感、能力、性格等，此外幼儿的姓名、出生顺序等也影响着幼儿的同伴交往。

（四）良好同伴关系的指导

良好的同伴关系，对儿童的健康成长起着非常重要的作用。父母和幼儿园的老师可以从以下几个方面着手，引导儿童逐渐建立良好的同伴关系。

首先，要为儿童提供同伴交往的机会。

其次，要有意识地对儿童的行为进行引导，让儿童认识到哪些是适宜的行为，哪些是不适宜的行为，促进儿童良好社会行为的发展。儿童良好的社会行为和习惯，能够帮助儿童快速地与其他儿童建立起同伴关系，形成友谊。

再次，促进儿童良好性格的发展。父母在与儿童早期的交往中，要与儿童建立起安全的依恋关系，让儿童感受到关爱、自尊和自信，形成良好的性格。

最后，促进社会认知能力和社交技能的发展。父母和幼儿园老师可以通过行为训练法、认知训练法、情感训练法等方法提升幼儿对同伴关系的认知，提高儿童与其他同伴交往的技能。

任务三　学前儿童的性别角色

一、什么是性别角色与性别化

性别角色属于一种社会规范，是对男性和女性行为的社会期望。性别角色的发展是以儿童性别概念的掌握为前提的，即只有当儿童知道男孩和女孩是不同的，才能进一步掌握男孩和女孩不同的行为标准。帮助儿童形成性别角色，发展性别行为是成人的任务。一般来说，正确认识性别角色和相应的性别行为是儿童健康发展的一个重要方面。

儿童获得性别认同和适合于男人或女人的动机、价值、行为方式及性格特征的过程就是性别化。性别认同是对一个人在基本生物学特性上属于男或女的认知和接受，即理解性别。性别认同包括正确使用性别标签：理解性别的稳定性，如男孩子长大后成为男人；理解性别的坚定性，如一个人不因发型、服装或喜欢的玩具是异性的而改变自己的性别；理解性别的发生学基础，知道男女间生理上的差别。性别角色认同是对一个人具有男子气或女子气的知觉和信念。

二、性别角色的影响因素

（一）生物因素

生物因素主要是指染色体、性激素和大脑功能分化产生的影响。男女两性行为方面的大多数差异都可以追溯到生物学上的差异。

（二）社会文化因素

社会文化因素主要指家庭、教师和同伴，以及大众传媒的影响。父母的行为是孩子的榜样，对孩子起到潜移默化的作用。家庭中父母自身的行为和性别角色认同会影响到儿童的性别角色。从3岁起，儿童开始进入幼儿园。幼儿园老师和同伴就开始强化性别特征化的行为，并且随着年龄的增长，这种影响越来越大。大众传播媒介，如电视、图书、网络等，都是传递文化影响性别态度的重要渠道。儿童可以在观看电视、阅读绘本故事等活动中获得性别角色的信息，并逐渐对这些性别角色信息进行内化。

（三）认知因素

儿童对自己性别的认知也会影响到其性别角色和性别行为。当儿童认识到他们属于哪种性别后，他们就会随着对文化中男性和女性概念的深化而采纳相应的性别角色，做出自己所认为的与该性别一致的行为。

三、性别角色的认知发展

（一）知道自己的性别，并初步掌握性别角色的知识（2—3岁）

学前儿童性别概念的发展

儿童能区分出一个人是男性还是女性，就说明他已经具有了性别概念。儿童的性别概念包括两方面：一是对自己性别的认识；二是对他人性别的认识。儿童对他人性别的认识是从2岁左右开始的，但儿童这时还不能准确地说出自己是男孩还是女孩。2.5—3岁，绝大多数儿童都能够准确地说出自己的性别。同时，这个年龄阶段的儿童已经有了一些关于性别角色的初步认识，如女孩要玩洋娃娃，男孩要玩汽车等。

（二）自我中心地认识性别角色（3—4岁）

此阶段的儿童已经能够明确地分辨自己是男孩还是女孩，并对性别角色的知识逐渐增多。但对三四岁的儿童来说，他们能接受各种与性别习惯不符的行为偏差，如认为男孩穿裙子也可以，几乎不会认为这是违反了常规。这说明他们对性别角色的认识还不是很明确，具有明显的自我中心的特点。

（三）刻板地认识性别角色（5—7岁）

在前一阶段发展的基础上，儿童不仅对男孩和女孩在行为方面的区别认识越来越清楚，同时开始认识到一些与性别有关的心理因素，如男孩要胆大、勇敢、不能哭，女孩要文静、不能粗野等。但与儿童对其他方面的认识发展规律一样，他们对性别角色的认识也表现出刻板性。他们认为违反性别角色习惯是错误的，会受到惩罚和耻笑，如一个男孩玩洋娃娃就会遭到同性别孩子的反对，认为这样不符合男子汉的行为。

四、学前儿童性别行为的发展

（一）性别行为的产生（2 岁左右）

2 岁左右是儿童性别行为初步产生的时期，具体表现在以下三个方面。

1. 活动兴趣方面的差异

在 14—22 个月的儿童中，男孩在所有的玩具中更喜欢卡车和小汽车，而女孩则更喜欢洋娃娃或柔软的玩具。

2. 选择同伴方面的差异

儿童对同性别玩伴的偏好出现得很早。2 岁的女孩就表现出更喜欢与女孩玩，而不喜欢跟男孩玩。

3. 社会性发展方面的差异

2 岁时，女孩对父母和其他成人的要求更多的是遵从，而男孩对父母的要求的反应更趋向多样化。

（二）性别行为的发展（3—7 岁）

该阶段幼儿之间性别角色的差异日益稳定、明显，具体表现在以下三个方面。

1. 游戏活动兴趣方面的差异

在幼儿期儿童的游戏中，已经可以看到明显的性别差异。男孩更喜欢有汽车参与的运动性、竞赛性游戏，女孩则更喜欢玩"过家"的角色游戏。

2. 选择同伴及同伴相互作用方面的差异

2 岁以后，儿童选择同性别伙伴的倾向日益明显。有研究发现，3 岁男孩明显选择男孩而不选择女孩作为伙伴。另外，男孩和女孩在同伴之间相互作用的方式也不同。男孩之间更多的是打闹，为玩具争斗，大声叫喊、发笑；女孩则很少有身体上的接触，更多的是通过规则协调。

3. 个性和社会性方面的差异

幼儿期已经开始有了个性和社会性方面比较明显的性别差异，并且这种差异在不断发展。有研究显示，4 岁女孩在独立能力、自控能力、关心人与物三个方面优于同龄男孩；6 岁男孩的好奇心、情绪稳定性和观察力优于女孩，而 6 岁女孩对人与物的关心仍优于男孩。

五、学前儿童性别角色的教育

学前儿童性别角色的教育，要注意以下三个方面。首先，要转变传统的性别观念，给儿童提供"双性化人格教育"。双性化人格教育是一种新的教育思路，摒弃了传统的、绝对的单性化教育，在教育过程中，注重使儿童同时具备男性和女性的积极心理特征。在儿童早期就开始进行无性别歧视的教育，不过分强调性别差异；鼓励儿童向异性学习；增加男女孩接触的机会。其次，要因材施教，注意儿童的性别差异。不同性别的儿童在游戏活动兴趣、选择同伴、个性和社会性方面都存在较大差异，要重视儿童在性别上的差异，开展活动时要注意因材施教。最后，要发挥社会教育和社会传播媒介的作用。

活学活用

难回答的问题

动画片《大耳朵图图》中图图有许多的问题和困惑：妈妈生过图图了，爸爸什么时候生小孩呢？爸爸在学校里没有学会吗？爸爸为什么有胡子，图图为什么没有？妈妈的这里为什么这么胖，爸爸这里怎么一点也不胖？不能生小孩的爸爸有什么用处啊……刷子很勇敢，不穿裙子，不玩洋娃娃，可刷子坐着小便。刷子长大了想当爸爸还是当妈妈……

请从学前儿童性别角色发展的角度分析图图的问题。

分析：图图的这些问题表明他的性别角色认知正处于刻板地认识性别角色阶段。图图已经对男孩和女孩在行为方面的区别认识得较为清楚，同时也开始认识到一些与性别有关的心理因素，如男孩子勇敢、女孩子胆小等。但是他们对性别角色的认识也表现出刻板性，尤其是当他人的行为兼具男孩和女孩的特点时，他们就难以辨别了。

任务四 学前儿童的道德发展

一、学前儿童道德认知的发展

学前儿童的道德认知是指学前儿童对道德规范、行为准则、是非观念的认识，包括学前儿童对道德概念的掌握和学前儿童道德判断或评价能力的发展。在有关学前儿童道德认知发展的理论中，以皮亚杰和劳伦斯·科尔伯格（Lawrence Kohlberg）的道德发展理论最具有代表性。

（一）皮亚杰的儿童道德认知发展理论

皮亚杰认为儿童的道德认知是从他律道德向自律道德转化的过程。他将儿童道德认知发展分为三个阶段：前道德阶段、他律道德阶段、自律道德阶段。

皮亚杰的对偶
故事法

1. 前道德阶段

前道德阶段出现在 4—5 岁之前。处在这一阶段的儿童的思维是自我中心的，其行为直接受行为的结果支配。因此这个年龄阶段的儿童既不是道德的，也不是非道德的。

2. 他律道德阶段

他律道德阶段出现在四五岁至八九岁之间，以学前儿童居多。此阶段儿童对道德的看法是遵守规则，规则是绝对的、固定不变的，是由权威给予的。判断行为的好坏完全根据行为的后果，而不是根据主观动机。

3. 自律道德阶段

自律道德阶段为 9—10 岁以后。此阶段的儿童，不再盲目服从权威。他们开始认识到道德规范的相对性，同样的行为，是对是错，除了看行为结果外，也要考虑当事人的动机。

皮亚杰认为儿童的道德认知发展与儿童的认知能力发展是相对应和平行的。幼儿道德的他律性就是幼儿认知的自我中心和实在论的反映。

（二）科尔伯格的道德发展阶段理论

继皮亚杰之后，美国当代发展心理学家科尔伯格对儿童道德发展进行了研究。科尔伯格把儿童道德发展看成是整个认知发展的一部分，认为儿童道德的成熟过程，就是道德认知的发展过程。科尔伯格使用一系列两难故事法研究法，将儿童道德认知发展划分为三个水平六个阶段（见表 12-2）。

表 12-2　科尔伯格的儿童道德发展阶段

水平	阶段	基本特征
前习俗水平（主要着眼于自身的具体结果）	服从与惩罚定向	服从规则以及避免惩罚
	天真的利己主义	遵从习惯以获得奖赏
习俗水平（主要满足社会期望）	"好孩子"定向	遵从成规，避免他人不赞成、不喜欢
	维护权威和秩序的道德观	遵从权威，避免受到谴责
后习俗水平（主要履行自己选择的道德准则）	社会契约定向	遵从社会契约，维护公共利益
	普遍的伦理原则	遵从良心原则，避免自我责备

科尔伯格认为幼儿的道德发展处于前习俗水平，此时幼儿尊重权威，目的是逃避来自严厉权威者的惩罚，同时出于自己的利益并考虑别人会如何回报他们的行动而服从、遵守规则，从而形成他律的道德判断。

活学活用

妈妈，你今天生病，好吗？

中班的花花在幼儿园里学习了助人为乐的故事，教师要求他们回家做一件助人为乐的事情。妈妈把花花接到家后就一头倒在沙发上，爸爸又不在家，妈妈对花花说："花花，你老实一会儿，妈妈有些累。"花花对妈妈说"妈妈，你假装生病了，我可以助人为乐了。老师给我们布置了助人为乐的作业。"接着，她就给妈妈端水、找药，并让妈妈在床上休息，还对妈妈说"妈妈，你今天生病，好不好？"

分析：学前儿童道德概念的掌握是片面的、笼统的，同个别事物相联系，相对直观，往往依据特殊的事例。花花认为助人为乐就是"照顾生病的妈妈"，所以为了完成教师布置的作业，就要求妈妈"生病"。

二、学前儿童道德情感的发展

道德情感是与人所具有的对于一定道德规范的需要直接联系的一种情感体验，是一种高级情感。它反映、伴随并影响着人的道德认知和道德行为。学前儿童道德情感的发展主要体现在以下几个方面。

（一）同理心：感受他人的感受

同理心是一种"设身处地"地感受他人感受的能力，以及在特殊情境下感受到或打算感受到他人感受的能力。儿童在2岁时表现出同理心，随着年龄的增长而发展。当学前儿童能够逐渐区分自己和他人的心理状态时，他们就能像是感受自己的痛苦一样对他人的痛苦做出反应。同理心不同于同情，同情仅仅涉及对他人困境的悲伤或关心。同理心和同情都可能导致亲社会行为。

（二）良心：起源于约束性顺从

良心包括做错事后不安的情绪，以及具备避免做该事的能力。儿童拥有良心之前，需要先内化道德标准。因为儿童相信它是正确的，而不仅仅是因为别人这么说（如同自我调节），所以良心取决于儿童是否自愿做正确的事情。但是意志控制，即通过意识或努力去抑制冲动，这是在学前期出现的一种自我调节的机制，它可以通过促成儿童自愿遵从父母的期望来促成良心的发展。

如果不需要提醒，儿童愿意服从命令去清理房间，而不是去玩喜欢的玩具，就被界定为拥有约束性顺从。如果需要家长提示，才能遵从要求的儿童则被判定为拥有情境性顺从。约束性顺从随年龄增长而增加，而情境性顺从则随年龄增长而下降。相对来说，约束性顺从者的母亲倾向于温和的指导，而不是强迫、威胁或其他形式的负面控制。

（三）内疚与羞愧

内疚是一种负性自我意识情绪，是当个体觉察到自己做错了事情或伤害了别人，感到局促不安，同时倾向于向受害者道歉或采取某些措施来弥补自己犯下错误时产生的情绪。儿童的内疚一般从 27 个月开始出现，普遍发生时间为 28 月龄。内疚的发生指标主要包括目标回避、消极的情绪状态、弥补行为和身体紧张四个方面。

羞愧是一种负性自我意识情绪，是个体在行为与社会标准或自我期望不一致时，所产生的一种沮丧、痛苦的情绪。儿童的羞愧在 29—35 个月发生。任务失败的情境可以诱发其羞愧，主要表现为身体塌陷或倾斜、嘴角向下、从任务中撤回和消极的言语评价四个方面。

大约 3 岁时，儿童已经获得了自我意识，并掌握大量关于社会认可接受的标准、规则和目标的知识。这时儿童就能够根据社会要求评价自己的思想、计划、意愿和行为，然后表达出诸如骄傲、内疚和羞愧等情绪。

三、学前儿童道德行为的发展

道德行为是人在一定的道德意识支配下表现出来的对待他人和社会的有道德意义的活动。它是人的道德认识的外在具体表现，是对人的品德所评价的依据，也是实现道德动机的手段。道德行为可分为道德的行为及不道德行为。学前儿童的道德行为具体表现为亲社会行为和攻击性行为。

（一）学前儿童亲社会行为

1. 什么是亲社会行为

亲社会行为，又叫积极的社会行为或亲善行为。它是指个体帮助或打算帮助其他个体或群体的行为及倾向，如分享、合作、安慰、捐赠、同情、关心、谦让、互助等。亲社会行为是人们在交往过程中维护良好关系的重要基础，对个体及社会的发展意义重大。

2. 学前儿童亲社会行为的发展

婴儿在很小的时候就通过多种方式表现出亲社会行为。有研究发现，3 个月大的婴儿就能对友善和不友善做出不同的反应，6—7 个月大的婴儿能够分辨愤怒和微笑的面孔。此外，5 个月大的婴儿已经开始有"认生"现象，会对他们较为熟悉的人微笑。这种积极的反应行为就是婴儿最初表现出的亲社会行为倾向。

接近 1 岁的婴儿会与别人"分享"他感兴趣的活动，偶尔还会把玩具给同伴玩，将玩具出示和递给不同的成人（母亲、父亲或陌生人）；看到别人处于困境，如摔倒、哭泣、受伤、生病时，他们会加以关注，并出现皱眉、伤心的表情。1 岁左右，他们还会做出一些积极的抚慰动作，如轻拍或抚摸对方受伤的地方；或者把好吃的东西给对方，表现出最初的分享行为。

2 岁时，儿童具备了各种基本的情绪体验，能够模仿成人或者在成人的引导下表现出同情、分享、助人等利他行为。2 岁以后，随着生活范围和交往经验的增多，儿童的亲社会行为进一步发展，他们逐渐能够根据一些不太明显的细微变化来识别他人的情绪体验，推断他人的处境，并做出相应的抚慰或帮助行为。

近几年的研究表明，儿童同情和利他行为的发展并非随着年龄的增长而增多，有时可能会出现减少的现象，儿童成长为符合社会要求的、品德高尚的社会成员，需要教育的参与。

3. 学前儿童亲社会行为的特点

（1）亲社会行为的对象——指向同伴

我国学者王美芳、庞维国对幼儿在幼儿园的亲社会行为进行了观察研究。结果表明：幼儿的亲社会行为主要指向同伴，极少数指向教师；幼儿的亲社会行为指向同性伙伴和异性伙伴的次数存在年龄差异，小班幼儿指向同性、异性伙伴的次数接近，而中班和大班幼儿指向同性伙伴的次数不断增多，指向异性伙伴的次数不断减少。

（2）亲社会行为的内容——主要表现为合作行为和分享行为

有研究表明，儿童在合作行为（为达到共同目的，彼此相互配合的行为）、助人行为（在别人需要时，提供物质或活动上的帮助）和分享行为（面对一些物品与利益，儿童愿意与别人合理分配、共同享有）这三种重要的亲社会行为中，合作行为最为常见，其次为分享行为和助人行为。

在对幼儿谦让行为的研究中发现，幼儿的谦让行为水平不高，能够自觉谦让的幼儿，小班、中班、大班都不到半数，但各班之间有着非常显著的差异，呈现随年龄增长而增加的趋势。这说明在环境与教育的影响下，幼儿的谦让行为水平虽然不高，但在不断发展和提高。

（3）亲社会行为存在个别差异

有人观察3—7岁幼儿对同伴困境的反应，记录一个儿童大哭引起他附近儿童的反应。结果发现，毫无反应的幼儿极少，只占7%；目睹事件的幼儿有一半呈现面部表情；有17%的幼儿直接去安慰大哭者；其他同情行为包括10%的幼儿去寻找成人帮助，5%的幼儿去威胁肇事者，但有12%的幼儿回避，2%的幼儿表现了明显的非同情性反应，这表明幼儿的亲社会行为存在个体差异。这些结果说明亲社会行为的发展需要适当引导和教育。

4. 学前儿童亲社会行为的影响因素

学前儿童的亲社会行为受社会环境和儿童自身特征的影响。

（1）社会环境因素

社会环境因素主要包括社会文化、公共传媒、家庭和同伴的影响等。家庭对儿童亲社会行为的影响，主要表现在两个方面：一是榜样的作用，父母的亲社会行为会成为孩子模仿学习的对象；二是父母的教养方式，这是关键因素，民主型的父母更有利于培养孩子的亲社会行为。同伴关系对儿童的亲社会行为的影响在于模仿和强化两个方面。在同伴交往中，拥有较多利他行为的儿童往往能收到更多的积极回馈，在和其他儿童的交往中很快会变得更受欢迎。

（2）自身特征因素

儿童自身的特征主要是指儿童的社会认知和移情能力。儿童的社会认知对其亲社会行为具有重要的调节作用。越能够充分理解他人的需要、思想、感情、动机的儿童，越能够理解这些社会规范的儿童，在生活情境中越可能表现出亲社会行为。移情是体验他人情感的能力，是导致亲社会行为根本、内在的因素。如果儿童能替代性地体验他人的悲哀、痛苦等情绪，知道自己采取行动安抚他人能减轻或消除这种情绪，儿童就会自觉地表现出亲社会行为。儿童的移情水平越高，亲社会行为越多。

5. 学前儿童亲社会行为的培养方法

（1）角色扮演

角色扮演能使儿童亲身体验他人的角色，从而可以更好地理解他人的处境，以及体验他人的内心感受。只有当个体内心世界中具有了与他人相同或相似的体验后，才知道在与别人发生相互联系时应该怎样的行动和采取什么样的态度。

（2）移情训练

这种方法主要是培养儿童理解和认识他人的情绪情感，引起儿童情感上的共鸣，有利于儿童自发做出亲社会行为。教师应通过各种活动为儿童提供移情线索和情感信息，使他们能够站在他人的立场上考虑问题，感受他人的愿望、理解他人的处境，从而产生积极的内心体验和亲社会行为。

（3）榜样示范与行为强化

儿童亲社会行为的学习和形成主要是通过观察学习和模仿达到的。所以，为儿童设置一定的社会情境，树立亲社会的榜样，使儿童有意无意地进行模仿，可以有效促进儿童亲社会行为的发展。教师和家长应以身作则，注意自身的榜样作用，以自己的言行举止感染儿童。当儿童出现了利他行为时，成人应及时给予儿童积极的反馈，强化儿童的这种利他行为，促进其亲社会行为的发展和巩固。

🐦 活学活用

佳佳的油画棒

幼儿园里，小朋友正在画画。佳佳发现邻座的壮壮停住了画笔，似乎在想着什么。过了一会儿，佳佳给自己的作品快要涂完颜色了，看到壮壮的图画还没有涂颜色，壮壮的桌子上也没有油画棒。佳佳想了想，问道："你的油画棒呢？"壮壮回答："忘带了。""那我们一起用我的吧，但是不要把我的油画棒弄坏了。"佳佳说。"好的，谢谢你！"可是，壮壮还是一不小心把佳佳的油画棒弄折了，他不好意思地看着佳佳。佳佳有点生气，不过想起老师说要互相帮助，就原谅了他。

回到家，佳佳告诉妈妈，壮壮把她的油画棒弄折了，妈妈说："没关系，还有一半可用。"佳佳说："我还以为把东西借给小朋友，你会表扬我呢！"妈妈这才明白，于是又表扬了佳佳乐于助人的精神，并告诉她，壮壮不是故意弄折油画棒的。佳佳很开心，她觉得如果再有小朋友忘带油画棒，她还是会借的。

请从社会行为角度分析佳佳的行为。

分析：案例中佳佳的行为属于亲社会行为。佳佳一开始注意到壮壮对油画棒的需要，随即产生了帮助他的意图，并实施了行动，将油画棒借给他。虽然在进行亲社会行为的过程中，佳佳遇到了小小的不快，油画棒折了，但是她还是能够及时调整自己的心态，原谅别人。同时，佳佳妈妈的正面强化，促进了佳佳亲社会行为的发展。从中我们也要看到，及时强化对学前儿童的亲社会行为，对他们给予适时适当的教育，对于儿童的亲社会发展及从他律向自律的转化起着很重要的作用。

（二）学前儿童攻击性行为

1. 什么是攻击性行为

攻击性行为是指一种以伤害他人或他物为目的的行为。儿童的许多攻击性行为并非对对方有明确的敌意，而是为了其他目的而对他人造成伤害。研究者将这两类实质上有差别的行为分别称为工具性攻击行为和敌意性攻击行为。

工具性攻击行为是指儿童为了获得某个物品所做出的抢夺、推搡等动作。这类攻击本身指向于一个主要的目标或某一物品的获取，如一个小朋友为了得到玩具而把另一个小朋友推倒。敌意性攻击行为则是以人为指向目的，其目的在于打击、伤害他人，如嘲笑、殴打等。

攻击性行为同亲社会行为一样，是儿童社会性发展的一个重要方面。攻击性行为的发展状况既影响儿童人格和品德的发展，又是个体社会化成败的一个重要指标。

2. 学前儿童攻击性行为的发展

1岁左右儿童开始出现工具性攻击行为，到2岁左右儿童之间表现出了一些明显的冲突，如打、推、咬等。到幼儿期，儿童的攻击性行为在频率、表现形式和性质上发生了很大变化。从频率上看，4岁之前儿童攻击性行为的数量逐渐增多，到4岁时最多，之后会逐渐减少；从具体表现上看，多数儿童采用身体动作的方式，如推、拉、踢等，尤其是年龄小的儿童。随着言语的发展，从中班开始逐渐增加语言攻击。语言攻击在人际冲突中表现得越来越多，而身体动作的攻击逐渐减少；从攻击的性质看，以工具性攻击行为为主，敌意性攻击行为会慢慢出现。

3. 学前儿童攻击性行为的特点

攻击性行为是一种不受欢迎但经常发生的行为。学前儿童的攻击性行为存在以下特点。

（1）攻击性行为频繁，主要表现为为了玩具和其他物品而争吵、打架，行为更多的是直接争夺或破坏玩具或物品。

（2）更多依靠身体的攻击，而不是言语的攻击。

（3）从工具性攻击向敌意性攻击转化。小班幼儿的工具性攻击行为多于敌意性攻击行为，而大班幼儿的敌意性攻击行为则显著多于工具性攻击行为。

（4）存在明显的性别差异，男孩会比女孩更多地被怂恿和卷入攻击性事件。男孩比女孩更容易在受到攻击以后发生报复行为，碰到对方是男孩比碰到对方是女孩时更容易发生攻击性行为。

4.学前儿童攻击性行为的影响因素

（1）父母的惩罚

有研究发现，攻击型男孩的父母对他们的惩罚多，而且即使他们的行为正确也施以经常的惩罚。惩罚会对攻击型和非攻击型的儿童产生不同的影响：惩罚对于非攻击型的儿童能抑制攻击性，但对于攻击型的儿童则不能抑制攻击性，反而会加重其攻击性行为。

（2）榜样的作用。电视上的攻击性形象能增加儿童的攻击性行为。过多的电视暴力影响儿童的行为态度，使他们将暴力看作是一种解决人际冲突的可接受的、有效的途径。对3—6岁儿童攻击性行为的研究表明，模仿是儿童攻击性行为产生的一个主要原因。另外，父母打架对儿童也有影响。

（3）强化。在儿童出现攻击性行为时，如果父母不加制止或听之任之，就等于强化了儿童的攻击性行为。同伴之间也能学会攻击性行为，如果一位儿童成功地引用了攻击策略控制同伴，可以增加他以后的攻击性行为。

（4）挫折。攻击性行为产生的直接原因是挫折。挫折是指人在活动过程中遇到障碍或干扰自己实现目的和满足需要时的情绪状态。如儿童犯错误时，成人对周围人说"别理他"使他丢脸，或者戏弄他、经常对他大声嚷嚷等。一个受挫折的儿童很可能比一个心满意足的儿童更具攻击性。

总的来说，儿童之间容易因为玩具和物品而发生矛盾和冲突，经常会采用身体动作或语言还击的方式对付对方。攻击性行为影响幼儿品德的发展，如果任其发展，并延续到青少年时期，容易形成攻击性人格。这会严重影响儿童以后正常的社会交往和良好人际关系的形成。因此，成人要注意正确认识和分析儿童攻击性行为的性质；同时，要注意教给儿童恰当的交往方式，特别是当儿童的愿望、要求与他人发生矛盾、冲突时，要让儿童学会注意控制自己，并引导其以积极、恰当的方式解决问题。

5.学前儿童攻击性行为的应对策略

攻击性行为对儿童以后正常的社会交往和良好人际关系的形成有重要影响。因此，成人要格外重视儿童的攻击性行为，及时给予引导和教育。具体来说，可以从以下几个方面入手。

笔记栏

（1）家园合作

儿童的攻击性行为与家庭教育有很大的关系，要预防和纠正儿童的攻击性行为就要加强家园合作。教师要密切联系家长，及时沟通反馈，并对家长进行必要的教育指导，如帮助家长树立正确的教养观念、纠正家长不当的教育方式等。

（2）正确利用大众传媒对学前儿童的影响

正确利用大众传媒对学前儿童的影响，尽量减少儿童和大众传媒中暴力画面及情节的接触，同时对电视中的人物形象进行恰当的解释和评价，以减轻电视暴力的影响。

（3）教会学前儿童与人交往的技能

掌握交往技能有利于减少儿童的攻击性行为。通过各种活动让儿童掌握积极的交往技能和原则，如商量、合作、尊重、分享、宽容、互惠等；尽量避免消极的交往方式，如以暴制暴、强行争夺玩具等。

（4）教会学前儿童正确应对同伴攻击性行为的技巧

教师应该教会儿童一些应对同伴攻击性行为的技巧，如怒目圆睁、语言警告、向他人求助、向老师报告等。经常被攻击的儿童应学会有效自卫，这不仅能减少攻击者的攻击性行为，还有利于该儿童走出懦弱，形成强大的健康人格。

（5）为学前儿童提供独立解决冲突的机会

教师要为儿童搭建自主解决矛盾的平台，为儿童提供独立解决问题的机会。当儿童之间发生攻击性行为时，教师应保持冷静，不要急于介入，更不要代替儿童解决矛盾。当儿童独立地解决冲突后，会获得极大的成功感和满足感，也获得了丰富又深刻的经验，同时将这种经验成功迁移到其他交往活动的冲突情境中的概率也会大大增加。

（6）为学前儿童提供科学、合理的活动空间和材料

在日常生活和教育活动中，家长和教师应注意为学前儿童提供科学、合理的活动空间和材料，避免因空间过分拥挤、材料不足而引发冲突和矛盾。

活学活用

爱打人的小勇

小勇今年3岁了，是班级中个子比较高、力气比较大的男孩。他经常欺负其他小朋友，自由活动的时候总喜欢用手打身边的小朋友，把他们打哭。有时，他还故意把其他小朋友的衣服弄脏、撕别人的书，甚至打伤小朋友的脸。

如果你是小勇的老师，面对小勇的这些行为应该怎么做？

分析：小勇的行为已经属于攻击性行为了。在3岁的时候，幼儿的攻击性行为大多数属于工具性攻击行为，即为了获得某个物品或某些关注而采取的行为。如果老师和家长忽视了小勇的行为，没有及时予以引导，那么很大可能性会逐

步转变为敌意性攻击行为。因此，小勇的老师可以从以下几个方面来做：首先，要与小勇进行交流，了解小勇出现这些行为背后的工具性目的，即他的这些行为是为了获得什么；其次，要把正确地获取自己想要物品或某些关注的方法示范给小勇；再次，可以在班里为小勇找一些榜样，让小勇学习；最后，要把小勇的情况及时告知家长，了解小勇在家的情况及父母的教养方式，与小勇的父母共同努力，逐渐改变小勇的攻击性行为。

笔记栏

回溯过往

请祖国放心，教师队伍中有我！

实训实践

实训一　初入园幼儿同伴交往方式的测量与评估

1.测验目的：通过观察法对幼儿的同伴关系进行评估、记录，了解初入园的幼儿是如何与其他幼儿建立同伴关系的，为以后初入园的幼儿提供适宜的环境和机会。

2.测验内容：观察并记录初入园的幼儿与其他幼儿建立同伴关系的语言、行为活动。

3.测验准备：笔、摄像机或手机、观察记录表（见表12-3）。

4.测验步骤：

（1）确定观察对象：从本班新入园的幼儿中确定1—2名幼儿作为观察对象。

（2）记录观察现象：详细地记录幼儿试图建立同伴关系的一切言行举止。

（3）总结材料：对记录的材料进行总结，分析其特点。

表12-3　幼儿"同伴交往"观察记录

幼儿姓名	交往对象（一）		交往对象（二）		交往对象（三）	
	语言	行为	语言	行为	语言	行为
...						
...						
...						
...						

笔记栏

实训二　幼儿园教师资格考试（面试）结构化试题模拟训练

1.有家长说教育孩子都是幼儿教师的责任。对此，你怎么看？

2.你班有一个小朋友经常用打人的方式与其他小朋友打招呼。作为教师，你怎么办？

3.几个小朋友在表演区玩游戏，元元不愿扮演大灰狼，别的小朋友说："你是男孩，就应该扮演大灰狼。"你怎么办？

✎ 真题汇集

项目十二在线测验题

项目十二【真题汇集】
（含参考答案）

附　录

附录一　幼儿园教师资格考试考情分析

　　幼儿园教师资格考试国家统一考试笔试部分共有两门科目，一是《综合素质》，二是《保教知识与能力》。笔试环节必须两门课程全部通过才可以参加面试，两个科目的成绩有效期均为两年（因为特殊情况国家规定延长有效期的除外）。学前儿童心理学的内容主要出现在笔试科目《保教知识与能力》和结构化面试环节。

一、《保教知识与能力》命题形式与范围

（一）单项选择题

　　该题型共 10 道题，每题 3 分，共计 30 分。其中涉及学前儿童心理发展的试题大约为 4 道题，占该题型分值的 40%。从项目分布来看，各个项目都曾经出现过命题。最近几年的考试对人名、时间、著作的考查次数明显减少，选择题主要命题形式为给出一个实例，让考生进行分析，做出判断。

　　例如：妈妈带 3 岁的岳岳在外度假。阿姨打来电话问："你们在哪儿玩？"岳岳说："我们在这里玩。"这反映了岳岳思维具有什么特征？（2021 年 4 月《保教知识与能力》真题）

　　A.具体性　　　　B.不可逆性　　　　C.自我中心性　　　　D.刻板性

　　因此，同学们在学习的时候应当注重对知识的理解。

（二）简答题

　　该题型共 2 道题，每题 15 分，共计 30 分。其中涉及学前儿童心理发展的试题通常为 1 道题，占该题型分值的 50%。从项目分布来看，各个项目均有命题的可能。最近几年简答题主要侧重于对一级知识点和二级知识点的考查，不仅要求写出相关理论，还要求举例说明。

　　例如：教师应当如何对待不同气质的幼儿？请举例说明。（2021 年 4 月《保教知识与能力》真题）

　　因此同学们在学习的时候应当牢记知识点，并能够对每个知识点举例说明。

（三）论述题

　　该题型共 1 道题，每题 20 分，共计 20 分。最近几年均考察的是学前教育学的相关知识。但是仍然不能排除以论述题的形式考察学前儿童心理学的可能。希望同

225

学们和简答题一起备考。

（四）材料分析题

该题型共 2 道题，每题 20 分，共计 40 分。其中涉及学前儿童心理发展的试题通常为 1 道题，占该题型分值的 50%。从项目分布来看，主要分布在项目三—项目十二。所考查的内容相对集中，主要为学前儿童心理发展各个方面的特点。

（五）主观题高频考点

1	影响学前儿童心理发展的因素	20	学前儿童语法的发展
2	学前儿童发展的趋势	21	学前儿童口语表达能力的发展
3	学前儿童发展的规律	22	学前儿童言语能力的培养
4	3—6 岁学前儿童心理发展的主要特征	23	学前儿童情绪发展的一般趋势
5	幼儿注意发展的特征	24	学前儿童情绪情感的培养
6	学前儿童注意力的分散与预防	25	学前儿童自制力的发展
7	注意规律在教学中的运用	26	学前儿童意志力的培养
8	学前儿童观察力的发展特点	27	气质的体液说
9	学前儿童观察力的培养	28	幼儿气质的发展特点
10	学前儿童记忆发展的趋势	29	学前儿童的气质与教育
11	3—6 岁儿童记忆发展的特点	30	幼儿性格的发展
12	学前儿童记忆力的培养	31	学前儿童性格的培养
13	3—6 岁儿童想象发展的特点	32	自我评价的发展特点
14	学前儿童想象的夸张性	33	师幼关系的特点
15	学前儿童想象力的培养	34	建立良好的师幼关系
16	学前儿童思维发展的一般特点	35	同伴交往的影响因素与教育
17	学前儿童思维的培养	36	学前儿童亲社会行为的影响因素及教育
18	学前儿童语音的发展	37	学前儿童攻击性行为的影响因素及教育
19	学前儿童词汇的发展		

二、幼儿园教师资格考试结构化面试

幼儿园教师资格考试面试共分为三个环节：结构化面试、试讲和答辩。结构化面试环节会向考生提出两个问题，内容包括时事政治、幼儿园教育、幼儿园保育、家长沟通、儿童心理分析等方面的内容。儿童心理分析方面的试题通常和幼儿园教育措施的制定结合起来命题，以案例分析的形式出现。出现的概率为 20% 左右。

例如：小班的萌萌在玩插片的时候，看到琪琪插小马自己也要插小马，看到贝贝插机器人自己也要插机器人。作为老师，你看到这种情况会怎么做？

在回答这类问题的时候，考生应当以教育措施为主，辅以幼儿心理特点进行分析。

附录二 招教考试考情分析

一、考情综合分析

招教考试是以县（区）为单位的教师入职、入编招聘考试，各个地方的考试内容要求不同。大致分为以下几种情况：①学前教育专业知识；②教育基础理论、学前教育专业知识；③教育基础理论；④教育基础理论、公共基础知识；⑤教育基础理论、公共基础知识、申论。因此，同学们在备考时一定要先参考报考地区往年的招聘简章，并且在当年的招聘简章发布之后马上进行查看确认，以免发生方向性的错误。在这里仅仅对学前教育专业知识的考情进行分析。

二、备考策略

在学前教育专业知识的教师招聘考试中，不同地区的命题也存在很大的差异。有的地区仅仅以客观题的形式出现，即单选、多选和判断；有的地区则各种题型都有，和幼儿园教师资格考试题型相似。因此同学们在备考的时候，要提前了解往年的命题形式。同时，还要做好题型变化的准备。学前儿童心理学部分通常占总分的40%左右，是大家备考的重点学科。

报考幼儿园教师招聘的前提是具有幼儿园教师资格证。在考试内容方面，二者之间的区别在于，教师招聘考试要比教师资格考试考查得更加详细，不仅仅有一级知识点、二级知识点，还有三级知识点，希望同学们在幼儿园教师资格考试的背诵基础上，进一步扩大背诵范围。

三、招教考试主观题补充考点

1	学前儿童发展心理学研究的任务	12	学前儿童注意品质的发展
2	学习学前儿童发展心理学的意义	13	幼儿时间知觉的发展趋势
3	弗洛伊德的精神分析理论的基本观点	14	想象的加工方式
4	埃里克森的人格发展阶段论的基本观点	15	思维的基本形式
5	斯金纳的操作性行为主义理论	16	学前儿童理解能力的发展
6	班杜拉的社会学习理论	17	学前儿童书面言语的发展
7	皮亚杰的影响儿童心理发展的因素	18	学前儿童内部言语的发展
8	认知发展阶段理论	19	意志的特征
9	维果斯基关于教学与发展的关系的论述	20	意志行动的心理过程
10	引起无意注意的因素	21	意志品质
11	引起和保持有意注意的四个主要因素	22	学前儿童意志的发展

◆ 笔记栏

附录三 全国职业院校学前教育专业教育技能大赛赛情分析

一、赛情综述

（一）大赛宗旨

举办学前教育专业教育技能竞赛，旨在检验学前教师教育的教学成果，推动全国高职高专院校学前教育专业人才培养模式和教育教学方法改革，提高学生的师德素养、专业知识、综合能力和创新水平，引领学前教育专业质量的提升，为加快我国学前教育事业的发展做出新贡献。

（二）赛项内容

项目1：幼儿园教师综合技能测评。

项目1-1：幼儿园保教活动课件制作（完成时间：60分钟）。

项目1-2：片段教学（技能展示）（完成时间：9分钟）。

项目1-3：命题画（完成时间：30分钟）。

项目2：幼儿园保教活动分析与幼儿教师职业素养测评。

项目2-1：保教活动分析（完成时间：40分钟）。通过观看视频，对师幼互动中幼儿的心理发展特点进行分析，如认知、情感、意志等心理过程，以及个性、社会性发展、学习心理等，并对教师的保教言行进行评价分析，提出建议。项目提供5分钟左右时长的师幼互动视频。

项目2-2：幼儿教师职业素养测评部分（完成时间：40分钟）。包括50道选择题和1道案例分析题，试题均从大赛试题库中抽取，其中选择题包含职业基本素养与保育教育两个类别，根据答题正确率和答题时间计算得分；案例分析题主要考查选手的职业认知、职业道德和思维品质。

项目3：幼儿园教育活动设计与说课（完成时间：7分钟）。

涉及学前儿童心理学的比赛内容主要在项目2-1保教活动分析当中。在项目2-2幼儿教师素养测评中，选择题和案例分析试题中有少量涉及学前儿童心理学。

二、高频考点

1.学前儿童认知。

2.学前儿童情感。

3.学前儿童意志。

4.学前儿童个性。

5.学前儿童社会性。

6.学前儿童学习心理。

三、视频描述与分析示例

（一）视频情境说明

1.这是一个大班幼儿艺术教育活动的教学片段，教师通过一定的教育策略，引导幼儿参与学习。

2.这是一个中班幼儿在"哈哈小人"手工制作学习活动中的视频片段。

（二）答题要求

请选手根据视频内容，在电子答题表上就以下问题作答。

1.对师幼互动中的幼儿的心理发展，如认知、情感、意志等心理过程进行分析。对幼儿的个性、社会性发展及学习心理等特点进行分析。

2.根据《幼儿园教育指导纲要（试行）》与《3—6岁儿童学习与发展指南》的精神，对教师的保教言行进行评价分析。

3.对教育活动中存在的问题提出建议。

（三）视频描述

（视频共计4分55秒）

1.教师导入：今天我们要做一个顶天立地的哈哈小人。顶天立地我知道是什么意思，就是长得特别高。但是为什么叫"哈哈小人"呢？

2.幼儿各抒己见。

3.师：我拿出来后，可以让小朋友哈哈大笑。

4.教师展示哈哈小人。（一个正常的小人，老师一拉，把折叠部分展开，就变成了一个头特别长的小人。）幼儿哈哈大笑。

5.师：哪儿变长了？

6.幼儿各自发表意见。

7.师：我们来做一个顶天立地的哈哈小人。

8.幼儿操作，教师进行引导：将空缺处连起来。

9.让每位幼儿写上自己的名字，相互交换。

赛题参考答案

◆ 笔记栏

附录四　学习资源一体化

政策文件

1.《中小学和幼儿园教师资格考试标准（试行）》

2.《3—6 岁儿童学习与发展指南》

3.《幼儿园教师专业标准（试行）》

政策文件

幼儿园教师资格考试大纲

1.《综合素质》考试大纲

2.《保教知识与能力》考试大纲

3.面试大纲

幼儿园教师资格
考试大纲

项目情景导入分析

1.项目一情景导入分析

2.项目二情景导入分析

3.项目三情景导入分析

4.项目四情景导入分析

5.项目五情景导入分析

6.项目六情景导入分析

7.项目七情景导入分析

8.项目八情景导入分析

9.项目九情景导入分析

10.项目十情景导入分析

11.项目十一情景导入分析

12.项目十二情景导入分析

项目情景
导入分析

综合知识挑战赛

综合知识挑战赛赛题及参考答案

综合知识
挑战赛

参考文献

[1] 白丽辉，齐桂林 . 学前心理学 [M]. 南京：东南大学出版社，2015.

[2] 曹中平，邓祎 . 学前儿童发展心理学 [M]. 长沙：湖南大学出版社，2015.

[3] 陈帼眉 . 幼儿心理学 [M]. 2 版 . 北京：北京师范大学出版社，2017.

[4] 陈会昌 . 中国学前教育百科全书 [M]. 沈阳：沈阳出版社，1995.

[5] 黛安娜 · 帕帕拉，萨莉 · 奥尔兹，露丝 · 费尔德曼 . 发展心理学——从生命早期到青春期 [M]. 10 版 . 李西营，等译 . 北京：人民教育邮电出版社，2013.

[6] 高晓妹 . 汉语儿童图画书阅读眼动研究 [D]. 上海：华东师范大学，2009.

[7] 黄月胜 . 小学儿童心理学 [M]. 北京：北京师范大学出版社，2013.

[8] 教师资格考试统编教材题库编委会 . 保教知识与能力 [M]. 2 版 . 北京：高等教育出版社，2019.

[9] 李国祥，夏明娟，项慧娟，等 . 幼儿心理学 [M]. 北京：人民邮电出版社，2015.

[10] 李晶晶 . 班杜拉社会学习理论述评 [J]. 沙洋师范高等专科学校学报，2009，10（3）：22–25.

[11] 理查得 · M. 勒纳 . 人类发展的概念与理论 [M]. 张文新，译 . 北京：北京大学出版社，2011.

[12] 林崇德 . 发展心理学 [M]. 3 版 . 北京：人民教育出版社，2018.

[13] 刘玮，赵金存 . 幼儿心理学 [M]. 北京：首都师范大学出版社，2017.

[14] 卢文格 . 自我的发展 [M]. 韦子木，译 . 杭州：浙江教育出版社，1998.

[15] 钱峰，汪乃铭 . 学前心理学 [M]. 2 版 . 上海：复旦大学出版社，2012.

[16]《全国师范院校教育专业规划新教材》编审委员会 . 幼儿心理学 [M]. 武汉：武汉大学出版社，2011.

[17] 孙杰，张永红 . 幼儿心理发展概论 [M]. 2 版 . 北京：北京师范大学出版社，2015.

[18] 王莹 . 童趣审美对我创作的影响 [D]. 昆明：云南大学，2017.

[19] 习祎琼 . 大班幼儿音乐想象画的初步研究 [D]. 长沙：湖南师范大学，2013.

[20] 徐群 . 学前儿童心理健康指导 [M]. 北京：北京师范大学出版社，2015.

[21] 袁书卷，郑宽明，陈红艳，等 . 教育心理学 [M]. 北京：北京师范大学出版社，2015.

[22] 张雯艳 . 5—6 岁幼儿坚持与专注学习品质的现状研究 [D]. 太原：山西大学，2020.

[23] 周念丽 . 学前儿童发展心理学 [M]. 上海：华东师范大学出版社，2006.

图书在版编目（CIP）数据

学前儿童发展心理学/ 葛静霞，李志华，王玉红主编. — 杭州：浙江大学出版社，2022.8
ISBN 978-7-308-22793-3

Ⅰ.①学… Ⅱ.①葛… ②李… ③王… Ⅲ.①学前儿童－儿童心理学－发展心理学 Ⅳ.①B844.12

中国版本图书馆CIP数据核字（2022）第112478号

学前儿童发展心理学
XUEQIAN ERTONG FAZHAN XINLIXUE

葛静霞　李志华　王玉红　主编

责任编辑	李　晨
责任校对	王　波
封面设计	春天书装
出版发行	浙江大学出版社
	（杭州市天目山路148号　　邮政编码　310007）
	（网址：http://www.zjupress.com）
排　　版	杭州林智广告有限公司
印　　刷	杭州宏雅印刷有限公司
开　　本	787mm×1092mm　1/16
印　　张	15
字　　数	303千
版 印 次	2022年8月第1版　2022年8月第1次印刷
书　　号	ISBN 978-7-308-22793-3
定　　价	49.80元